SOLIDWORKS® 公司官方指定培训教程
CSWP   全球专业认证考试培训教程

U0192286

官方指定

TRAINING

SOLIDWORKS®
高级零件教程
（2022版）

[美] DS SOLIDWORKS®公司　著

(DASSAULT SYSTEMES SOLIDWORKS CORPORATION)

戴瑞华　主编

杭州新迪数字工程系统有限公司　编译

机械工业出版社
CHINA MACHINE PRESS

《SOLIDWORKS®高级零件教程（2022版）》是根据 DS SOLIDWORKS®公司发布的《SOLIDWORKS® 2022 Training Manuals：Advanced Part Modeling》编译而成的，着重介绍了使用 SOLIDWORKS®软件创建多实体零件和复杂外形实体模型的方法及技巧。本书详细介绍了 3D 路径扫描、变形特征、高级圆角等功能。本书提供练习文件下载，详见"本书使用说明"。本书提供 3D 模型和 400min 高清语音教学视频，扫描书中二维码即可免费观看。

　　本书在保留了英文原版教程精华和风格的基础上，按照中国读者的阅读习惯进行编译，配套教学资料齐全，适于企业工程设计人员和大专院校、职业技术院校相关专业师生使用。

　　北京市版权局著作权合同登记　图字：01－2022－3106 号。

图书在版编目（CIP）数据

SOLIDWORKS®高级零件教程：2022 版／美国 DS SOLIDWORKS®公司著；戴瑞华主编；杭州新迪数字工程系统有限公司编译. —北京：机械工业出版社，2022.9
SOLIDWORKS®公司官方指定培训教程　CSWP 全球专业认证考试培训教程
　ISBN 978－7－111－71259－6

　Ⅰ.①S… 　Ⅱ.①美…②戴…③杭… 　Ⅲ.①机械设计－计算机辅助设计－应用软件－教材　Ⅳ.①TH122

中国版本图书馆 CIP 数据核字（2022）第 133856 号

机械工业出版社（北京市百万庄大街 22 号　邮政编码 100037）
策划编辑：张雁茹　　　　　　　责任编辑：张雁茹　王振国
责任校对：张　征　刘雅娜　　　封面设计：陈　沛
责任印制：任维东
北京玥实印刷有限公司印刷
2022 年 8 月第 1 版·第 1 次印刷
184mm×260mm·18.5 印张·479 千字
标准书号：ISBN 978－7－111－71259－6
定价：69.80 元

电话服务　　　　　　　　　　　网络服务
客服电话：010－88361066　　　机　工　官　网：www.cmpbook.com
　　　　　010－88379833　　　机　工　官　博：weibo.com/cmp1952
　　　　　010－68326294　　　金　书　网：www.golden-book.com
封底无防伪标均为盗版　　　机工教育服务网：www.cmpedu.com

序

尊敬的中国 SOLIDWORKS 用户：

DS SOLIDWORKS®公司很高兴为您提供这套最新的 SOLIDWORKS®中文官方指定培训教程。我们对中国市场有着长期的承诺，自从 1996 年以来，我们就一直保持与北美地区同步发布 SOLIDWORKS 3D 设计软件的每一个中文版本。

我们感觉到 DS SOLIDWORKS®公司与中国用户之间有着一种特殊的关系，因此也有着一份特殊的责任。这种关系是基于我们共同的价值观——创造性、创新性、卓越的技术，以及世界级的竞争能力。这些价值观一部分是由公司的共同创始人之一李向荣（Tommy Li）所建立的。李向荣是一位华裔工程师，他在定义并实施我们公司的关键性突破技术以及在指导我们的组织开发方面起到了很大的作用。

作为一家软件公司，DS SOLIDWORKS®致力于带给用户世界一流水平的 3D 解决方案（包括设计、分析、产品数据管理、文档出版与发布），以帮助设计师和工程师开发出更好的产品。我们很荣幸地看到中国用户的数量在不断增长，大量杰出的工程师每天使用我们的软件来开发高质量、有竞争力的产品。

目前，中国正在经历一个迅猛发展的时期，从制造服务型经济转向创新驱动型经济。为了继续取得成功，中国需要相应配套的软件工具。

SOLIDWORKS® 2022 是我们最新版本的软件，它在产品设计过程自动化及改进产品质量方面又提高了一步。该版本提供了许多新的功能和更多提高生产率的工具，可帮助机械设计师和工程师开发出更好的产品。

现在，我们提供了这套中文官方培训教程，体现出我们对中国用户长期持续的承诺。这些教程可以有效地帮助您把 SOLIDWORKS® 2022 软件在驱动设计创新和工程技术应用方面的强大威力全部释放出来。

我们为 SOLIDWORKS 能够帮助提升中国的产品设计和开发水平而感到自豪。现在您拥有了功能丰富的软件工具以及配套教程，我们期待看到您用这些工具开发出创新的产品。

Gian Paolo Bassi

DS SOLIDWORKS®公司首席执行官

2022 年 3 月

戴瑞华　现任 DS SOLIDWORKS®公司大中国区 CAD 事业部高级技术经理

戴瑞华先生拥有 25 年以上机械行业从业经验，曾服务于多家企业，主要负责设备、产品、模具以及工装夹具的开发和设计。其本人酷爱 3D CAD 技术，从 2001 年开始接触三维设计软件，并成为主流 3D CAD SOLIDWORKS 的软件应用工程师，先后为企业和 SOLIDWORKS 社群培训了成百上千的工程师。同时，他利用自己多年的企业研发设计经验，总结出了在中国的制造业企业应用 3D CAD 技术的最佳实践方法，为企业的信息化与数字化建设奠定了扎实的基础。

戴瑞华先生于 2005 年 3 月加入 DS SOLIDWORKS®公司，现负责 SOLIDWORKS 解决方案在大中国地区的技术培训、支持、实施、服务及推广等，实践经验丰富。其本人一直倡导企业构建以三维模型为中心的面向创新的研发设计管理平台，实现并普及数字化设计与数字化制造，为中国企业最终走向智能设计与智能制造进行着不懈的努力与奋斗。

前　言

DS SOLIDWORKS®公司是一家专业从事三维机械设计、工程分析、产品数据管理软件研发和销售的国际性公司。SOLIDWORKS®软件以其优异的性能、易用性和创新性，极大地提高了机械设计工程师的设计效率和设计质量，目前已成为主流 3D CAD 软件市场的标准，在全球拥有超过 600 万的用户。DS SOLIDWORKS®公司的宗旨是：to help customers design better products and be more successful——让您的设计更精彩。

"SOLIDWORKS®公司官方指定培训教程"是根据 DS SOLIDWORKS®公司最新发布的 SOLIDWORKS® 2022 软件的配套英文版培训教程编译而成的，也是 CSWP 全球专业认证考试培训教程。本套教程是 DS SOLIDWORKS®公司唯一正式授权在中国大陆地区（不包括香港、澳门特别行政区及台湾地区）出版的官方培训教程，也是迄今为止出版的最为完整的 SOLIDWORKS®公司官方指定培训教程。

本套教程详细介绍了 SOLIDWORKS® 2022 软件和 Simulation 软件的功能，以及使用该软件进行三维产品设计、工程分析的方法、思路、技巧和步骤。值得一提的是，SOLIDWORKS® 2022 不仅在功能上进行了 300 多项改进，更加突出的是它在技术上的巨大进步与创新，从而可以更好地满足工程师的设计需求，带给新老用户更大的实惠！

《SOLIDWORKS®高级零件教程（2022 版）》是根据 DS SOLIDWORKS®公司发布的《SOLIDWORKS® 2022 Training Manuals：Advanced Part Modeling》编译而成的，着重介绍了使用 SOLIDWORKS 软件创建多实体零件和复杂外形实体模型的方法及技巧。

本套教程在保留英文原版教程精华和风格的基础上，按照中国读者的阅读习惯进行编译，使其变得直观、通俗，让初学者易上手，让高手的设计效率和质量更上一层楼！

本套教程由 DS SOLIDWORKS®公司大中国区 CAD 事业部高级技术经理戴瑞华先生担任主编，由杭州新迪数字工程系统有限公司副总经理陈志杨负责审校。承担编译、校对和录入工作的有李鹏、于长城、张润祖、刘邵毅等杭州新迪数字工程系统有限公司的技术人员。杭州新迪数字工程系统有限公司是 DS SOLIDWORKS®公司的密切合作伙伴，拥有一支完整的软件研发队伍和技术支持队伍，长期承担着 SOLIDWORKS 核心软件研发、客户技术支持、培训教程编译等方面的工作。本教程的操作视频由 SOLIDWORKS 高级咨询顾问李伟制作。在此，对参与本教程编译和视频制作的工作人员表示诚挚的感谢。

由于时间仓促，书中难免存在疏漏和不足之处，恳请广大读者批评指正。

戴瑞华

2022 年 3 月

本书使用说明

关于本书

本书的目的是让读者学习如何使用 SOLIDWORKS 软件的多种高级功能，着重介绍了使用 SOLIDWORKS 软件创建多实体零件和复杂外形实体模型的方法及技巧。

SOLIDWORKS® 2022 是一个功能强大的机械设计软件，而书中篇幅有限，不可能覆盖软件的每一个细节和各个方面，所以，本书将重点给读者讲解应用 SOLIDWORKS® 2022 进行工作所必需的基本技能和主要概念。本书作为在线帮助系统的一个有益的补充，不可能完全替代软件自带的在线帮助系统。读者在对 SOLIDWORKS® 2022 软件的基本使用技能有了较好的掌握之后，就能够参考在线帮助系统获得其他常用命令的信息，进而提高应用水平。

前提条件

读者在学习本书前，应该具备如下经验：

- 机械设计经验。
- 使用 Windows 操作系统的经验。
- 已经学习了《SOLIDWORKS®零件与装配体教程（2022 版）》。

编写原则

本书是基于过程或任务的方法而设计的培训教程，并不专注于介绍单项特征和软件功能。本书强调的是完成一项特定任务所应遵循的过程和步骤。通过一个个应用实例来演示这些过程和步骤，读者将学会为了完成一项特定的设计任务应采取的方法，以及所需要的命令、选项和菜单。

知识卡片

除了每章的研究实例和练习外，书中还提供了可供读者参考的"知识卡片"。这些"知识卡片"提供了软件使用工具的简单介绍和操作方法，可供读者随时查阅。

使用方法

本书的目的是希望读者在有 SOLIDWORKS 软件使用经验的教师指导下，在培训课中进行学习；希望读者通过"教师现场演示本书所提供的实例，学生跟着练习"的交互式学习方法，掌握软件的功能。

读者可以使用练习题来理解和练习书中讲解的或教师演示的内容。本书设计的练习题代表了典型的设计和建模情况，读者完全能够在课堂上完成。应该注意到，学生的学习能力是不同的，因此，书中所列出的练习题比一般读者能在课堂上完成的要多，这确保了学习能力强的读者也有练习可做。

标准、名词术语及单位

SOLIDWORKS 软件支持多种标准，如中国国家标准（GB）、美国国家标准（ANSI）、国际标准（ISO）、德国国家标准（DIN）和日本国家标准（JIS）。本书中的例子和练习基本上采用了中国国家标准（除个别为体现软件多样性的选项外）。为与软件保持一致，本书中一些名词术语和计量单位未与中国国家标准保持一致，请读者使用时注意。

练习文件下载方式

读者可以从网络平台下载本书的练习文件，具体方法是：微信扫描右侧或封底的"大国技能"微信公众号，关注后输入"2022GL"即可获取下载地址。

大国技能

视频观看方式

扫描书中二维码可在线观看视频，二维码位于章节之中的"操作步骤"处。可使用手机或平板计算机扫码观看，也可复制手机或平板计算机扫码后的链接到计算机的浏览器中，用浏览器观看。

Windows 操作系统

本书所用的截屏图片是 SOLIDWORKS® 2022 运行在 Windows® 7 和 Windows® 10 时制作的。

格式约定

本书使用下表所列的格式约定：

约　定	含　义	约　定	含　义
【插入】/【凸台】	表示 SOLIDWORKS 软件命令和选项。例如，【插入】/【凸台】表示从菜单【插入】中选择【凸台】命令	⚠️ **注意**	软件使用时应注意的问题
提示👆	要点提示	操作步骤 步骤1 步骤2 步骤3	表示课程中实例设计过程的各个步骤
技巧🗝	软件使用技巧		

色彩问题

SOLIDWORKS® 2022 英文原版教程是采用彩色印刷的，而我们出版的中文版教程是采用黑白印刷，所以本书对英文原版教程中出现的颜色信息做了一定的调整，尽可能地方便读者理解书中的内容。

更多 SOLIDWORKS 培训资源

my. solidworks. com 提供更多的 SOLIDWORKS 内容和服务，用户可以在任何时间、任何地点，使用任何设备查看。用户也可以访问 my. solidworks. com/training，按照自己的计划和节奏来学习，以提高 SOLIDWORKS 技能。

用户组网络

SOLIDWORKS 用户组网络（SWUGN）有很多功能。通过访问 swugn. org，用户可以参加当地的会议，了解 SOLIDWORKS 相关工程技术主题的演讲以及更多的 SOLIDWORKS 产品，或者与其他用户通过网络进行交流。

目　　录

IX

第1章 多 实 体

学习目标
- 使用不同的技术创建多实体
- 镜像/阵列实体
- 使用特征域选项
- 使用插入零件命令
- 使用添加、删减和共同方式等组合多个实体
- 使用求交命令
- 使用压凹特征变形实体
- 删除实体

1.1 概述

当有多个连续的实体在一个单独的零件文件中出现时，就产生了多实体零件。多实体零件有两个主要用途：一个是多实体零件可以作为一个单个实体零件设计的中间形成步骤，另一个是多实体零件可以替代一个装配体。

本章将介绍一些能在单个实体零件中产生效果的多实体设计技术。在下一章中，将介绍一些在同一产品零件中处理多个部分的方法。

1.2 隐藏/显示设计树节点

如果不使用 FeatureManager 设计树顶部的某些节点，其将会被自动隐藏。对于本章来说，一直显示"实体"文件夹是很有必要的。用户可以按照以下步骤来显示该文件夹。

知识卡片	隐藏/显示 FeatureManager	• 单击【选项】✿/【系统选项】/【FeatureManager】。 • 隐藏或显示树下的节点,设置"实体"文件夹的显示。

1.3 多实体设计技术

有很多种使用多实体的建模技术和特征，其中最常用的多实体技术是桥接［在《SOLID-WORKS®零件与装配体教程（2022 版）》中已有介绍］，如图 1-1 所示。这种技术可以让用户专注于与用户设计最相关的特征，即使它们隔开一定的距离；然后通过"桥接"将几何体连接在一起而形成一个单个实体。

本章将介绍几种多实体的创建技术，多实体类型见表 1-1。

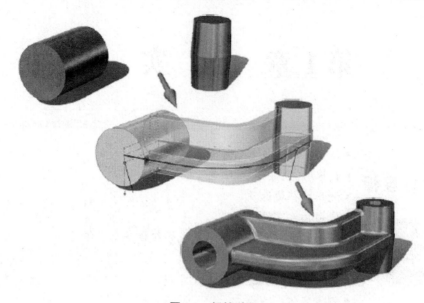

图 1-1　桥接过程

表 1-1　多实体类型

类型	图　　示
桥接	
本地操作	
布尔操作	
工具实体	
阵列	

1.3.1 创建多实体的方法

有多种创建多实体的方法：
- 用多个不连续的轮廓创建凸台。
- 将单个实体分割成多个实体。
- 创建与零件其他几何体隔开一定距离的凸台特征。
- 创建与零件其他几何体相交的凸台特征并清空【合并结果】选项。

1.3.2 合并结果

【合并结果】选项将使多个特征连接在一起而形成一个单一的实体。该选项的复选框会在凸台和阵列特征的界面中显示，清除这个选项将阻止特征与现有的几何体合并。清除该选项后创建的特征将产生一个单独的实体，即使它与现有的特征相交。

> 提示 当零件只有一个特征时，【合并结果】选项将不会显示。

1.4 实例：多实体技术

本实例将使用几种多实体技术创建一个零件，如图1-2所示。实现模型中所需几何体的方法往往不止一种。以下这些技术仅是一种解决方案，帮助用户查看多实体零件的环境。本实例也将复习所选轮廓的概念［在《SOLIDWORKS®零件与装配体教程（2022版）》中已有介绍］。

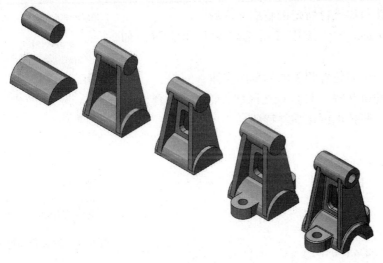

1.4 实例：
多实体技术

扫码看3D

图1-2 多实体设计

操作步骤

步骤1 打开零件 从"Lesson01\Case Study"中打开现有的零件"Multibody Design"，如图1-3所示。这个零件包含两个草图和多个轮廓，将使用【所选轮廓】技巧创建多个特征和实体。

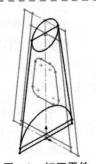

图1-3 打开零件

●**轮廓选择**   当草图包含不止一个轮廓时，在一个预期的草图特征中有多种选择轮廓的方法，见表1-2。轮廓选择可以用来选择任何一个轮廓，这是一个封闭的草图实体选择，既可以选择一个被草图实体框住的轮廓和区域，也可以通过结合来实现想要的结果。

表1-2   轮 廓 选 择

选择类型	说　明	图　示	
		选择	结果
轮廓	选择一个属于草图实体的轮廓，会形成一个封闭的区域，将使用此区域实现特征		
区域	选择一个被环绕的区域以形成几何特征		

在一个草图中有几种方法可以选择特定的轮廓和区域。

●在 Feature PropertyManager 中，使用【所选轮廓】组合框，如图1-4所示。

●在激活特征之前选择一个与轮廓相关联的草图实体。

●从快捷菜单中使用【轮廓选择工具】预选区域、轮廓或组合。

在下面的步骤中将使用这些技术创建零件特征。

图1-4   激活所选轮廓

步骤2   选择草图特征   在 FeatureManager 设计树中选择 Right Contours 草图，以显示第一个特征需要使用的草图。

步骤3   激活特征   单击【拉伸凸台/基体】📦。

步骤4   选择轮廓   由于是相交轮廓，使用整个草图的默认设置是无效的，必须在草图中进行选择来确定拉伸区域。清除【所选轮廓】选择框中所有的草图名，选择半圆轮廓，如图1-5所示。

步骤5   拉伸轮廓   使用以下设置拉伸凸台，如图1-6所示。

终止条件：两侧对称。

拉伸距离：76mm。

单击【确定】✔。

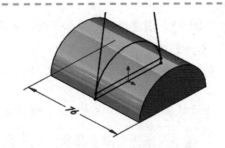

<table>
<tr><td>图1-5　选择轮廓</td><td>图1-6　拉伸轮廓</td></tr>
</table>

 提示　为了显示清晰，Front Contours 草图一直在插图中隐藏。

步骤6　预选轮廓　单击一个圆轮廓，如图1-7所示。

步骤7　创建特征　单击【拉伸凸台/基体】。

终止条件：两侧对称。

拉伸距离：57mm。

单击【确定】✔。

步骤8　查看结果　现在有两个单独的实体在此零件中，如图1-8所示。

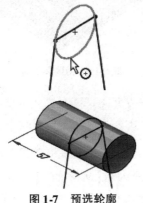

图1-7　预选轮廓　　　　　　　　图1-8　查看结果

1.5　实体文件夹

知识卡片	"实体"文件夹	"实体"文件夹组织着零件中的实体，可以选择、隐藏或显示模型内的实体。默认情况下，此文件夹只有当模型拥有一个以上的实体时才可见，但是，可以通过在系统选项中调整 FeatureManager 选项来修改其显示条件。"实体"文件夹旁边显示的数字表示在模型中有多少个实体。该文件夹可展开以便访问每个实体，这些实体用一个立方体图标🔲表示。每个实体的默认名称反映了最后应用到该实体的特征。
	操作方法	在 FeatureManager 设计树中，展开 ⊞ 🔲 实体(2)"实体"文件夹。

　　步骤9　展开"实体"文件夹　第二个半圆柱体产生了零件的另一个实体，在 FeatureManager 设计树中，展开"实体(2)"文件夹，查看其中包含的特征，如图1-9所示。

图1-9　"实体(2)"文件夹

 提示　如果零件只包含一个实体，"实体"文件夹中就只包含一个特征。

步骤 10　创建第三个实体　利用如图 1-10 所示的 Front Contours 草图轮廓创建【拉伸凸台/基体】，如图 1-11 所示。

拉伸该草图，拉伸方向 1、方向 2，终止条件为【完全贯穿】，并取消勾选【合并结果】复选框，效果如图 1-11 所示。

将该特征保留为单独的实体，使其能够独立于零件的其他实体加以修改。

提示　为了显示清晰，有一些草图一直在插图中隐藏。

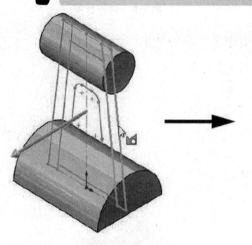
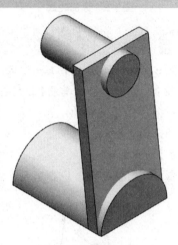

图 1-10　创建草图 　　　　　　　　　　　　图 1-11　创建多实体

技巧　为便于查看，通常实体的边线都会显示为黑色，注意第三个实体与前两个圆柱实体相交部分并没有显示黑色边线，这表示实体之间没有合并。

步骤 11　创建拉伸切除特征　如图 1-12 所示，用图示 Right Contours 草图创建【拉伸切除】，单击【反向】，设置终止条件为【完全贯穿】，并勾选【反侧切除】复选框。

步骤 12　预览细节　单击【细节预览】图标，查看预览结果。特征切除了第三个实体，但同时也影响了两个圆柱实体，如图 1-13 所示。需要修改此特征选项以得到期望的结果。

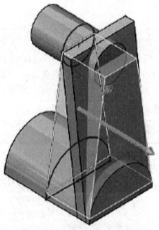
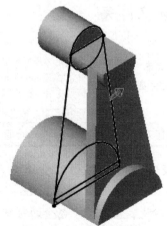

图 1-12　创建拉伸切除特征 　　　　　　　　图 1-13　预览细节

步骤 13　关闭细节预览对话框　再次单击【细节预览】图标👁，关闭【细节预览】对话框。

1.6　局部操作

在模型中创建独立的实体可以实现对一个实体单独修改而不影响零件中的其他实体，这种技术即局部操作技术。为了限制特征对实体的影响范围，可以使用【特征范围】来进行操作。

1.7　特征范围

在【特征范围】选项中可以设置当前操作影响到的实体特征范围。在多实体零件中创建拉伸或切除特征时，会在属性管理器中看到【特征范围】选项。

| 知识卡片 | 特征范围 | 【自动选择】是默认选项，将自动影响到在图形显示区内显示零件中的所有实体。
选择【所有实体】选项，可以让创建的特征影响到零件中所有的实体，包括隐藏的实体。
本例中将使用【所选实体】来手动选择那些被特征影响的实体。 |
| | 操作方法 | 特征 PropertyManager：选择【特征范围】选项组。 |

步骤 14　设置特征范围　展开【特征范围】选项组，取消勾选【自动选择】复选框，如图 1-14 所示。

步骤 15　选择实体　选择步骤 10 创建的实体 "凸台-拉伸 3"，单击【确定】，如图 1-15 所示。

步骤 16　查看结果　切除后的结果只影响了第三个实体，如图 1-16 所示。需要注意，切除特征并没有合并 3 个实体。

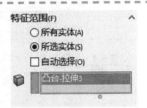

图 1-14　设置特征范围

步骤 17　孤立实体　在 "实体" 文件夹或图形区域中右键单击实体 "切除-拉伸 1"，选择【孤立】。实体可以被隐藏、显示、孤立，如在装配体中也可以用显示状态控制零部件，如图 1-17 所示。接下来先镜像该实体，再将多个实体合并成一个实体。

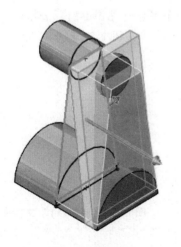

图 1-15　选择实体

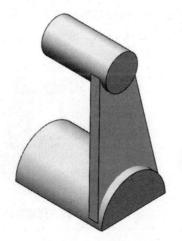

图 1-16　查看结果

图 1-17　孤立实体

步骤18　退出孤立　如图1-18所示，选择【退出孤立】，还原隐藏的实体。

图1-18　退出孤立

1.8　镜像/阵列实体

每个类型的阵列特征都可以被用来创建实体模型的实例。【要镜像的实体】用于选择哪个或哪些实体要被镜像。

知识卡片	镜像/阵列实体	镜像/阵列特征的 PropertyManager，选择【要镜像的实体】选项组。

步骤19　镜像实体　使用右视基准面作为参考平面插入【镜像】⋈特征。

在【要镜像的实体】选项中选择实体"切除-拉伸1"，并取消勾选【合并实体】复选框，如图1-19所示。

提示👆 　在这次镜像中，【合并实体】选项没有实际意义，因为合并实体运算只能在要镜像的实体和镜像结果实体两者相接触的情况下才能成功。在图1-19中，要镜像的实体和结果实体没有相互接触。

图1-19　镜像实体⊖

步骤20　创建桥接　用"Front Contours"作为草图，创建【拉伸凸台/基体】🗐，如图1-20所示。拉伸该草图，拉伸方向1的终止条件为【两侧对称】，深度为8mm，并勾选【合并结果】复选框。

实体"凸台-拉伸4"与跟它相接触的实体合并成了一个实体（见图1-21），现在"实体（1）"文件夹中的特征变成了一个，名称为"凸台-拉伸4"，如图1-22所示。

图1-20　选择草图　　　　图1-21　创建实体　　　　图1-22　"实体（1）"文件夹

⊖　软件中"镜向"为"镜像"的误用。

1.9　工具实体技术

工具实体技术是利用专门的"工具"零件来添加或删除模型的一部分。这种技术可以通过保存"工具"零件到库，把它们作为实体插入到正在设计的模型来标准化或自动化创建共同特征。

接下来在本例的模型中添加两个固定凸片。之前已经将固定凸片的特征保存成了一个单独的零件，下面将使用【插入零件】命令将其插入到这个模型中去。

1.9.1　插入零件

利用【插入零件】命令，用户可以将一个已有的零件作为一个或多个实体插入到当前激活的零件中。可以通过以下两种方法定位插入的零件：

- 单击图形区域确定插入的零件位置。
- 单击 PropertyManager 中的【确定】按钮使其在当前零件的原点处插入零件。

用户可以通过【找出零件】选项来打开一个额外的对话框，使用配合或特定的移动来定位被插入的零件。

知识卡片	插入零件	● 菜单:【插入】/【零件】。 ● 文件探索器或 Windows 资源管理器:拖拽一个零件文件到打开的零件文档，单击【插入】创建一个派生的零件。

提示 　　工具栏上不常用的命令可以通过使用命令搜索来定位或启动命令。命令可以通过拖拽的方式从搜索结果中添加到工具栏中。命令搜索可以通过 SOLIDWORKS 应用程序窗口顶部的标题栏（见图 1-23）或按 <S> 键启动（见图 1-24）。

图 1-23　标题栏命令搜索　　　　　　　图 1-24　按 <S> 键启动命令搜索

1.9.2　外部参考

当用户将一个零件插入到另一个零件中时，可以使用选项来创建一个外部参考。当引用的模型发生变化时，使用该零件作为外部引用的插入零件特征也会被更新。用户也可以在插入零件时勾选【断开与原有零件的连接】复选框来避免与外部参考发生联系。

1.9.3　实体转移

如果使用断开连接选项，插入零件的所有信息将被复制到当前零件中。如果使用外部参考到原有零件，则可以设定下面的任何组合作为转移内容。

- 实体。
- 曲面实体。
- 基准轴。
- 基准面。
- 装饰螺纹线。
- 吸收的草图。
- 解除吸收的草图。
- 自定义属性。
- 坐标系。
- 模型尺寸。
- 孔向导数据。

10

步骤21 插入零件 单击菜单【插入】/【零件】，从"Lesson01 \ Case Study"文件夹中选择零件"Mounting Lug"，如图1-25所示。被插入的零件仅是一个标准文件。注意不要单击【确定】。

图1-25 插入零件

步骤22 实体转移 在【转移】选项组中，勾选【实体】、【基准面】和【模型尺寸】复选框，如图1-26所示。基准面将用来定位插入的零件。

步骤23 找出零件选项 勾选【以移动/复制特征定位零件】复选框，如图1-26所示。

步骤24 插入零件 单击图形区域，插入零件。

> **提示** 单击图形区域定义了零件的初始位置，当单击【确定】时把零件定位在原点。在是否更改派生零件的测量单位的消息中，选中【不再显示】并单击【是】。

步骤25 结果 零件"Mounting Lug"的实例插入到当前零件中，同时【找出零件】选项卡显示，如图1-27所示。

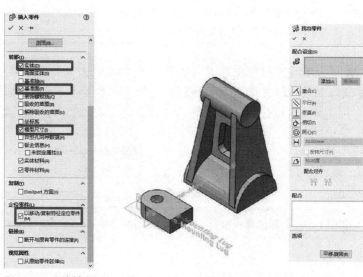

图1-26 实体转移   图1-27 找出零件

1.9.4 找出零件和移动/复制实体

【移动/复制实体】对话框和【找出零件】对话框相似。【找出零件】命令在插入零件时使用，而【移动/复制实体】命令则用于重新定位模型中已经存在的实体。【移动/复制实体】对话框有一个选项来选择要移动的实体，也包括在使用【平移/旋转】选项时在新位置复制选定的实体，同时也提供了一个是否复制的选项。

用户可以通过【找出零件】和【移动/复制实体】命令在零件中定位实体的位置，一般通过以下两种方法移动实体：

1）配合：类似于在装配体中配合零部件的方法。

2）指定移动的距离，绕 *X*、*Y*、*Z*[⊖]轴的旋转角度或选择一个参考。

———

⊖ 正文中坐标轴 *X*、*Y*、*Z* 为斜体；软件截屏图中均为正体，特此说明。

对话框底部的【平移/旋转】按钮可以用来在平移/旋转和配合两种方法之间切换。用户可以在移动/复制特征里创建多个配合，但每个平移或旋转则需要单独创建。

知识卡片	移动/复制	菜单：【插入】/【特征】/【移动/复制】 🐾。 如图 1-28 所示，通过在命令搜索中输入"移动"，选定【移动/复制实体】。

图 1-28　命令搜索

本例使用配合定位实体的位置。

步骤26　选择面　在【配合设定】页面上，选择当前零件的右视基准面和插入实体"Mounting Lug"的前视基准面(Front Plane-Mounting Lug)，如图 1-29 所示。

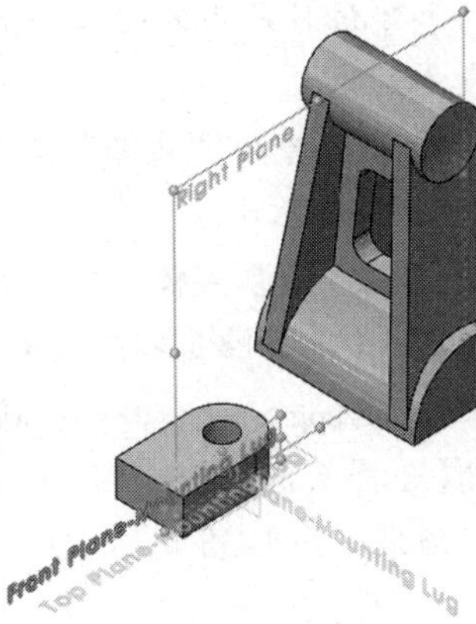

> **提示**　按键盘 <Q> 键即显示参考平面所在的图形区域，即可快速选取。

步骤27　配合实体　确认实体"Mounting Lug"的方向，如果有必要，选择【配合对齐】方式，改变对齐方向，如图 1-30 所示。

单击【添加】，应用【重合】 人配合。更多信息请参考《SOLIDWORKS® 零件与装配体教程（2022 版）》。

步骤28　其他附加配合　选择如图 1-31 所示的面，单击【添加】创建一个【重合】 人配合。

步骤29　添加【距离】配合　再添加一个【距离】 ⊢⊣配合，选择当前零件的前视基准面和插入零件"Mounting Lug"的右视基准面（Right Plane-Mounting Lug），如图 1-32 所示。

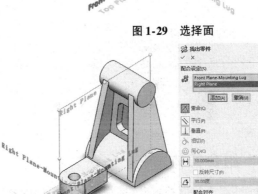

图 1-29　选择面

图 1-30　配合实体

选择此面

图 1-31　其他附加配合

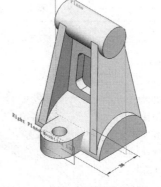

图 1-32　添加【距离】配合

11

设置【距离】为38mm，并单击【确定】✔完成配合。完成"Mounting Lug"零件的定位。

步骤30　检查特征　"Mounting Lug"作为一个零件特征呈现在FeatureManager设计树中，如图1-33所示。符号"－＞"表明该特征有一个外部参考。这意味着该特征依赖于一个独立外部文件的某些信息，即本例中的"Mounting Lug"零件。

图1-33　检查特征

展开零件"Mounting Lug"的特征列表。零件的转移和定位时采用的配合一起以子特征的方式在列表中列出。

步骤31　查看"实体"文件夹　展开"实体"文件夹，可以看到添加了一个新的实体，如图1-34所示。

步骤32　镜像实体　使用前视基准面作为参考平面插入【镜像】ᴵᴵᴵ特征。【要镜像的实体】选择"＜Mounting Lug＞-＜Cut-Extrude1＞"实体，并取消勾选【合并实体】复选框。单击【确定】✔完成镜像，结果如图1-35所示。

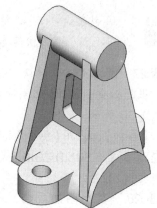

图1-35　镜像实体

图1-34　查看"实体"文件夹

1.10　组合实体

通过【组合】实体特征，用户可以在零件中利用添加、删减或共同多个实体来创建单一实体。【组合】工具有以下3种选项，见表1-3。

表1-3　组合实体示例

组合方式	说　　明	实　　例
添加	【添加】选项通过【要组合的实体】列表合并多个实体，形成单一实体。在其他的CAD软件中，这种方式称为"合并"	实体1　实体2　实体3　→　结果

（续）

组合方式	说 明	实 例
删减	【删减】选项通过指定一个主要实体和若干个减除的实体，其他实体和主要实体重叠的部分将被删除，从而形成单一实体	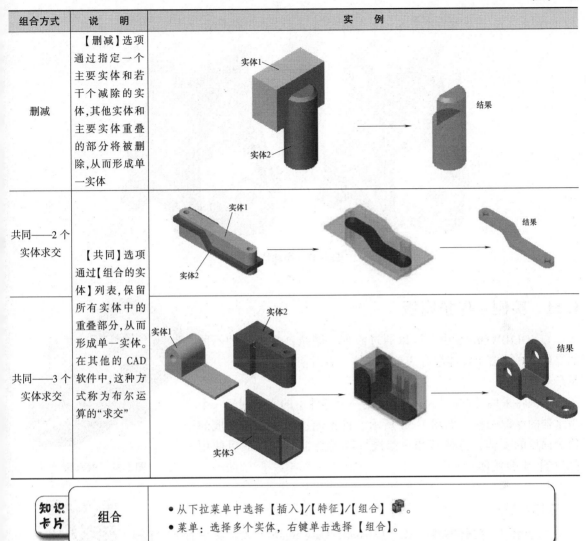
共同——2个实体求交	【共同】选项通过【组合的实体】列表，保留所有实体中的重叠部分，从而形成单一实体。在其他的 CAD 软件中，这种方式称为布尔运算的"求交"	
共同——3个实体求交		

知识卡片	组合	• 从下拉菜单中选择【插入】/【特征】/【组合】。 • 菜单：选择多个实体，右键单击选择【组合】。

技巧◎　选择实体的另一种方法是使用【实体过滤器】。

步骤33　组合实体　在特征工具栏中单击【组合】特征。如图 1-36 所示，在 PropertyManager 中的【操作类型】选项组中选中【添加】选项。选择"实体"文件夹中的 3 个实体作为要组合的实体。单击【确定】完成组合。

步骤34　添加特征　将前视、右视基准面作为草图平面，创建两个拉伸切除特征。创建特征半径为 1.5mm 的圆角，如图 1-37所示。

步骤35　保存并关闭文件

图 1-36　组合实体

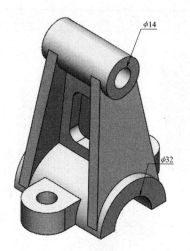
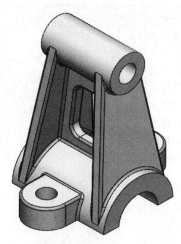

图 1-37　添加特征

1.11　实例：保护网板

在 SOLIDWORKS 中，可以通过添加、删减、共同 3 种不同的操作方式将多个实体组合成单一实体。有时使用【共同】方式是最简单的。

本例将采用【共同】方式，使用一个零件中的实体创建一个潜水器的保护网板，如图 1-38 所示。首先创建一个旋转而成的代表面板的实体，再使其和一组线性阵列特征相交，最后使用【共同】组合实体。

图 1-38　潜水器

操作步骤

步骤 1　打开零件　从 "Lesson01/Case Study" 文件夹中打开 "Protective Screen" 零件。这个零件包含两个配置文件，表示旋转曲面轮廓和外部尺寸，如图 1-39 所示。

1.11　实例：
保护网板

步骤 2　创建旋转薄壁特征　使用草图创建【旋转凸台/基体】。创建旋转薄壁特征时会提示 "当前草图是开环的，若要完成一个非薄壁的旋转特征需要一个闭环的草图，请问是否要自动将此草图封闭？"。单击【否】，创建一个薄壁特征。设置旋转类型为【两侧对称】，旋转角度为【90°】。设置薄壁类型为【单向】，方向为草图外侧，薄壁厚度为【1.00mm】，效果如图 1-40 所示。

步骤 3　创建拉伸特征　单击【拉伸凸台/基体】。草图拉伸使用【完全贯穿】终止条件，如图 1-41 所示。

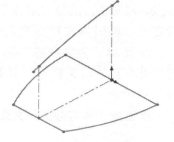

⚠️ **注意**　创建拉伸特征时要取消勾选【合并结果】复选框。

图 1-39　打开零件

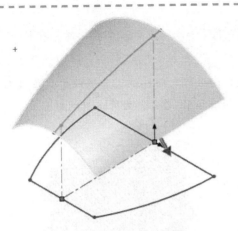

图 1-40 创建旋转薄壁特征

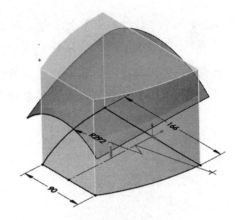

图 1-41 创建拉伸特征

接下来将对实体进行抽壳，并使用筋创建网板。

步骤 4 创建抽壳特征 创建一个壁厚为 3mm 的【抽壳】🔲特征，并将顶面移除，如图 1-42 所示。

步骤 5 创建草图 使用移除的顶面作为草图平面，绘制一条用于创建加强筋的直线，如图 1-43 所示。

步骤 6 创建筋特征 在特征工具栏中单击【筋】⬛，设置筋类型为【两侧】☰，厚度为【1.000mm】，拉伸方向为【垂直于草图】◈。【所选实体】选择抽壳实体作为生成筋特征的实体。单击【确定】✔，结果如图 1-44 所示。

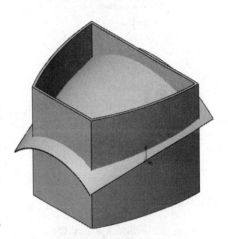

图 1-42 创建抽壳特征

步骤 7 创建阵列筋特征 单击【线性阵列】▦，创建一个阵列筋特征，【阵列方向】选择加强筋草图尺寸中的尺寸 5.000mm，【到参考】选择如图 1-45 所示的顶点，【间距】为 12.750mm。在【特征范围】下，取消选择【自动选择】复选框，选择实体"筋 1"，单击【确定】✔，如图 1-46 所示。

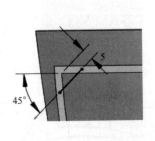

图 1-43 绘制用于创建
加强筋的直线

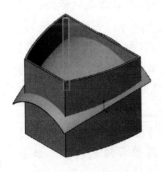

图 1-44 创建筋特征

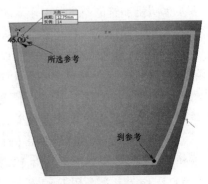

图 1-45 参考

筋特征在各个方向上会自动延伸至下一个，以使每个阵列实例在整个零件中延伸，如图 1-47 所示。

步骤 8　镜像特征（可选步骤）　希望在反方向上阵列筋特征。如果以右视基准面作为基准面来镜像该线性阵列特征，结果会怎样？如图 1-48 所示，为什么会这样？

图 1-46　创建阵列筋特征

图 1-47　创建阵列特征

图 1-48　镜像特征

这是由筋特征的计算方式所致，即在所有方向上自动延伸到下一个，这样已经存在的筋就限制了第二个阵列的延伸。有一种方法可以避免这种情况，即从顶部偏移创建第一个筋阵列，然后在顶面创建第二个筋阵列，让它们在零件内延伸。另一种避免的方法是利用多实体功能和镜像壳体。由于本例的实体形状是对称的，因此它本身非常适合这种技术。单击【撤销】，删除特征阵列。

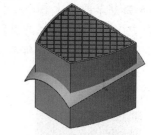

图 1-49　镜像实体

步骤 9　镜像实体　选择右视基准面，并激活【镜像】特征。展开【要镜像的实体】选项组并选择实体"阵列（线性）1"，勾选【合并实体】复选框，单击【确定】。镜像完成后，模型中应该有两个实体，如图 1-49 所示。

步骤 10　组合实体　单击【组合】命令。【操作类型】选择【共同】，【要组合的实体】选择薄壁和阵列实体。单击【确定】，结果如图 1-50 所示。

步骤 11　保存并关闭文件

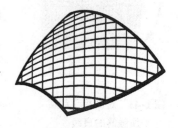

图 1-50　组合实体

1.12　实体相交

另一种操作实体的工具是【相交】，与【组合】命令每次操作只能做相加或相减不同，【相交】命令可以在一次简单的操作中同时做相加和相减。同样，【合并结果】选项可以使相交的实体合并在一起或不合并以在零件中产生额外的实体。此工具在曲面建模技术中最常用，除曲面外，该工具还可以应用在实体或平面相交上。

知识卡片	相交	【相交】工具允许选择实体、曲面或平面，计算出所选对象相交后可能形成的区域。用户也可以从结果中选择排除掉不想要的区域。该特征产生的结果区域也可以合并起来，或以各自单独的实体存在。
	操作方法	菜单：【插入】/【特征】/【相交】 。

1.13　实例：碗

操作步骤

步骤 1　打开名为"Bowl_Intersect"的零件　在"Lesson01/Case study"文件夹下打开零件"Bowl_Intersect"，如图 1-51 所示。该模型含有两个实体，一个代表碗体部分，另一个代表碗沿部分。为了得到想要的结果，将在这两个部分中添加一些区域并排除其他区域。

1.13　实例：碗

步骤 2　相交　单击【相交】，从图形区域选择两个实体，在相交的 PropertyManager 界面上单击【相交】按钮计算实体相交产生的区域。一共有 3 个【要排除的区域】：碗体的顶部区域、碗沿的中间部分以及碗体的内部区域。勾选【合并结果】复选框，单击【确定】 ，如图 1-52 所示。

图 1-51　打开零件
"Bowl_Intersect"

图 1-52　相交

步骤3　查看结果　相交特征包括的区域将合并为一个实体，如图1-53所示。

图1-53　查看结果

【相交】特征是计算内部体积的有效工具，通过它可以从相互交叉的实体内部区域产生一个实体。在下面的步骤中，将使用一个平面来代表碗内填充后的水平面，并使用【相交】创建一个碗和平面内部区域的实体。

步骤4　偏移平面　从上视基准面偏移75mm，创建一个新的参考平面，如图1-54所示。

步骤5　相交　单击【相交】。选择"基准面1"和碗实体，单击【创建内部区域】选项。通过使用此选项，内部区域才可以被识别，而平面和碗相交产生的区域将会被忽略。单击【相交】按钮，为了将内部区域创建为一个独立的实体，需清除【合并结果】复选框，单击【确定】。重命名相交特征为"Volume"，结果如图1-55所示。

步骤6　评估质量属性　从【评估】工具栏中单击【质量属性】，选择碗内的实体，测量其体积，如图1-56所示。单击【选项】，选择【使用自定义设定】，更改【单位体积】为【升】，单击【确定】。测得此碗容积约1.66L，关闭对话框。

图1-54　偏移平面

图1-55　创建相交

图1-56　测量体积

步骤7　压缩"Volume"特征
步骤8　保存并关闭文件

1.14　压凹特征

SOLIDWORKS中的某些特征需要在一个零件中存在多个实体，如【组合】和【压凹】特征。为了创建【压凹】特征，必须存在【工具实体】和与之相交的将要接受压凹的【目标实体】。

知识卡片	压凹	【压凹】特征使用一个或多个凹凸形状的【工具实体】来改变【目标实体】的形状，可以通过改变压凹特征的厚度和间隙值来控制目标实体的变化形状。如果希望的形状不需要包含额外的材料，也可通过【压凹】产生切除来实现。压凹特征需要选择【目标实体】和【工具实体区域】。 •【目标实体】是需要改变形状的实体或曲面。 •【工具实体区域】是用于改变目标实体区域形状的实体或曲面。
	操作方法	•菜单：【插入】/【特征】/【压凹】⬚。

1.15　实例：压凹

　　本实例将使用【压凹】特征在一个现有的薄壁件上创建紧固件所使用的凹坑，并为其增加间隙，如图 1-57 所示。

1.15　实例：压凹

图 1-57　压凹模型

操作步骤

　　步骤 1　打开"Indent"零件　"Indent"零件包含两个相交的实体，如图 1-58 所示。

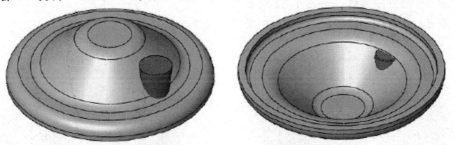

图 1-58　打开"Indent"零件

　　步骤 2　添加阵列特征　添加工具实体的【圆周阵列】，如图 1-59 所示。

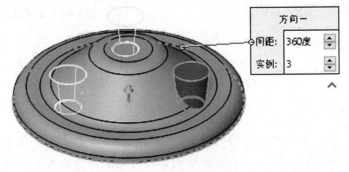

图 1-59　添加阵列特征

步骤 3　添加压凹特征　单击【压凹】，选择旋转薄壁大实体为【目标实体】。
【工具实体区域】中的【保留选择】选项是默认打开的，选择如图 1-60 所示的 3 个旋转实
体的底面，以保留这些区域的压凹。在【参数】选项组中设置压凹参数，【厚度】为
6mm，【间隙】为 1.25mm，单击【确定】。

提示　　　或者勾选【移除选择】选项，在工具实体中选择的区域将被排除在围
绕其周围建造的压凹壁之外。

步骤 4　创建剖面视图（即"剖视图"）　以前视基准面为参考剖面，使用【剖面视
图】工具创建剖面视图。如有必要，请【反转截面方向】，如图 1-61 所示。

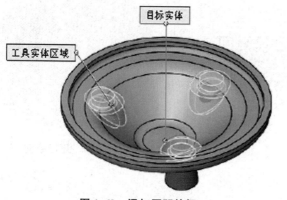
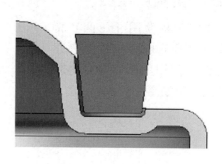

图1-60　添加压凹特征　　　　　　　　　　图1-61　创建剖面视图

步骤 5　孤立主实体　如图 1-62 所示。
步骤 6　添加圆角特征　在图 1-63 所示的面上添加半径为 2mm 的圆角。

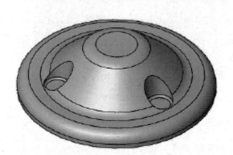

图1-62　孤立主实体　　　　　　　　　　　图1-63　添加圆角特征

步骤 7　退出孤立

1.16　删除实体

在某些情况下，使用多实体技术后可能会在模型中留下一些不属于完成品的实体。删除不
属于成品模型的实体是较好的做法。去除额外的实体可以确保质量属性计算的正确性，也可以
防止当模型被导出时产生混淆。由于视觉属性不能转换为所有格式，因此所有存在的实体都可
以在文件的导入版本中显示。可以使用【删除/保留实体】特征从模型中删除实体。

知识卡片	删除/保留实体	【删除/保留实体】特征用于从模型的特征历史记录中的特定节点上删除实体或曲面。添加一个删除/保留实体特征到模型内，将确保在计算之前删除存在于模型中的实体。用户可以选择从模型中删除的实体，也可以选择保留到模型中的实体。
	操作方法	• 菜单：【插入】/【特征】/【删除/保留实体】。 • 快捷菜单：右键单击实体并选择【删除】。

由于【压凹】特征不能从零件中吸收工具实体，因此下面将添加【删除/保留实体】特征来移除它们。

步骤8　删除实体　单击【删除/保留实体】，在【类型】中选择【保留实体】，从模型中选择目标实体，单击【确定】。一个特征将添加到 FeatureManager 设计树中，并在实体被移除的特征历史中标记位置，如图1-64所示。

图1-64　删除实体

步骤9　保存并关闭文件

练习1-1　桥接多实体零件

本练习的主要任务是创建如图1-65所示的零件。

本练习将应用以下技术：

• 多实体零件。
• 轮廓选择。
• 合并结果。

单位：mm。

图1-65　多实体零件

该零件的设计意图如下：

1）圆形凸台和竖直板之间的连接特征应根据它们特征的大小和位置的变化进行正确的更新。

2）孔完全贯穿。

3）所有圆角半径为5mm。

22

操作步骤

步骤1　新建零件　使用"Part_MM"模板新建一个零件，命名为"Bridging"。

步骤2　创建多实体零件　考虑创建一个具有多个轮廓的草图来生成如图1-66所示的多个实体。

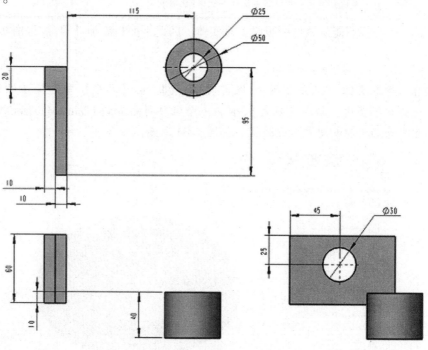

图1-66　创建多实体零件

步骤3　利用桥接技术完成零件　创建一个特征来桥接两个实体，该特征的几何形状应该由现有的实体驱动。使用【合并结果】合并所有实体，添加如图1-67所示的圆角。

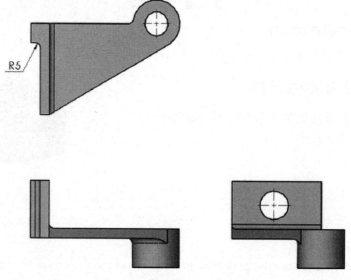

图1-67　桥接实体并添加圆角

步骤4　保存并关闭文件

练习1-2　局部操作

在模型中创建独立的实体可以实现对一个实体做单独的修改而不影响零件的其他实体，这种技术即局部操作技术。该技术常用于对零件进行抽壳处理。默认情况下，抽壳操作影响实体抽壳前的所有特征。本例将通过【合并结果】和【组合】解决一个抽壳问题。

本练习将应用以下技术：

● 多实体零件。
● 合并结果。
● 组合实体。

单位：mm。

操作步骤

步骤1　打开零件　打开"Lesson01\Case Study"文件夹下的"Local Operations"零件，如图1-68所示。

步骤2　创建抽壳特征　创建一个厚度为4mm，移除了底平面的抽壳特征。

步骤3　浏览结果　单击【剖面视图】

，在离前视基准面 –42mm 的位置放置剖面，如图1-69所示。

图1-68　"Local Operations"零件

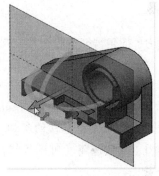

图1-69　创建剖面视图

> ⚠️ **注意**　由于抽壳影响了整个零件，所以此处仅需要对零件的底面抽壳。

为了限制零件底面的抽壳，将修改特征以保持底座上的区域作为一个独立的实体。单击【确定】✔，保持剖面视图。

> 👆 **提示**　在类似的其他实例中，记录特征可以解决问题。但对于更多复杂的模型来说，记录可能并不是一个好的选择。多实体工具是一个可替代的选择。

步骤4　编辑特征　修改和底面相关的特征，防止它们产生合并。使用【编辑特征】编辑如下两个凸台：

● Vertical _ Plate。
● Rib _ Under。

图1-70　编辑特征

取消勾选【合并结果】复选框，单击【确定】✔，如图1-70所示。

24

通过选择特征的一个面，或者使用快速导航，FeatureManager 设计树上的特征可以被选中并编辑。使用键盘<D>键可以将快速导航移动到光标位置，如图1-71 所示。

图 1-71　快速导航

步骤5　查看"实体"文件夹　对每个凸台特征取消勾选【合并结果】复选框后，模型被分成了3 个实体。然后展开"实体"文件夹，查看模型中实体的情况，如图1-72 所示。单击实体，该实体会在绘图区域高亮显示。

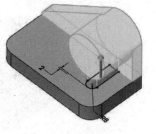

图 1-72　查看"实体"文件夹

提示　实体的名字是以最后一次影响实体成形的特征而命名的。

使用特征范围合并　如果想要将一个特征合并到一个零件的一些实体上而不是其他实体上，可以打开【合并结果】选项，应用【特征范围】，则任何不是特征范围内的实体都将被忽略，并且不会被合并。

步骤6　使用特征范围合并"Rib_Under"特征　编辑"Rib_Under"特征。勾选【合并结果】复选框，在【特征范围】下面单击【所选实体】选项，如图1-73 所示。单击【确定】 。

步骤7　查看结果　"Rib_Under"特征与所选的实体合并后，零件中还剩有两个独立的实体，如图1-74 所示。

步骤8　查看实体（可选步骤）　使用【孤立】查看两个独立的实体。

图 1-73　合并结果

步骤9　组合实体　在特征工具栏中单击【组合】 ，设置【操作类型】为【添加】。选择"实体"文件夹中的两个实体作为【要组合的实体】。单击【确定】 ，如图1-75 所示。

步骤10　查看单一实体　现在零件作为单一的实体"组合1"存在，如图1-76 所示。

图 1-74　查看结果　　　　图 1-75　组合实体　　　　图 1-76　查看单一实体

步骤11　关闭剖面视图

步骤12　保存并关闭文件

练习 1-3 定位插入的零件

按下述步骤创建如图 1-77 所示的零件。

本练习将应用以下技术：

- 插入零件。
- 移动/复制实体。
- 合并实体。

单位：mm。

图 1-77 定位插入的零件

操作步骤

步骤 1 打开零件 从 "Lesson01 \ Exercises" 文件夹中打开 "Base" 文件。

步骤 2 另存为零件 将文件另存为一个新零件 "Insert Part"。

步骤 3 插入零件 单击【插入】/【零件】📌。从 "Lesson01 \ Exercises" 文件夹中选择 "Lug" 零件。在【转移】界面勾选【实体】复选框，并勾选【以移动/复制特征定位零件】复选框，然后单击【确定】 ✔，如图 1-78 所示。

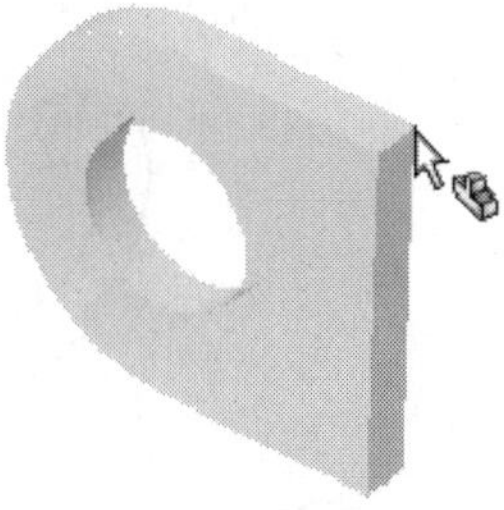

图 1-78 插入零件

步骤 4 定位零件 使用【约束】将 "Lug" 零件定位，如图 1-79 所示。

步骤 5 移动/复制实体 单击【插入】/【特征】/【移动/复制实体】⬔。单击【平移/旋转】选项，在【要移动/复制的实体】中选择 "Lug"。

步骤 6 移动/复制设置 单击【复制】。在【平移】选项下，选择顶点 <1> 作为平移参考体，选择顶点 <2> 作为到顶点，以定位复制的实体，如图 1-80 所示。

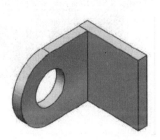

图 1-79 定位零件

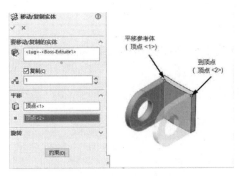

图 1-80 移动/复制设置

步骤 7 重复操作 使用【插入零件】📌和【移动/复制实体】⬔在零件的另一侧添加另外两个 "Lug" 实例，如图 1-81 所示。

步骤 8 合并实体并添加圆角 【合并】📦所有实体为一个实体，并在如图 1-82 所示的位置添加 R8mm 和 R2mm 的圆角。

步骤 9 修改尺寸 打开 "Lug" 零件，将尺寸 45mm 更改为 60mm，如图 1-83 所示。

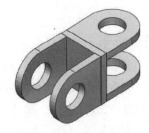

图 1-81 重复操作

技巧🔑 | 右键单击插入的具有外部参考的零件（Lug ->），并在快捷菜单中选择【在关联中编辑】，即可将其打开。

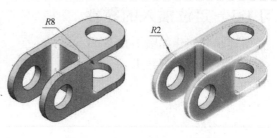

图 1-82　合并实体并添加圆角

步骤 10　更新零件　返回到主零件，单击【重建模型】🔘 可查看零件的更改，如图 1-84 所示。

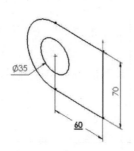

图 1-83　修改尺寸

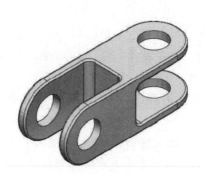

图 1-84　更新零件

步骤 11　保存并关闭文件

练习 1-4　阵列实体

本练习的主要任务是创建如图 1-85 所示的零件。

本练习将应用以下技术：

- 插入零件。
- 找出零件和移动/复制实体。
- 阵列实体。

单位：mm。

图 1-85　阵列实体

操作步骤

步骤 1　新建零件　使用 "Part_MM" 模板新建一个零件，命名为 "Patterning Bodies"。

步骤 2　插入零件 "2B"　单击【插入】/【零件】🛠，从 "Lesson01\Exercises" 文件夹内选择 "2B" 零件。在【转移】选项组中勾选【实体】复选框，清除【以移动/复制特征定位零件】复选框。单击【确定】✔，将零件放置到原点。

步骤3 插入零件"1B" 从"Lesson01\Exercises"文件夹内选择"1B"零件并插入。在【转移】选项组中勾选【实体】复选框,并勾选【以移动/复制特征定位零件】复选框。单击【确定】✔,将零件初步定位到原点。再使用【找出零件】来定位零件,$\Delta X = -38\text{mm}$,$\Delta Z = -25\text{mm}$。结果如图1-86所示。

步骤4 插入零件"2A"和"1A" 按照步骤2和步骤3的操作方法,插入并定位零件"2A"和"1A",结果如图1-87所示。

步骤5 添加阵列 添加如图1-88所示的阵列实体。

步骤6 桥接实体 在实体中创建一个桥接,并阵列3个桥接实体,如图1-89所示。

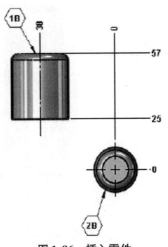

图1-86 插入零件

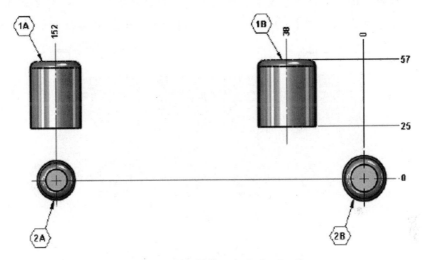

图1-87 插入零件"2A"和"1A"

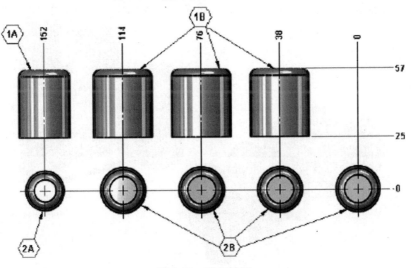

图1-88 添加阵列

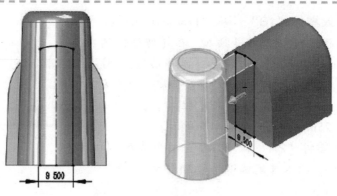

图 1-89　桥接实体

⚠️ **注意**　拉伸特征时，取消勾选【合并结果】复选框。

步骤 7　创建平板　在上视基准面上绘制草图，创建平板特征。以【给定深度】为终止条件拉伸草图，设置【深度】为 6mm，并勾选【合并结果】复选框，如图 1-90 所示。

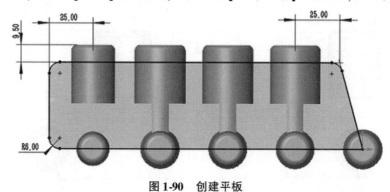

图 1-90　创建平板

🔑 **技巧**　可以打开【观阅临时轴】来创建图 1-90 中的尺寸。

步骤 8　添加圆角　添加半径为 3mm 的圆角，完成零件，结果如图 1-91 所示。

图 1-91　添加圆角

步骤9　修改参考零件　右键单击实体"2B",从弹出的快捷菜单中选择【在关联中编辑】。将拉伸的深度修改为58mm,如图1-92所示。

步骤10　更新零件　返回主零件,如有必要,单击【重建】❶后查看零件更改,如图1-93所示。

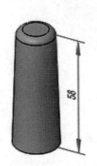

图1-92　修改参考零件

图1-93　更新后的零件

步骤11　保存并关闭文件

练习1-5　负空间建模

在本练习中,将使用【组合】特征将一个实体从另一个实体上切除以移除其内部空间,如图1-94所示。为了建造液压控制阀模型,通常使用先在实体块上打内孔结构,再在实体块上移除通道的设计技术。

通过生成一个内腔形状的实体,便可以在设计中轻松地测量和调整如体积之类的信息。

本练习将应用以下技术:

- 合并结果。
- 组合实体。

单位:mm。

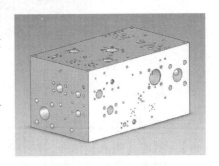

图1-94　液压控制阀体

操作步骤

步骤1　打开零件　打开"Lesson01/Exercises"文件夹中的零件"Hydraulic Manifold"。该零件(见图1-95)包含两个代表流体腔系统的实体,这是最终模型的负空间部分。

步骤2　创建矩形草图　将上视基准面作为草图平面,绘制矩形草图并添加4个共线约束,如图1-96所示。

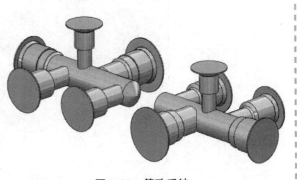

图1-95　管孔系统

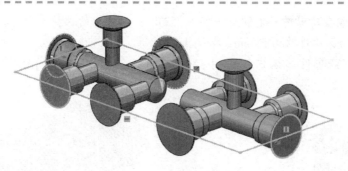

图 1-96　创建矩形草图

步骤3　创建拉伸特征　使用矩形草图创建双向拉伸特征，并取消勾选【合并结果】复选框，结果如图 1-97 所示。

- 【方向1】（向上）设置为【成形到一面】，选择管孔实体顶面。
- 【方向2】（向下）设置【给定深度】为 30mm。

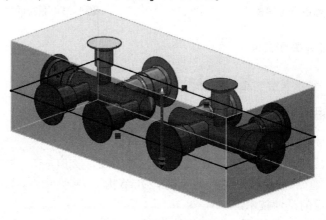

图 1-97　创建拉伸特征

步骤4　组合实体　使用拉伸实体作为【主要实体】，其他两个实体作为【减除的实体】，创建【删减】组合。组合结果如图 1-98 所示。

提示　将拉伸实体块设置为透明，可以方便地查看组合结果和内部结构。

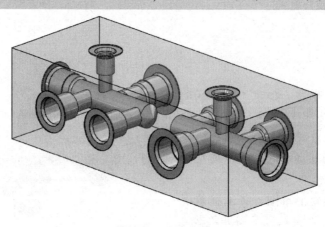

图 1-98　组合实体

步骤5　保存并关闭文件

练习1-6　组合多实体零件

本练习的任务是创建如图 1-99 所示的零件。

本练习将应用以下技术：

- 合并结果。
- 组合实体。

单位：mm。

图1-99　组合多实体零件

操作步骤

　　步骤1　新建零件　使用模板 "Part_MM" 新建一个零件，命名为 "Combine"。

　　步骤2　拉伸薄壁特征　在前视基准面上创建草图。使用线段和圆角建立一个开放的薄壁特征的轮廓，如图1-100所示。拉伸该轮廓57mm，使用中间基准面作为终止条件，【厚度】为9.5mm。

　　步骤3　绘制第二个实体　在上视基准面创建如图 1-101 所示的草图。根据要求拉伸第二个实体，如图1-102所示。

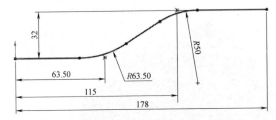

图1-100　第一个草图轮廓　　　　　　　　　图1-101　第二个草图轮廓

　　步骤4　组合实体　将两个实体合并为一个实体，结果如图1-103所示。

　　步骤5　添加特征　添加凸台、切除、异形孔向导和圆角特征，添加半径为1.5mm的圆角，完成零件，如图1-104所示。

　　步骤6　保存并关闭文件

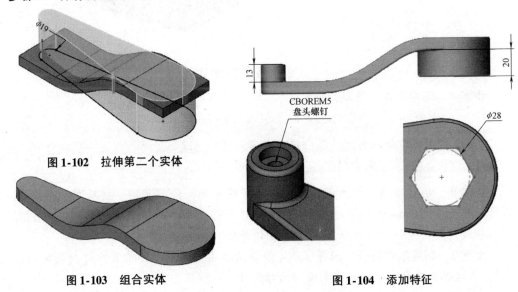

图1-102　拉伸第二个实体

图1-103　组合实体　　　　　　　　　图1-104　添加特征

练习1-7 压凹

在本例中，将使用压凹特征重塑零件以创建保护网板，如图 1-105 所示。

本练习将应用以下技术：

- 多实体。
- 压凹特征。

单位：mm。

图 1-105 保护网板

操作步骤

步骤1 打开零件 打开 "Lesson01/Exercises" 文件夹下的零件 "Protective Screen-Indent"。本练习中的文件是一个已完成的零件的复制件。

步骤2 退回特征 如图 1-106 所示，退回至抽壳特征之前，并将在设计树中的此位置创建压凹工具实体。

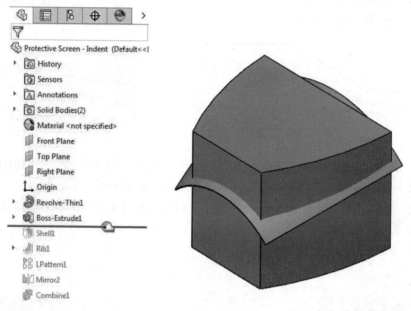

图 1-106 退回特征

步骤3 隐藏实体 隐藏拉伸实体。

> **技巧◎** 用户可以在 "实体" 文件夹或图形区域来隐藏实体，或者通过在设计树上隐藏与实体关联的特征对实体进行隐藏。另外，在图形区域中可以使用 <Tab> 键来隐藏实体，使用 <Shift + Tab> 键来显示实体。

步骤4 绘制草图 将上视基准面作为草图平面，绘制草图。然后在 FeatureManager 设计树中选择 "Outside Profile" 草图，使用【等距实体】命令，在 "Outside Profile" 草图的轮廓内部创建一个距离为 2mm 的等距轮廓线，如图 1-107 所示。

步骤5 创建拉伸特征 拉伸步骤4绘制的草图，终止条件设置为【到指定面指定距离】，并选择旋转薄壁特征的上表面作为指定面。

设置【等距距离】为 1mm，并勾选【反向等距】复选框以确保生成的特征在旋转薄壁特征之上，如图 1-108 所示。

图 1-107 绘制草图

图 1-108 创建拉伸特征

⚠️ **注意**   取消勾选【合并结果】复选框。

步骤 6 创建圆角特征 在新创建的拉伸实体的上表面和 4 条直边线上添加半径为 0.5mm 的圆角，如图 1-109 所示。

步骤 7 创建压凹特征 单击【压凹】命令，【目标实体】选择旋转薄壁实体，【工具实体区域】选择拉伸实体顶部曲面。在【参数】选项中，设置【厚度】为 1mm，设置【间隙】为 0mm。单击【确定】 ✓ ，如图 1-110 所示。

图 1-109 创建圆角特征

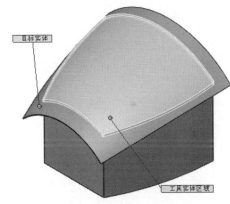

图 1-110 创建压凹特征

步骤 8 隐藏实体 【隐藏】◇ 实体，查看结果如图 1-111 所示。

步骤 9 添加圆角 在压凹实体区域的凹变上创建半径为 0.5mm 的圆角。在压凹实体区域的凸变上创建半径为 1.5mm 的圆角，放大部分如图 1-112 所示。

图 1-111 隐藏实体

图 1-112 添加圆角

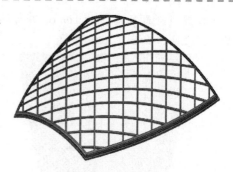

图1-113　还原特征

步骤10　还原特征　系统会重建并整合所做的更改部分，如图1-113所示。

步骤11　删除实体　展开"实体"文件夹，右键单击工具实体"圆角1"，并选择【删除/保留实体】，设置【类型】为【删除实体】，单击【确认】。特征树上会生成一个"实体-删除/保留1"的特征，而"圆角1"则会从"实体"文件夹中移除。

步骤12　保存并关闭文件

第2章 保存实体

学习目标
- 使用不同方法分割零件为多实体
- 将实体另存为独立的零件文件
- 使用多实体零件创建装配体
- 使用分割特征进行直接编辑

2.1 多实体零件和装配体对比

在上一章中，讲解了几种在单一零件中使用多个实体的设计技术，这些实体均是作为形成单一实体零件的中间步骤。另一种使用多实体零件的方法是将其作为装配体的替代品，这意味着在零件环境内设计产品的各组件。SOLIDWORKS 焊件完全基于此设计技术，如图 2-1 所示 [更多信息请参考《SOLIDWORKS®钣金件与焊件教程（2022 版）》]。

任何含有多个部分的单一产品都可以使用这种设计方法。有时候，在同一个环境中对产品的多个部分进行建模是很有必要的，这样便于它们共享的相同尺寸和变化在整个模型中传递，满足了用户的设计意图。

有时在装配体环境下使用自顶向下的装配体建模技术也可以实现，但当产品的多个部分需要在表面上平滑地结合或有多个相互对应的面时，如图 2-2 所示，最好的方法是将其设计成一个零件。

图 2-1 焊件零件

图 2-2 表面平滑结合的零件

零件环境比装配体环境多了一些优点，如消除配合功能和管理多个文件。但是，零件中的实体不会出现在物料清单中，也无法模拟物体之间的运动。

通常情况下，公司要求产品的每个独立部分都以单独的文件存在，以便于文件管理和遵守零件编号约定。为了解决此问题，SOLIDWORKS 软件包含了从多实体零件创建单独零件文档以及自动创建装配体的功能。

2.2　保存实体技术

SOLIDWORKS 软件中有一些命令可以将一个或多个实体保存为独立的零件文件，但每个命令具有不同的特性。有些命令的选项可以让用户在保存多个零件时直接生成装配体文件。表 2-1 总结了各种保存实体的命令和技术。

表 2-1　保存实体的命令和技术

功　能	插入新零件	保存实体	分割零件
在目标零件的 FeatureManager 设计树中是否添加新特征	否	是	是
对源零件进行更改后，更改是否传递到子零件	是	否	否
是否允许在更改传递到子零件之前，对源零件进行更改（通过在更改之前的回退来实现）	是	是	是
是否能从子零件导航到源零件（通过右键单击携带外部参考引用的特征，并选择【在关联中编辑】来实现）	是	是	是
是否能从结果零件自动生成装配体文档	否	是	是
是否需要先使用分割工具去创建实体	否	否	是

本章中介绍的命令是用来创建 SOLIDWORKS 文档的，包括零件、装配体或两者都有。用户需要指定文档模板或允许系统使用默认模板。这些是由【工具】/【选项】/【系统选项】/【默认模板】中的设置决定的。可以通过覆盖 PropertyManager 中的选项来设置默认模板。

2.3　实例：夹子

在前面的实例中，通过添加材料创建了多实体零件。但用户也可以通过创建分割进而生成多个实体。在本实例中，软管夹子的上、下两部分由于具有共享的相同尺寸而设计在一个单独的零件内。下面将首先添加一个分割特征来创建夹子的单独部分，然后将产生的多实体零件应用为一个新零件或新装配体的源文件，如图 2-3 所示。

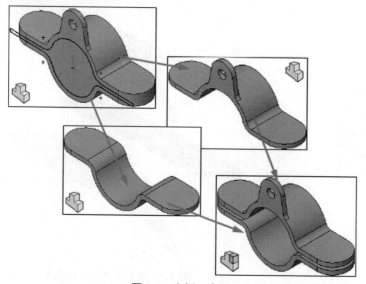

2.3　实例：夹子

图 2-3　实例：夹子

操作步骤

步骤1 打开零件 从"Lesson02\Case Study"文件夹内打开"Clamp_Source"零件，如图2-4所示。

步骤2 创建多实体 利用零件中的草图"Sketch3"，创建一个【完全贯穿】的切除特征，在【要保留的实体】对话框中选择【所有实体】，如图2-5所示，单击【确定】。

图2-4 打开零件

图2-5 创建多实体

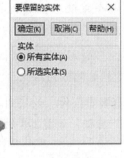

步骤3 查看"实体"文件夹 在"实体"文件夹中创建了两个实体，如图2-6所示。

> **提示** 当切除特征导致产生多实体时，【要保留的实体】对话框出现。此处的选项允许用户选择希望保留在模型中的实体。

图2-6 "实体"文件夹

2.4 插入到新零件

"Clamp_Source"中的实体将用于生成新的"Clamp_Top"和"Clamp_Bottom"零件文档。在本例中，将使用【插入到新零件】命令来创建新文档。

知识卡片	插入到新零件	【插入到新零件】将单个实体保存为零件文件。每个零件文件都通过一个外部参考与源零件相连，同时在保存的零件中会出现一个"基体零件-＜源零件名＞"特征，该特征保存了外部参考。关于外部参考的更多信息，请参阅《SOLIDWORKS® 高级装配教程（2022 版）》。
	操作方法	●快捷菜单：展开"实体"文件夹，右键单击要保存的实体，在弹出的快捷菜单中选择【插入到新零件】。

> **提示** 如果用户选择了多个实体或者"实体"文件夹，那么保存的零件将是一个多实体零件，每个实体对应一个基体特征。

【插入到新零件】命令不会在源零件中创建新的特征，实体在最后一个零件特征重建后被保存。对源零件的任何修改都会更新所保存的零件。由于源文件内没有表示其他文档依赖于它的特征，所以在文件名中指明这种关系是一种较好的做法。

步骤4　添加实体到新零件中　从"实体"文件夹内右键单击一个实体，并选择【插入到新零件】。使用 PropertyManager 按图2-7所示定义文件名称。接受默认的模板设置。新建的零件会自动打开。重复操作创建第二个新零件文档。

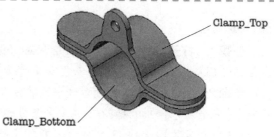

图2-7　插入到新零件

步骤5　创建装配体　使用 Assembly_MM 模板新建一个装配体，通过将它们固定在装配体原点的方式添加已保存的零件，将该装配体命名为"Clamp_Assy"。

> 技巧　在【插入零部件】的 PropertyManager 中使用【确定】自动将部件的原点固定到装配体的原点。

步骤6　查看零部件　切换到其中一个新建的零件，查看 FeatureManager 设计树。注意到"基体零件"特征，如图2-8所示，其中包含了外部参考。

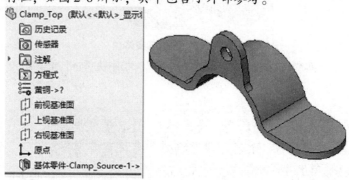

图2-8　查看零部件

要修改软管夹，只需要修改源文件即可。由于外部参考，新的零件文件将更新以反映对"Clamp_Source"的任何修改。

步骤7　修改源零件　切换回源零件。如图2-9所示，在零件底部的下平面处插入草图，绘制两个直径为13mm 的圆。

步骤8　完全贯穿切除　单击【拉伸切除】，设置终止条件为【完全贯穿】，如图2-10所示。

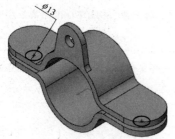

图2-9　插入草图

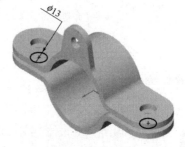

图2-10　拉伸切除

步骤9　设定特征范围　如图2-11所示，展开【特征范围】选项组，取消勾选【自动选择】复选框，选择夹子下半部分，单击【确定】。

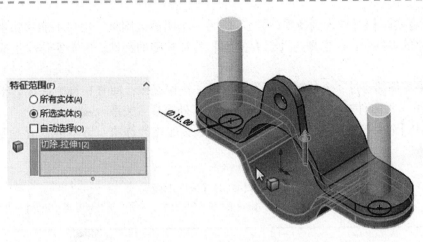

图2-11 设定特征范围

步骤10 查看结果 切除特征只影响所选择的实体，切除结果如图2-12所示。

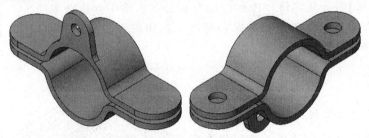

图2-12 切除结果

步骤11 再次应用完全贯穿切除特征 再次创建如图2-13所示的完全贯穿的切除特征，使用【特征范围】限制切除特征只对夹子的上半部分有效。

步骤12 查看修改后的零件 对源零件的修改使已保存的零件产生了相应的变化。修改后的零件如图2-14所示。

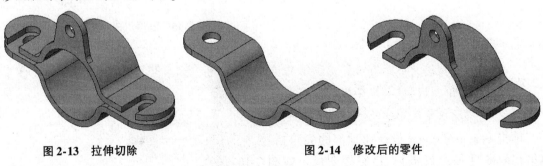

图2-13 拉伸切除   图2-14 修改后的零件

步骤13 保存并关闭文件

2.5 保存实体

从实体生成新零件的另一种方法是向源零件中添加【保存实体】特征。由于此方法在零件中创建了一个特征，其在源零件的设计历史中实体被保存的位置做了标记。添加到源零件中的任何后续特征，均不会传递到已被保存的文件中。此特征还容易识别有外部参考引用源文件的其他文档。

　　使用【保存实体】和【插入到新零件】之间的另一个明显区别是：用户不能够将多个实体保存到一个新创建的零件中，这也是与【保存实体】特征相随的特性。每个实体将生成一个单独的零件文件。

　　每个结果零件都通过一个外部参考关系与源文件相连接，同时在每个保存的零件中都会出现"基体零件-<源零件名>"特征，该特征保存了外部参考关系。

　　【保存实体】命令包括从新创建的零件自动生成装配体的选项。更多信息请参考"2.10　自动生成装配体"。

知识卡片	保存实体	• 菜单：【插入】/【特征】/【保存实体】。 • 快捷菜单：右键单击"实体"文件夹，从弹出的快捷菜单中选择【保存实体】。

2.6　实例：船夹板

　　使用【保存实体】特征从零件"Boat Cleat"设计的实体中创建新零件。此零件设计了代表铸造零件所需的型芯和外壳。在建模完成之前，使用【组合】特征保存所有的实体。

2.6　实例：船夹板

操作步骤

　　步骤1　打开零件　打开零件"Boat Cleat"，该零件包含两个实体，分别代表零件的型芯和外壳。为了便于阐述，其中一个实体显示为半透明，如图2-15所示。

　　步骤2　编辑外观　移除透明度。

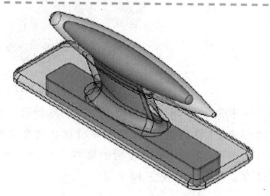

图2-15　零件"Boat Cleat"

　　技巧　使用【显示窗格】是识别显示和外观如何应用到模型的较好方法。在显示窗格中也可以修改显示选项。

　　单击 FeatureManager 设计树顶部的尖角括号 >|，显示和隐藏【显示窗格】，移除透明度，如图2-16所示。

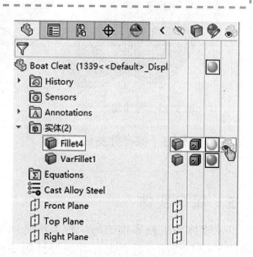

图2-16　移除透明度

步骤3 重命名实体 在"实体" 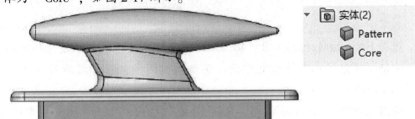 文件夹内，重命名黄色实体为"Pattern"，重命名粉色实体为"Core"，如图 2-17 所示。

▼ 🗐 实体(2)
　　🔲 Pattern
　　🔲 Core

图 2-17 重命名实体

> **提示** 一旦实体被手动重命名后，它们将不再继承应用于实体的特征名称。但是，如果新实体是由特征合并结果而创建的，则实体的名字将会被更改。

步骤4 保存实体 单击【保存实体】。在 PropertyManager 中，通过勾选【保存】 🖫 列中的复选框，或在图形区域中选择实体来保存实体。默认情况下，新文件的名称和实体的名称相同。如有必要，取消勾选【消耗切除实体】复选框，如图 2-18 所示。

> **技巧** 要更改新文件的名称或文件位置，可以在 PropertyManager 中双击【文件】列中的单元格，或单击图形区域中的标注。

步骤5 查看文件 单击【确定】 ✔，新零件在单独的文档窗口中打开。从【窗口】菜单中使用【纵向平铺】 ▥，查看所有文件，如图 2-19 所示。

🔲 **保存实体** ⑦
✔ ✕

信息 ⌃
双击一实体文件名称或在图形区域中选取一实体标注以将实体指派到新文件。

所产生零件(R) ⌃

	🖫	文件
1	☑	Core.sldprt
2	☑	Pattern.sldprt

☐ 消耗切除实体(U)
☐ 延伸视象属性(P)
　　原点位置(L):
　　[　　　　　　]

图 2-18 保存实体

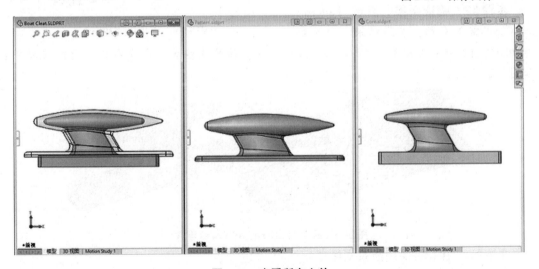

图 2-19 查看所有文件

42

> **提示** 只有与源零件材质相关的外观才会自动传递到由实体创建的文件中。如有必要，使用【保存实体】中的【延伸视象属性】选项可以在新文件中包含其他外观。

步骤6　查看 FeatureManager 设计树　源零件的 FeatureManager 设计树中添加了一个"保存实体"特征，记录了在零件历史中保存实体的时间点，在这之后对源零件的修改都不会影响已保存的零件。

步骤7　修改源零件　激活源零件"Boat Cleat"。单击【组合】，从零件中【删减】"Core"。利用剖面视图可以清楚地显示结果，如图 2-20 所示。

步骤8　查看零件"Pattern"　对源零件的修改没有影响保存的文件，如图 2-21 所示。

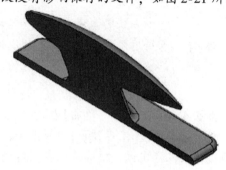

图 2-20　源零件剖面视图　　　　　　　图 2-21　查看零件"Pattern"

步骤9　退回并更改　再次激活源文件"Boat Cleat"，将退回控制棒移动到"保存实体"特征之前。

步骤10　添加拉伸切除　使用"Hole Sketch"草图创建【拉伸切除】特征，选择【完全贯穿】，如图 2-22 所示。

步骤11　退回到尾　移动退回控制棒到 FeatureManager 设计树的尾部。

步骤12　检查结果　激活"Pattern"和"Core"零件文档，查看结果。由于拉伸切除的特征是在"保存实体"特征之前创建的，因此这些孔将包含在已保存的文档中，如图 2-23 所示。

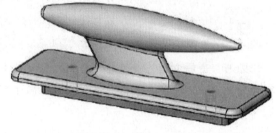

图 2-22　添加拉伸切除

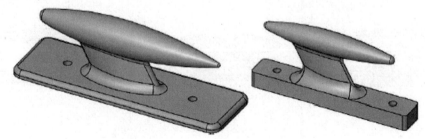

图 2-23　检查"Pattern"和"Core"零件

步骤13　保存并关闭所有文件

2.7 快速工具建模

对零件建模时，一般只考虑如何完成此零件。但是，如果从一开始就考虑如何做好制造此零件的准备，通常可以最大限度地降低细节、工具等所需的成本和时间。

有一种方法可以让 CAD 模型更快地进行加工，如船夹板例子。用户可以利用多实体模型，设计出型芯(内部空隙)和外壳(外形，而不是其他附属部件)，并把它们作为单独的零件保存，以及作为机加工版本的零件。这是从设计到交付成品最快和最省钱的方法。"练习 2-3 快速工具建模"也是这样的一个实例。

2.8 分割零件为多实体

有时从单个零件开始设计显得更简单。当零件的外形、规格和功能都定义好之后，再把零件分割成多个部件，这种方式在强调外形美观的时候非常方便。图 2-24 所示的是分割零件为多实体的一个实例。

图 2-24 分割零件为多实体

知识卡片	分割	利用草图、平面、基准面、曲面等剪裁工具，【分割】命令能将一个零件分割成多个实体，而不移除任何材料。 【分割】命令会在源零件的 FeatureManager 中添加一个分割特征。由分割特征生成的实体可以保存为新的零件文档。如果用户在源零件中删除分割特征，新建的零件仍然存在，但是新建零件的外部参考状态将变为悬空。
	操作方法	• 菜单：【插入】/【特征】/【分割】 📄 。

2.9 实例：把手

下面将使用【分割】命令将一个把手设计分割成制造时所需的两个单独的半块零件。

2.9 实例：把手

操作步骤

步骤1　**打开零件**　从"Lesson02\Case Study"文件夹内打开零件"Handle"，如图 2-25 所示。

步骤2　**分割零件**　单击【分割】。

步骤3　**选择剪裁工具**　如图 2-26 所示，选择右视基准面作为剪裁工具。

步骤4　**切除零件**　单击【切除零件】，系统自动求交剪裁工具和零件，并计算切除结果，如图 2-27 所示。

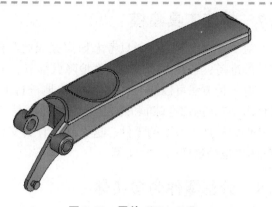

图 2-25　零件"Handle"

步骤5　**产生实体**　PropertyManager 中列出了可以从分割中生成的实体。用户可以单击想要创建的实体。在本例中，选中两个所产生的实体。单击【确定】，完成【分割】特征。

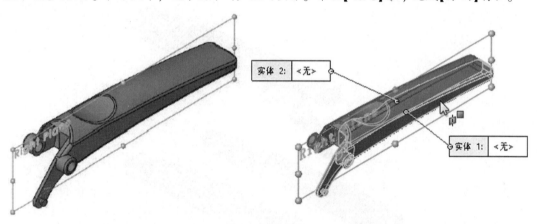

图 2-26　选择剪裁工具　　　　　图 2-27　切除零件

提示　用户必须选择想要从分割中产生的实体，因为在某些情况下，剪裁工具可能会与不希望受到分割影响的部分区域相交。

在【分割】命令中，可以通过双击 PropertyManager 中【文件】单元格并分配文件名称和位置的方式，将实体结果另存为独立的零件文件。但是，不建议在【分割】命令中这样操作，因为之后若再编辑分割特征，将不得不重新映射已保存的实体。较好的做法是单独使用【保存实体】命令保存实体。

步骤6　**保存实体**　单击【保存实体】。选择两个实体，通过在 PropertyManager 中的【文件】单元格中双击或使用图形区域中的标注来重命名创建的文件。

将实体分别命名为"Handle-Left Side"和"Handle-Right Side"，如图 2-28 所示。

提示　保存实体时，用户可以指定一个原点位置，如果不指定，则保存的实体的原点位置和源零件一致。

步骤7　**延伸视象属性**　勾选【延伸视象属性】复选框，将在创建的新零件中包含自定义的蓝色外观。

步骤8　**单击【确定】**　这样就创建了新的零件文件。下一步是完成每个零件细节部分的建模，如图 2-29 所示。

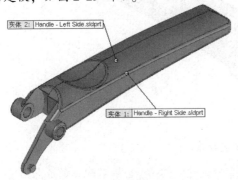

图 2-28　保存实体　　　　　　　　　　图 2-29　模型细节

提示　可能需要强制重建，< Ctrl + Q >源文件来正确更新外观。

2.10　自动生成装配体

实体一旦被保存为零件文件，就可以用它们来生成装配体。用户可以采用三种方法生成装配体文件：使用自底向上的装配体建模技术手动生成装配体；先使用【分割】命令 PropertyManager 中的【所产生实体】选项将零件分割为多个实体，再使用【保存实体】命令 PropertyManager 中的【所产生零件】和【生成装配体】选项将多个实体自动生成一个装配体；使用【生成装配体】命令来自动生成装配体。

知识卡片	生成装配体	【生成装配体】将一个或多个分割特征保存的零件文件集中到一起，并将它们生成一个新的装配体。
	操作方法	• 菜单：【插入】/【特征】/【生成装配体】。 • 快捷菜单：右键单击 FeatureManager 设计树中的"分割"或"保存实体"特征，从弹出的快捷菜单中选择【生成装配体】。

步骤9　**生成装配体**　切换到 "Handle" 零件，右键单击 "保存实体1" 特征，选择【生成装配体】。

步骤10　**选择保存目录**　单击【浏览】，浏览到装配体要被保存的文件夹，在【文件名】中输入 "Handle Assembly"。

步骤11　**保存文件**　单击【保存】，【另存为】对话框关闭，文件名出现在 PropertyManager 中的【装配体文件】下方。

步骤12　**查看结果**　单击【确定】，装配体文件会自动打开。生成的装配体如图 2-30 所示，单击【重建】更新图形。

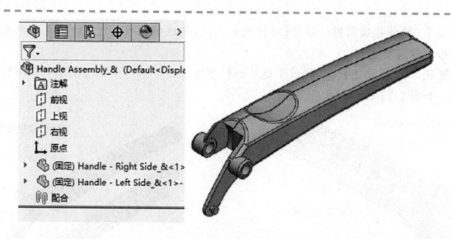

图 2-30 生成的装配体

> **提示** 该装配体中没有配合关系，装配零件通过它们的原点和装配体的原点固定。

步骤 13 保存并关闭文件

2.11 实例：对遗留数据使用分割零件命令

【分割】工具不仅可以用于分割和保存实体，而且它对导入的几何体或常规的但难以更改的零件也非常有用。在下面的实例中，将使用【分割】命令和多实体技术来修改导入的零件，如图 2-31 所示。

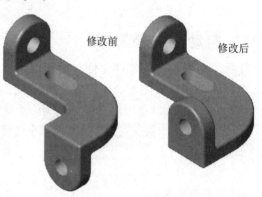

修改前　修改后

图 2-31 分割零件

2.11 实例：对遗留数据
使用分割零件命令

操作步骤

步骤 1 打开文件 "Legacy Data"是一个中性格式文件，在 FeatureManager 设计树中只有一个输入的特征，如图 2-32 所示。

步骤 2 切除平面 定义一个和前视基准面平行的基准面，该平面通过如图 2-33 所示的顶点。该平面将作为【分割】命令的切除工具。

步骤 3 分割零件 利用前面步骤产生的基准面，使用【分割】命令把零件分割成两个独立的实体，如图 2-34 所示。

图 2-32 零件"Legacy Data"

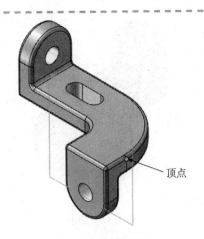

顶点

图 2-33　切除平面

图 2-34　分割零件

提示　　为清楚起见，实体可以用不同的颜色显示。

步骤 4　移动/复制实体　单击【移动/复制实体】，将较小的零件作为要移动的实体。

技巧　　如果用户忘记命令所在的位置，可以用菜单栏中的【搜索命令】功能进行查找。

步骤 5　定义约束　使用【重合】和【距离】配合，将实体进行定位，设置分离面之间的距离为 0.750in（1in = 0.0254m），结果如图 2-35 所示。

步骤 6　利用拉伸凸台桥接间隙　在后面实体的平面上绘制一个草图，单击【转换实体引用】，复制该面的边线。以【成形到下一面】为终止条件，拉伸草图，勾选【合并结果】复选框，结果如图 2-36 所示。

步骤 7　保存并关闭文件　结果如图 2-37 所示。

图 2-35　定义约束

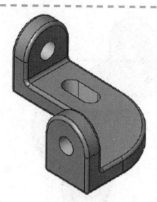

图 2-36　桥接　　　　　　　　　　　　图 2-37　结果

练习 2-1　插入到新零件

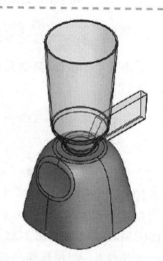

使用提供的零件，为"Blender Base"和"Blender Cup"创建单独的零件，并将它们用于装配体中。然后修改源零件增加一个压凹特征，如图 2-38 所示。

本练习将应用以下技术：

● 插入到新零件。

● 压凹特征。

单位：in。

图 2-38　"Blender_Source"文件

操作步骤

步骤 1　打开零件　从"Lesson02\Exercises"文件夹内打开名为"Blender_Source"的文件。

步骤 2　插入到新零件　使用【插入到新零件】命令创建两个新的零件文档，分别将其命名为"Blender Base"和"Blender Cup"。勾选【延伸视象属性】复选框，使零件包含自定义外观，如图 2-39 所示。

步骤 3　创建装配体　使用两个新零件创建一个装配体，并将其命名为"Blender_Assembly"。

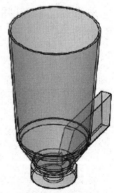

图 2-39　创建"Blender Base"和"Blender Cup"零件

步骤 4　修改源文件　切换到"Blender_Source"文件。使用基体"Base"作为目标实体，使用杯子"Cup"作为工具实体，创建一个【压凹】特征。设置【间隙】为 0.1in，【缝隙】为 0.015in，单击【确定】，结果如图 2-40 所示。

步骤 5　查看子零件和装配体　重新查看"Blender Base"和"Blender_Assembly"，观察发生的更改，如图 2-41 所示。

图 2-40　修改源文件

图 2-41　查看更改

步骤 6　保存并关闭所有文件

练习 2-2　分割零件和保存实体

本练习的主要任务是利用给定的零件（见图 2-42），创建相关的多个零件。

本练习将应用以下技术：

- 分割零件为多实体。
- 保存实体。
- 自动生成装配体。

单位：in。

图 2-42　源零件

操作步骤

步骤 1　打开零件　从"Lesson02\Exercises"文件夹内打开"USB Flash Drive"零件，该零件表示了产品的概念设计。

步骤 2　分割零件　单击【分割】，在【剪裁工具】中选择前视基准面，把零件分割成"盖子"和"主体"两部分。

步骤 3　选择目标实体　当模型中有多个实体时，必须为【分割】选择【目标实体】。这将决定分割哪个实体。在"USB Flash Drive"零件中，包含了一个实体和一个曲面。在【目标实体】中，选择零件中的实体，单击【切割实体】并在图形区域中选择两个结果实体，单击【确定】，如图 2-43 所示。

步骤4　隐藏"盖子"　结果如图2-44所示。

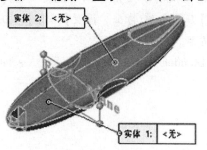

图2-43　分割零件

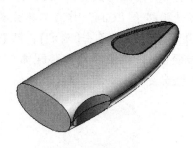

图2-44　隐藏"盖子"

步骤5　添加凸台　绘制如图2-45所示的草图，以【给定深度】为终止条件拉伸草图，设置【深度】为0.16in，生成凸台。

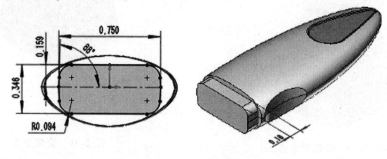

图2-45　添加凸台

步骤6　显示"盖子"实体

步骤7　添加压凹特征　使用凸台在"盖子"上创建一个压凹特征。由于该压凹不需要在工具实体的周围创建薄壁，因此勾选【切除】复选框，获得需要的结果。

步骤8　孤立实体　孤立"盖子"，查看压凹的结果，如图2-46所示。

步骤9　退出孤立

步骤10　分割实体　【分割】🗔零件以创建实体的上、下两半部分。使用"Parting Surface"作为剪裁工具。该曲面已经被隐藏，但是可以从"曲面实体"文件夹内选择。在分割中，只选择USB主体的两个部分作为结果实体，如图2-47所示。

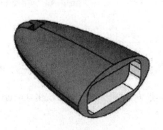

图2-46　孤立实体

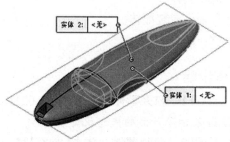

图2-47　分割实体

步骤11　保存实体　使用【保存实体】命令创建新的零件文档，并自动生成一个装配体。按图2-48所示给新零件命名。勾选【延伸视象属性】复选框，使零件包含自定义外观。使用【生成装配体】选项组，在此命令中直接生成装配体文件。

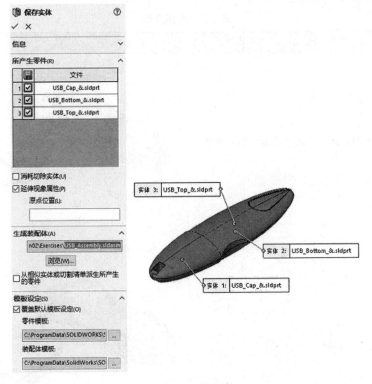

图 2-48　保存实体

步骤 12　修改零件（可选步骤）　在现有的零件上添加其他设计细节，如图 2-49 所示。

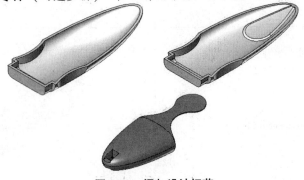

图 2-49　添加设计细节

步骤 13　保存并关闭所有文件

练习 2-3　快速工具建模

根据所需的工具创建摩托车齿轮箱模型，如图 2-50 所示。

本练习将应用以下技术：

- 多实体零件。
- 组合实体。
- 快速工具建模。

单位：mm。

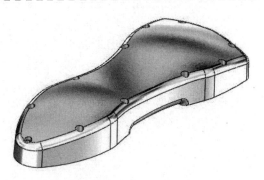

图 2-50　快速工具建模

本练习的建模步骤见表2-2。

表 2-2　建模步骤

步　骤	结　果
1. 设计型芯，模型型芯部分给出了模型内部的重要数据	
2. 设计型腔，即模型的外部	
3. 使用相减操作将型芯从型腔部分删减	
4. 应用并完成模型	

若想在"型芯"已完成的情况下开始本练习，可以从"Lesson02\Exercises"文件夹内打开"Mortorcycle_Gear_Case_Core"零件，并向后直接跳到第10步进行。

1. 创建型芯部分（模型内部的负空间）

操作步骤

    步骤1 打开零件 从"Lesson02\Exercises"文件夹内打开"Mortorcycle_Gear_Case.Sldprt"文件。如图2-51所示，该模型有三个布局草图。蓝色部分代表齿轮节圆，黑色部分为齿轮箱体的分型线，橙色部分表示凸台的安装螺栓。

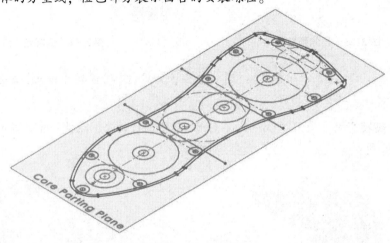

图2-51 布局草图

    步骤2 描绘型芯草图 从"Layout Sketches"文件夹内隐藏名为"Gears""Body""Bosses"和"Profile"的草图，显示名为"Core Outline"的草图，该草图由"Body"和"Boss"草图组成。然后剪裁掉多余的几何体，结果如图2-52所示。

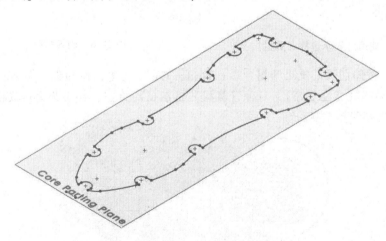

图2-52 型芯草图

    步骤3 创建型芯拉伸 拉伸"Core Outline"草图，分别向上和向下拉伸50mm和11mm，且均向内【拔模】2°，隐藏草图，结果如图2-53所示。

步骤4　倒圆角　将垂直边倒 5mm 圆角，结果如图 2-54 所示。

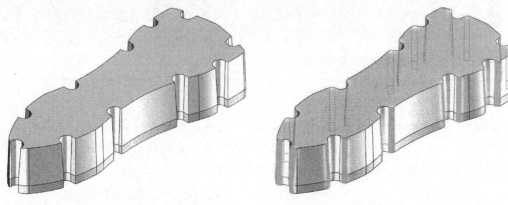

图 2-53　拉伸型芯　　　　　　　　　　　　图 2-54　倒圆角

技巧　勾选【显示选择工具栏】复选框，并选择【连接到开始面】来选择所有的边，如图 2-55 所示。

步骤5　旋转切除　使用 "Core Face Cut" 草图进行切除，创建一个旋转的切除特征，结果如图 2-56 所示。

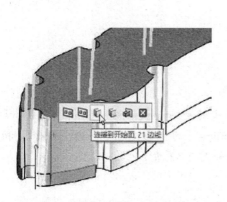
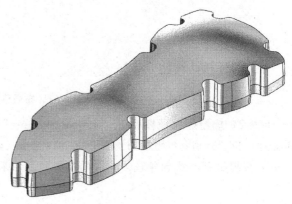

图 2-55　使用【显示选择工具栏】　　　　　图 2-56　旋转切除

步骤6　拉伸切除　使用草图 "Core Bridge Cut" 创建拉伸切除，向上拉伸，给定深度为 5mm，向下【完全贯穿】。拉伸【拔模】选项值均为 2°，向上为向内拔模，向下为向外拔模，结果如图 2-57 所示。

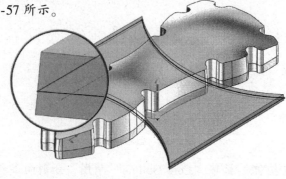

图 2-57　拉伸切除草图 "Core Bridge Cut"

步骤7　拉伸切除　使用草图"Bosses for Gears"创建拉伸切除,设定方向向上,【等距】草图平面 8.5mm 处,【完全贯穿】切除,拔模方向为向外,拔模角度为 3°,结果如图 2-58 所示。

步骤8　倒圆角　选择如图 2-59 所示的边倒圆角,半径为 5mm。

步骤9　倒其他圆角　选择如图 2-60所示底部侧面的边倒圆角,半径均为 2mm。

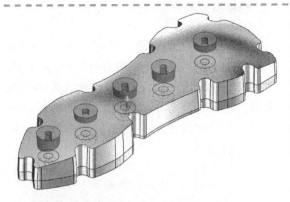

图 2-58　拉伸切除草图"Bosses for Gears"

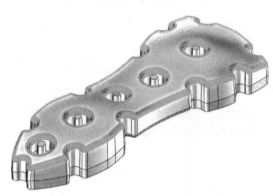

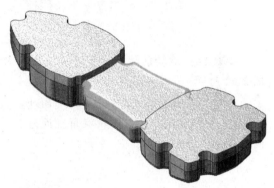

图 2-59　倒圆角

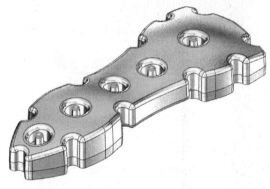

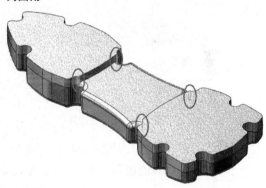

图 2-60　倒其他圆角

步骤10　保存实体　使用【保存实体】命令将实体保存为一个单独的文件并命名为"Sand Core"。

> 提示　该实体就是所谓的"负空间"或者完成零件的内部空间。

步骤11　组织 FeatureManager 文件夹　在设计树中,多选组成型芯实体的所有特征,单击右键,选择【添加到新文件夹】📁,将该文件夹命名为"Core Features"。

> 技巧　为了在 FeatureManager 设计树中多选项目,用户可以按下鼠标左键拖动选择框,或选择第一个特征后按下 <Shift> 键再选择最后一个特征。

步骤12　隐藏型芯实体

2. 创建模型的外形部分

　　步骤13　拉伸草图　使用草图"Outside Body"进行拉伸，距离分别为向上43mm和向下11mm，并做2°的【拔模】。向上采用向内拔模，向下采用向外拔模，以使拔模往同一方向。取消勾选【合并结果】复选框，结果如图2-61所示。

> **提示👆**　由于零件的其他实体被隐藏，新建特征中的【合并结果】复选框默认清除勾选，并且隐藏的实体也不会包括在【特征范围】里的【自动选择】项中。

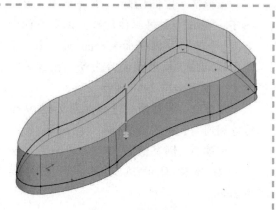

图 2-61　拉伸草图

　　步骤14　旋转切除　用草图"Outside Revolved Cut"创建一个旋转切除特征，结果如图2-62所示。

　　步骤15　拉伸切除　用草图"Bridge Cut"创建一边朝向实体切除2mm，另一边为【完全贯穿】切除的特征。拔模角度设为2°，设置朝向实体方向为向内拔模，相反方向为向外拔模，结果如图2-63所示。

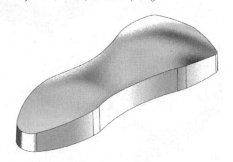

图 2-62　旋转切除

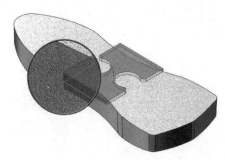

图 2-63　拉伸切除

　　步骤16　倒圆角　对图2-64中的边倒半径为2mm的圆角。
　　步骤17　倒其他圆角　对图2-65中的边倒半径为8mm的圆角。

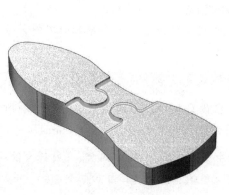

图 2-64　倒圆角

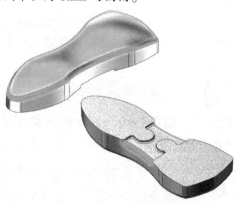

图 2-65　倒其他圆角

步骤18　保存实体　使用【保存实体】命令保存实体，并命名为"Body Pattern"。

步骤19　组织 FeatureManager 设计树　多选创建外形实体的所有特征，把它们添加到新文件夹，将该文件夹命名为"Pattern Features"。

步骤20　组合实体　显示型芯实体，并将其从"pattern"实体上【删减】，结果如图 2-66 所示。

步骤21　第1次加工操作　用草图"Machining"创建一个【完全贯穿】的切除，结果如图 2-67 所示。请注意切除的是哪一面的材料。

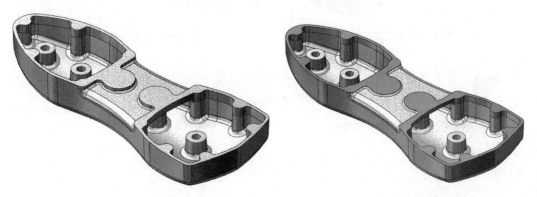

图 2-66　组合实体　　　　　　　　　　图 2-67　第1次加工操作

步骤22　第2次加工操作　用草图"Machined Bosses"创建一个【完全贯穿】的切除，结果如图 2-68 所示。

步骤23　第3次加工操作　用草图"Spot Face"创建一个拉伸切除并设置【给定深度】为 18mm，结果如图 2-69 所示。

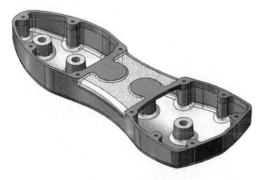
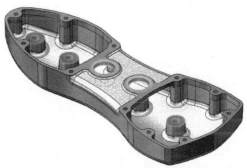

图 2-68　第2次加工操作　　　　　　　图 2-69　第3次加工操作

步骤24　第4次加工操作　用草图"Bearings"创建一个【给定深度】为 30.50mm 的切除，作为放置轴承的位置，结果如图 2-70 所示。

步骤25　最后一次加工操作　用草图"Bolts"在草图平面上做一个【完全贯穿】的拉伸，选择【等距】并设为 25mm，形成安装螺栓的沉头孔，结果如图 2-71 所示。

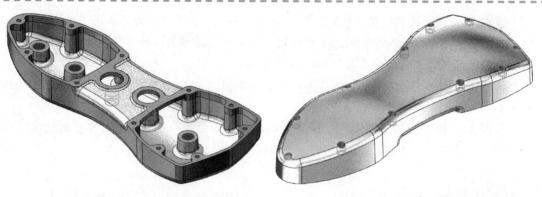
58

图 2-70　第 4 次加工操作　　　　　　　图 2-71　最后一次加工操作

提示 👆　　　现在有了型芯、铸造体和已加工零件。将这些完整和准确的 CAD 数据提供给样本制造商，既可节省时间，又能节省费用。

步骤 26　保存并关闭所有文件

第 3 章 样 条 曲 线

学习目标
- 识别不同类型的草图曲线
- 使用样条曲线和样式曲线绘制草图
- 使用样条曲线工具控制曲率
- 评估草图和实体几何的曲率
- 插入草图图片
- 使用套合样条曲线命令

3.1 草图中的曲线

SOLIDWORKS 软件中包括几种草图命令，可以创建所谓的"草图曲线"。这些命令产生的草图实体，在大多数情况下不能由直线和圆弧组成的解析几何体复制生成。曲线几何适用于创建平滑的有机形状和一些不同于目前所了解的草图几何体。下面将介绍几种不同的草图曲线，主要侧重讲解几种不同的【样条曲线】命令，见表 3-1。【插入】/【曲线】下的曲线特征将在第 5 章中介绍。

表 3-1 【样条曲线】命令

名称及图标	定义、几何关系和尺寸
样条曲线	**定义**：样条曲线有不断变化的曲率，它们是通过设置该曲线形状内的插值点来创建的 **几何关系和尺寸**：相切、等曲率和扭转连续性几何关系可以被添加到样条曲线内。样条曲线的控标可以用于与矢量相关的关系，例如水平和垂直。可以给已存在的样条曲线型值点添加尺寸以控制大小或方向，长度尺寸可以用于固定样条曲线的整体长度。样条曲线型值点也可以用在标准的草图几何关系和尺寸中
样式曲线	**定义**：该曲线的曲率不断变化，并通过定位该曲线套合在控制多边形范围内的点来创建 **几何关系和尺寸**：可以在绘制草图时捕获相切、等曲率和扭转连续性几何关系，也可以之后添加。控制多边形的线段和点也可以在标准的草图几何关系和尺寸中使用
曲面上的样条曲线	**定义**：在使用 3D 草图时，此命令将创建约束在模型二维或三维曲面上的样条曲线 **几何关系和尺寸**：与样条曲线相同
套合样条曲线	**定义**：使用一条连续的样条曲线追踪现有的草图实体。经常用于平滑草图实体之间的过渡，或将单独的草图实体组合成一个单一平滑的样条曲线 **几何关系和尺寸**：套合样条曲线可以约束、无约束或固定至描摹的几何形状上
圆锥曲线	**定义**：圆锥曲线是由一个平面与圆锥相交产生的曲线的一部分。圆锥曲线没有曲折变化，它的曲率方向始终相同。它是通过定位曲线的两个端点，设置第 3 个点作为顶点，以及一个最终点作为控制该曲线斜率的 Rho 值来定义的 **几何关系和尺寸**：相切几何关系可以自动捕捉或添加，还可以添加定义 Rho 值的尺寸；形成该曲线的点也可用于标准草图的几何关系和尺寸

（续）

名称及图标	定义、几何关系和尺寸
方程式驱动的曲线 fx	定义：该曲线通过用户定义的方程式来产生 几何关系和尺寸：由方程式的结果值完全定义
交叉曲线	定义：通过模型的曲面相交创建 3D 或 2D 草图曲线。可以联合使用面、基准面和曲面等实体产生交叉曲线 几何关系和尺寸：由相交的实体完全定义，自动添加"两个面相交"几何关系
面部曲线	定义：产生穿过指定面的三维曲线网格。可以调节网格密度，也可以通过修改选项限制某些曲线将被转换为 3D 草图。可以使用顶点从特定的位置生成曲线 几何关系和尺寸：可以使用选项将面部曲线约束至模型或保持未定义状态

60

3.2 使用草图图片

草图中的图片是高级零件设计的良好起始点。当创建与样条曲线一样的草图曲线时，手绘的图样或图像是非常有用的。【草图图片】命令用于将现有的图片文件作为草图中的一个参考，如图 3-1 所示。

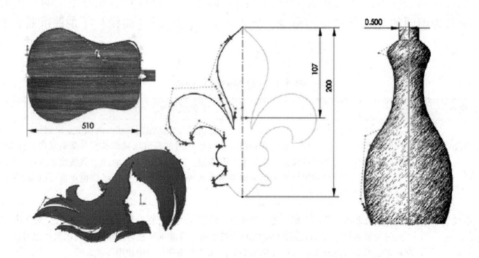

图 3-1 草图图片

草图图片是已被插入到二维草图中的图片。在创建零件时，经常用草图图片来作为描摹的参考。草图图片也可以建立在多个平面内，以便在三维模型中模拟工程视图。

当选择一张图片作为草图图片时，最好选择高分辨率、高对比度的图像。高分辨率的图像能够提供清晰的线条和边缘，以便更容易被描摹。

注意　某些类型的压缩方式可能产生 tif 或 gif 格式的图片，此类文件不允许在 SOLIDWORKS 中使用。

知识卡片	草图图片	bmp、gif、jpg、jpeg、tif、png、psd 或 wmf 等格式的图片都可用作草图图片。用户可以从两侧查看图片，但不能透过实体查看。草图图片将作为添加草图的子项目在 FeatureManager 设计树中显示。它可以通过隐藏整个草图来隐藏，也可以从 FeatureManager 设计树中选择并单独隐藏。 　　在【草图图片】的 PropertyManager 中可以对图片进行移动、旋转、调整大小或镜像。也可以在图形区域通过拖动并利用缩放工具来操作草图图片。 　　【透明度】选项允许用户设置图像文件的透明度，将指定的颜色定义为透明，或使整个图像透明。
	操作方法	●菜单:【工具】/【草图工具】/【草图图片】。

3.3　实例：吉他实体

本练习中，将在草图中插入一幅吉他图片，并将其适当地缩放，然后使用此图片作为参考来创建吉他实体文件，如图 3-2 所示。

3.3　实例：吉他实体

510

图 3-2　吉他

扫码看 3D

操作步骤

步骤1　新建零件　使用"Part_MM"模板新建零件。

步骤2　绘制草图　在前视基准面上绘制草图。

步骤3　插入草图图片　单击【草图图片】，打开"Lesson03 \ Case Study"文件夹下的"Guitar Image. jpg"文件并插入。开始时，图片的坐标点（0，0）与草图原点重合，并且初始尺寸为1像素/mm。由于图片的分辨率很高，导致图片很大，可以注意到图片的宽度为1145.00mm，如图3-3所示。单击【整屏显示全图】。

步骤4　调整图片尺寸　确保勾选【启用缩放工具】和【锁定高宽比例】复选框。如图3-4所示的图片上的线是【缩放工具】，可用于调整图片的尺寸。

将缩放工具左边的点拖放到图片中吉他实体的左边线上，拖动右边的箭头使之与吉他实体的右边线对齐。若放下箭头，则会出现【修改】对话框来定义线的长度，输入510mm后单击【确定】，如图3-5所示，图片会随着这条直线缩放。

图 3-3　【草图图片】的 **PropertyManager**

> **提示**　此时可以拖动【缩放工具】箭头动态旋转草图图片。如果用户需要重新定义缩放线的长度，则可以在 PropertyManager 中取消勾选【启用缩放工具】复选框后再打开，并重复上述步骤。

61

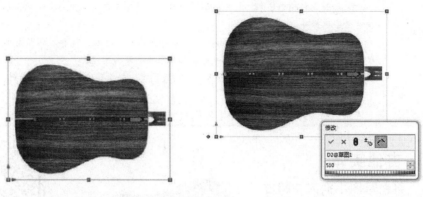

图 3-4　调整图片尺寸　　　　　　图 3-5　输入尺寸

步骤5　定位图片　为了更好地利用图片的对称性，要将图片中心与草图原点对齐。用鼠标左键拖动图片，将缩放线末端放置在原点上。单击【确定】 ✔，如图 3-6 所示。

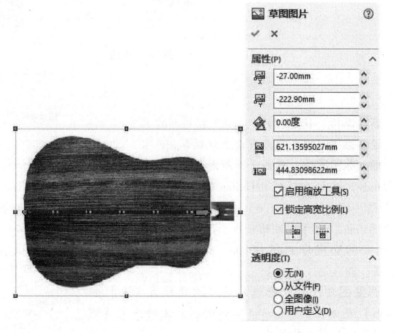

图 3-6　定位图片

步骤6　设置图片背景（可选步骤）　用户可以在 PropertyManager 中将图片的白色背景设置成透明。选择【透明度】选项中的【用户定义】，用【滴管】 🖊 工具选取图片中的白色，并移动【透明度】滑块到最右边，如图 3-7 所示。再次单击【滴管】工具将其关闭，以便对草图图片进行其他更改。单击【确定】 ✔。

提示 　　通过双击图片，可以再次访问【草图图片】的 PropertyManager。

步骤7　退出草图　由于仅参考该草图的信息，所以使它与零件实体用到的草图几何体保持独立。退出草图，将其重新命名为"Picture"，如图3-8所示。

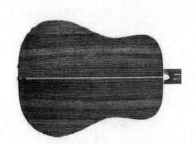

图3-7　设置图片背景　　　　　　图3-8　退出草图

步骤8　保存文件　保存文件并命名为"Guitar Body"。

3.4　样条曲线概述

样条曲线是草图元素的一种，通过插值点控制形状。在自由形态建模时，样条曲线非常有用，它可以使模型足够平滑和光顺。"光顺"这一术语常用于造船业。"光顺曲线"是一种光滑到足以贴合船体外壳的曲线，它可以使船体避免形成外部隆起或凹陷。

直线和圆弧对于部分几何图形是适用的，但不适用于平滑的混合形状。样条曲线具有连续可变的曲率，无法用直线和圆弧取代。尽管样条曲线可以约束，但草图中留下未定义的样条曲线也很常见。

SOLIDWORKS 软件具有多个可用于生成样条曲线的命令。下面将首先讨论基本的样条曲线命令。

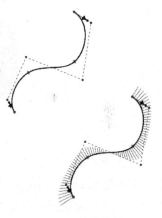

3.4.1　标准样条曲线

样条曲线是由一系列点来定义的，SOLIDWORKS 软件在点与点之间通过方程插入几何曲线。用户可以通过添加、删除、移动点，使用控制多边形，在每个点操纵控标，或使用曲线元素的几何关系和尺寸等方式编辑样条曲线，如图3-9所示。

图3-9　样条曲线

	样条曲线	• CommandManager:【草图】/【样条曲线】$\mathcal{N}$。 • 菜单:【工具】/【草图绘制实体】/【样条曲线】。 • 快捷菜单:在草图上单击右键,选择【草图绘制实体】/【样条曲线】。

3.4.2　保持样条曲线简洁

创建样条曲线时，应尽可能保持曲线简洁，这就意味着在实现所需结果的基础上，所需要的点要最少。一般来说，应在需要更改曲率方向或幅度的地方放置点，即在形状的"峰"和"谷"的地方放置。

一旦放置了型值点，便可以使用样条曲线工具来修改此曲线。

3.4.3 创建和控制样条曲线

推荐使用以下创建和控制样条曲线的步骤，见表3-2。

表 3-2 创建和控制样条曲线的步骤

操作步骤	说 明	图 示	操作步骤	说 明	图 示
步骤1 创建构造几何体	如有必要，可以创建任何有助于确定样条曲线尺寸和位置的构造几何体		步骤4 使用控制多边形或移动点修改	必要时可以通过直接拖曳或使用控制多边形来移动样条曲线点	
步骤2 绘制样条曲线	应使用简单的样条曲线，这通常意味着样条曲线点的数量应尽可能少		步骤5 使用样条曲线控标修改	使用控标修改曲线上的相切方向和大小	
步骤3 添加草图几何关系	对样条曲线或控标添加所需的几何关系和尺寸		步骤6 重复操作	重复步骤4和步骤5，直到实现想要的形状	

下面将使用表3-2中的步骤来创建吉他实体所使用的轮廓线。首先在一个新的草图上创建一条能够被适当调整大小的样条曲线作为构造几何体，然后用此样条曲线来描摹吉他轮廓的上半部分。此过程将使用样条曲线工具来使之达到想要的形状。

步骤9 新建草图 在前视基准面上新建一幅草图，绘制一条水平的中心线，并标注尺寸，如图3-10所示。

步骤10 绘制样条曲线 单击【样条曲线】 $\mathcal{N}$ ，通过添加图3-11所示的相似点来创建样条曲线，这些点要捕捉到轮廓的最高点和最低点。使样条曲线的结束点与中心线的结束点【重合】 $\mathcal{K}$ 。

步骤11 取消样条曲线工具 按<Esc>键或右键单击并选择【选择】取消样条曲线工具。

技巧 在放置最后一个点时双击，可以结束样条曲线并使之处于激活状态。

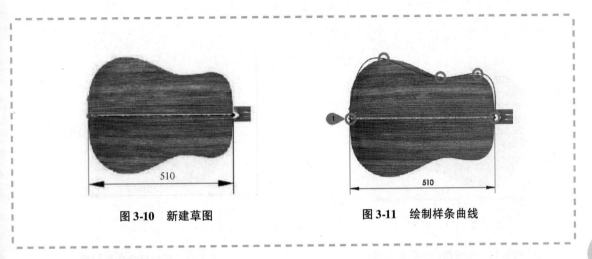

图 3-10　新建草图　　　　　图 3-11　绘制样条曲线

3.4.4　样条曲线解析

　　样条曲线可以是一个开环或闭环。图 3-12 所示为样条曲线的关键元素，其中样条曲线控标和控制多边形是用来操纵样条曲线的工具。

3.4.5　样条曲线工具

　　SOLIDWORKS 软件中的样条曲线由端点、控标、控制多边形等部分组成，理解样条曲线工具有利于创建想要的样条曲线。一些样条曲线工具用来操纵样条曲线，而另一些用来分析样条曲线，下面将逐一进行介绍。

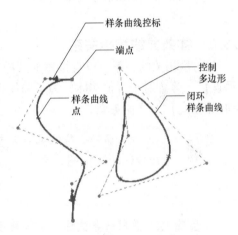

图 3-12　样条曲线的关键元素

知识卡片	样条曲线工具	● 菜单：【工具】/【样条曲线工具】。 ● 快捷菜单：右键单击样条曲线，从菜单中选择想要使用的工具。

3.5　添加样条曲线关系

　　创建样条曲线之后，下一步是通过添加草图关系来控制样条曲线的形状。这些关系既可以添加到样条曲线本身上，也可以添加到样条曲线控标上。

3.5.1　样条曲线控标基础

　　样条曲线控标控制着样条曲线每个点上曲率的方向和大小。选择样条曲线后，便可以在图形区域访问样条曲线控标。以灰色状态显示的控标并未处于激活状态，因此可以自由地更改这些点的曲率以修改样条曲线，如图 3-13 所示。

　　当拖动或添加关系到样条曲线上时，样条曲线控标将被激活。激活后的样条曲线控标将以彩色显示，并成为曲线形状上一个有效的约束。若想停用某个样条曲线控标，选中它之后按键盘上的 <Delete> 键或在样条曲线参数上清除【相切驱动】选项，如图 3-14 所示。

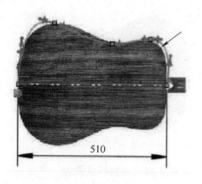

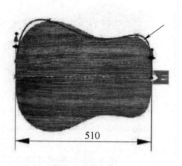

图 3-13　未激活的样条曲线控标　　　　　　图 3-14　停用样条曲线控标

3.5.2　样条曲线控标关系

与向量相关的关系可以直接添加到样条曲线控标上。这些关系有【水平】—、【竖直】︱和【垂直】⊥等。对于吉他实体，为了确保在对称线处是平滑的过渡，将在样条曲线端点的控标上添加【竖直】︱几何关系。

提示　　　　只有在样条曲线上添加关系时，才可使用【相切】、【相等曲率】和【扭转连续性】关系。

步骤 12　**选择样条曲线**　选择样条曲线以使样条曲线控标可见。

步骤 13　**选择第一个样条曲线控标**　单击原点处的样条曲线控标，使其被选中。

步骤 14　**添加竖直关系**　在【样条曲线】的 PropertyManager 中单击【竖直】︱关系。

步骤 15　**重复操作**　在样条曲线另一个端点的控标上添加【竖直】︱关系。

步骤 16　**查看结果**　每个端点的样条曲线控标处于激活状态，它们以彩色样式显示并约束着样条曲线的形状，如图 3-15 所示。

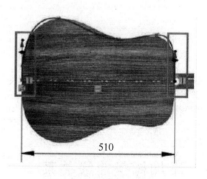

图 3-15　为样条曲线
控标添加关系

3.6　更改样条曲线的形状

定义了样条曲线的适当关系后，便可以精确地调整样条曲线的形状。为了使样条曲线保持最简单的形式，应该首先通过移动样条曲线型值点或使用控制多边形的方式来实现所期望的形状。

3.6.1 控制多边形

控制多边形是一系列围绕在样条曲线周围的虚线。通过拖动控制多边形上的点可以控制曲线，并使曲线保持为最简单的形式，如图 3-16 所示。

控制多边形可以移动样条曲线的型值点，但不会修改曲率的方向。作为对比，操作样条曲线的控标并不能移动型值点，但可以提供额外的方向控制以使样条曲线更复杂。

图 3-16　控制多边形

知识卡片	控制多边形	● 菜单:【工具】/【样条曲线工具】/【显示样条曲线控制多边形】。 ● 快捷菜单:右键单击样条曲线,选择【显示控制多边形】。

67

3.6.2 操作样条曲线控标

除了添加草图关系之外，拖动样条曲线控标也可以手动修改样条曲线的形状。修改样条曲线控标可以精确地操作样条曲线，但也增加了它的复杂性。每个样条曲线控标有 3 个可拖曳的控标，如图 3-17 所示。

1. 方向控标　拖动钻石形状的方向控标可以改变所选点的曲率方向。

2. 大小控标　拖动箭头形状的大小控标可以在所选点处增大或减小曲率。

3. 组合控标　末端的点是组合控标，使用它可以操纵样条曲线在所选点处的方向和大小。

在图形区域中，当鼠标指针悬停在这些控标上时，光标反馈会更新以帮助识别其功能，见表 3-3。

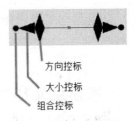

图 3-17　样条曲线控标

表 3-3　光标反馈的含义

光标样式			
含义	样条曲线控标方向	样条曲线控标大小	样条曲线控标组合

技巧　按住 <Alt> 键的同时拖动样条曲线内部点的控标，可以对其进行对称操作。

提示　样条曲线控标在 SOLIDWORKS 默认设置中处于打开状态。此状态可以在【选项】/【系统选项】/【草图】/【激活样条曲线相切和曲率控标】中进行修改。

步骤17　**显示控制多边形**　右键单击样条曲线，选择【显示控制多边形】。

步骤18　**操作控制多边形**　拖动控制多边形上的点，以调整样条曲线的形状，如图 3-18 所示。

步骤19　**显示结果**　放大并查看吉他底部，适当调整曲线的方向和大小，如图 3-19 所示。可以通过使用样条曲线控标来实现此操作。

步骤20　**操作样条曲线控标**　拖动第 1 个和第 2 个型值点处的样条曲线控标，以修改样条曲线的形状，如图 3-20 所示。

  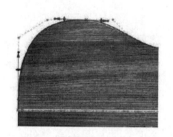

　图 3-18　操作控制多边形　　　　图 3-19　显示结果　　　　图 3-20　操作样条曲线控标

步骤21　**微调样条曲线**　使用控制多边形和控标继续修改曲线，以使其达到所期望的形状。

3.7　完全定义样条曲线

由于难以用尺寸完全描述样条曲线，其通常处于未定义状态。为了防止曲线被修改，可以在曲线上添加一个【固定】关系，或者使用【完全定义草图】工具在样条曲线型值点上添加尺寸。标注尺寸也可以用来定义控标的角度或者切线的加权值，如图 3-21 所示。

其他类型的样条曲线，如【样式曲线】和【套合样条曲线】要比标准样条曲线更容易被完全定义。

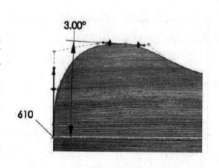

图 3-21　标注尺寸

3.8　评估样条曲线

评估样条曲线与创建、操作样条曲线一样重要。因为样条曲线是高度柔软的实体，所以要意识到识别样条曲线信息和评估其怎样进行曲率变化是非常重要的。

3.8.1　样条曲线评估工具

评估样条曲线的有效工具如图 3-22 所示。这些工具可以收集样条曲线信息，也可以评估曲线的质量。可以右键单击样条曲线或从【工具】/【样条曲线工具】中找到这些评估工具，见表 3-4。

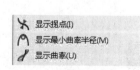

图 3-22　样条曲线评估工具

表 3-4 样条曲线评估工具

名称及图标	作 用	图 示
显示拐点	一个"蝴蝶结"图标将在样条曲线的曲率凹凸切换处显示。此工具在不希望曲线有拐点时非常有用	
显示最小曲率半径	显示样条曲线最小半径的值及其位置。此工具在草图进一步用于等距、抽壳和其他相似的操作时十分有用	R10.121
显示曲率	显示一系列线条或梳齿,其中每个线条或梳齿代表样条曲线在所在点的曲率。可以使用【曲率比例】选项来调整所显示的梳齿的比例和密度	

提示 曲率检查可以显示在任何草图实体上,这不是样条曲线所独有的。

3.8.2 曲率

曲率表示一个物体偏离平直的程度。从数学角度理解,曲率为半径的倒数。因此,半径为 4 的圆弧,其曲率为 1/4 (或 0.25)。由于这种反比例关系,较大的半径意味着较小的曲率,而较小的半径则对应较大的曲率,如图 3-23 所示。

草图实体 (如直线和圆弧) 具有恒定的曲率。尺寸可以被用来定义一个圆弧的半径,也就定义了它的曲率,而直线的曲率为 0 (在数学上,直线的半径无限大)。直线和圆弧可以相切,这在技术上提供了一个"平滑"过渡。但由于曲率的突然变化,相切后在它们连接的地方可以看到和感觉到有边缘存在,如图 3-24 所示。

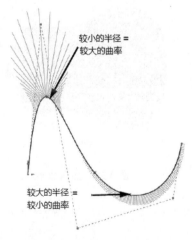

图 3-23 曲率和半径的关系

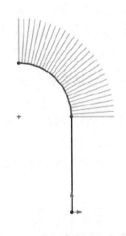

图 3-24 圆弧与直线连接处的曲率

样条曲线和其他曲线可以有变化的曲率,这意味着曲线的每个点可以有不同的半径值。样条曲线可以使用【相等曲率】 和【扭转连续性】 的草图关系,这样可以调整样条曲线的曲

69

率来匹配相邻实体，以实现两者之间的平滑过渡，如图 3-25 所示。

3.8.3　使用曲率梳形图评估曲线质量

曲率梳形图放大了沿着曲线上的曲率，以帮助用户确定曲线的平滑程度，如图 3-26 所示。

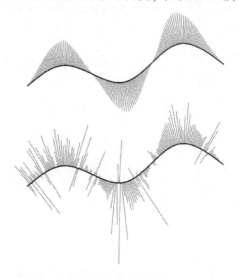

图 3-25　样条曲线与直线连接处的曲率　　　　　　图 3-26　曲率梳形图

> **提示** 👆 在本例的一些图示中，曲率梳形图的默认颜色已被修改，以便更加明显地显示。该设置可以通过【选项】／【系统选项】／【颜色】修改，并将配色方案设置为【临时图形，上色】。

步骤22　打开曲率梳形图　从可用的样条曲线工具中选择【显示曲率】 ✐，使用 PropertyManager 中的【曲率比例】选项来调整梳形的长度和密度，如图 3-27 所示。

> **提示** 👆 【曲率比例】选项只在第一次激活曲率梳形时自动出现。若设置了【曲率比例】选项，还可以通过从快捷菜单中选择【修改曲率比例】来进行修改。

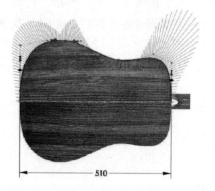

步骤23　结果说明　图 3-27 所示的结果可能与用户创建的不一致，但它们是相似的。从图 3-27 中可以看到，在第二个曲线型值点上的曲率并不光滑，因为在此处是通过手动操作样条曲线控制的。如果想使此区域变得光滑，应使用样条曲线参数和其他样条曲线工具进行修改。

图 3-27　显示曲率

3.8.4　样条曲线的参数

如有必要，可以在【样条曲线】PropertyManager 中使用【参数】选项对样条曲线控标和控制多边形进行修改。当样条曲线被选中后，其【参数】组框可以让用户查看每个样条曲线型值点的位置、切线权重和角度信息。【相切驱动】复选框可以用来激活或停用一个样条曲线控标，以及提供一些按钮以使用户可以重置选中点的控标、重置所有控标或弛张样条曲线。修改控制多边形后，使用【弛张样条曲线】选项将重新参数化样条曲线。换句话说，如果已经通过控制多边形移动过样条曲线的点，【弛张样条曲线】将重新计算该曲线，就好像该样条曲线最初是用这些点创建的一样。

　　这里有一个额外的选项，允许用户定义样条曲线的【成比例】。使用【成比例】复选框将允许样条曲线的尺寸按比例调整。

　　下面将使用样条曲线参数来修改吉他实体的样条曲线。

步骤24　重设控标　选择第二个样条曲线型值点上的曲线控标，从【样条曲线】PropertyManager 中选择【重设此控标】，如图 3-28 所示。

步骤25　查看结果　控标恢复到初始状态，方向和大小被复位，但此控标仍是该曲线上的一个激活约束，如图 3-29 所示。

步骤26　操纵样条曲线　使用控制多边形和样条曲线控标来操纵样条曲线，使其变得光滑，如图 3-30 所示。但使用当前的操作方法使曲线保持与吉他实体图片相匹配的光滑是很难的。下面将尝试一种不同的方法。

步骤27　停用样条曲线控标　选择第二个样条曲线型值点上的曲线控标，从【样条曲线】PropertyManager 中取消勾选【相切驱动】复选框。这就停用了样条曲线的控标，如图 3-31 所示。

图 3-28　重设控标

图 3-29　控标恢复到初始状态

图 3-30　操纵样条曲线

图 3-31　停用样条曲线控标

3.8.5　其他样条曲线修改工具

　　其他样条曲线修改工具允许用户在样条曲线上添加额外的控制。这些工具可以通过【工具】/【样条曲线工具】或右键单击样条曲线来找到，见表 3-5。

表 3-5　其他样条曲线修改工具

名称及图标	使用方法及效果	图　　示
添加相切控制	使用方法:从【样条曲线工具】激活【添加相切控制】，在需要添加相切控制的地方单击样条曲线 效果:添加一个带活动控标的样条曲线点	
添加曲率控制	使用方法:从【样条曲线工具】激活【添加曲率控制】，在需要添加曲率控制的地方单击样条曲线 效果:添加一个样条曲线型值点，并激活带有额外拖动控标的样条曲线控标，该控标可用于控制曲率	

（续）

名称及图标	使用方法及效果	图　示
插入样条曲线型值点 ⌐	使用方法：从【样条曲线工具】激活【插入样条曲线型值点】，在需要增加额外点的地方单击样条曲线，使用＜Esc＞键或切换到【选择工具】来完成添加点 效果：新增样条曲线型值点但不激活控制	
简化样条曲线 ～	使用方法：从【样条曲线工具】激活【简化样条曲线】，使用对话框来调整公差，或单击【平滑】，通过删除点来简化曲线。单击【上一步】可预览上一次的曲线。使用预览来确定一个可以接受的结果，然后单击【确定】 效果：通过弛张样条曲线和（或）移除样条曲线型值点来简化和平滑样条曲线	

对于吉他实体，将添加额外的样条曲线型值点来增加对样条曲线的控制，以使其更加符合零件底部的曲线。

步骤 28　插入样条曲线型值点　右键单击样条曲线，选择【插入样条曲线型值点】⌐。在样条曲线的第一个和第二个点之间单击鼠标左键，放置一个新的点，如图 3-32 所示。

> **技巧** 🔑　要删除样条曲线点，可以先选择该点，并单击右键选择【删除】或使用＜Delete＞键删除。

步骤 29　取消工具　按＜Esc＞键，取消【插入样条曲线型值点】工具。

步骤 30　修改样条曲线　使用控制多边形和样条曲线控标来修改曲线。

步骤 31　镜像样条曲线　当样条曲线修改满意后，使用【镜像实体】╟╢工具以中心线为对称中心镜像该曲线。

步骤 32　拉伸轮廓　拉伸轮廓 100mm，如图 3-33 所示。

图 3-32　插入样条曲线型值点

图 3-33　拉伸轮廓

步骤 33　保存并关闭文件

需要注意的是，有多种方法可以实现样条曲线的形状。通过使用不同的曲线型值点和控标组合，通常会有多种方法可以完成所需的形状。虽然有一些高效的方法需要记住，但只要创建的曲线尽可能符合所需的形状且有良好的质量，就无所谓采用何种方法。

3.9　实例：两点样条曲线

3.9　实例：
两点样条曲线

样条曲线不一定要很复杂，两点样条曲线也可以非常实用，特别是对于创建简单的曲线和实体之间的平滑连接。除非修改控标或添加关系，否则两点样条曲线仅是一条简单的直线。为了证明这一点，下面将新建一条两点样条曲线，来完成两条直线之间的过渡。同时，使用此实例来探究相等曲率关系以及如何使用曲率梳形图来评价两个实体之间的衔接转换。

3.9.1　相等曲率和扭转连续性

对实体间最平滑的连接方式而言，样条曲线支持两种草图关系。一种为【相等曲率】，它意味着相邻实体在接触的地方保持相同的曲率。另一种为【扭转连续性】，它不能添加在样条曲线和直线之间，意味着相邻实体在接触的地方保持相等曲率和等效曲率的光顺连续性，这种关系被称为 G3 连续性，如图 3-34 所示。

图 3-34　曲率的草图关系

73

操作步骤

步骤1　打开已存在的零件　从 "Lesson03 \ Case Study" 文件夹中打开 "2 – Point Spline. sldprt" 文件。

步骤2　创建样条曲线　创建一条两点样条曲线来连接直线，如图 3-35 所示。

步骤3　添加相切和相等曲率几何关系　在该样条曲线与其下方的直线之间添加【相切】关系，在该样条曲线与其上方的直线之间添加【相等曲率】关系，如图 3-36 所示。

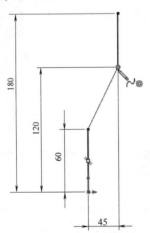

图 3-35　创建样条曲线

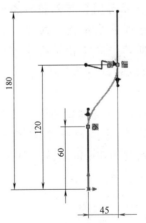

图 3-36　添加几何关系

提示　　当实体的曲率互相匹配时，它们也会自动相切。请注意，相切关系会随着相等曲率关系而添加。相等曲率会在图形区域中有一个"曲率控制"的箭头标记。

3.9.2　使用曲率梳形图评估连续性

除了评估曲线的光滑性外，曲率梳形图也可以衡量实体之间的连续性。在连接点处的曲率梳形图提供了识别连续性条件的有价值信息。连续性描述了曲线或曲面如何彼此相关，在 SOLIDWORKS 中有 3 种连续性：

1. 接触　曲率梳形在连接点处呈现不同的方向，如图 3-37 所示。

2. 相切　曲率梳形在连接点处共线（表示相切），但具有不同的长度（不同的曲率值），如图 3-38 所示。

3. 曲率连续　曲率梳形在连接点处共线且长度相等，如图 3-39 所示。

提示　　如果草图元素不接触，就不存在连续性，即它们是不连续的。

技巧　　曲率梳形图可以显示整个梳形图顶部的边界曲线，以帮助识别连续性条件和曲率的微小变化，如图 3-40 所示。用户可以在【选项】/【系统选项】/【草图】中打开【显示曲率梳形图边界曲线】。

图 3-37　接触　　　　图 3-38　相切　　　　图 3-39　曲率连续　　　　图 3-40　显示曲率梳形图边界曲线

步骤 4　显示曲率梳形图
【显示曲率梳形图】可以将样条曲线两端的曲率差异放大显示，如图 3-41 所示。定义相等曲率可以使样条曲线的曲率混合到 0，以便和直线匹配。

步骤 5　拉伸薄壁特征　使用刚创建的草图拉伸一个厚度为 10mm、高度为 50mm 的薄壁特征，如图 3-42 所示。

图 3-41　显示曲率梳形图

图 3-42　拉伸薄壁特征

3.10　实体几何体分析

在草图中创建的曲率条件可以影响到使用这些草图的特征。SOLIDWORKS 提供了可用于分析复杂零件实体几何体的评估工具。使用这些工具可以评估曲面的质量，以及曲面如何混合在一起。下面将介绍【曲率】和【斑马条纹】来评估样条曲线不同的几何关系是如何影响简单零件的面的。

3.10.1　显示曲率

【曲率】将根据局部的曲率值用不同的颜色来渲染模型中的面。红色代表最大曲率区域（最小半径），黑色表示没有曲率（平面区域）。当显示曲率时，光标将显示识别区域的曲率和半径的标志。

| 知识卡片 | 曲率 | • CommandManager:【评估】/【曲率】▨。
• 菜单:【视图】/【显示】/【曲率】。
• 快捷菜单:右键单击一个面,选择【曲率】。 |

步骤6　显示曲率　单击【曲率】▨,如图3-43所示。请注意,在曲率相等的地方,其颜色会混合在一起;而面与面相切时,相连接的地方的颜色会急剧变化。用户可以将光标悬停在该模型区域的任何位置,来查看此处的曲率和半径值。

步骤7　关闭曲率显示　再次单击【曲率】▨,关闭曲率显示。

图 3-43　显示曲率

75

3.10.2　斑马条纹

【斑马条纹】通过从模型所有面怎样反射光条纹来评估实体几何体。该工具可以用来分析一个曲面的质量,以及相邻面是如何混合在一起的。斑马条纹会根据面是简单接触、彼此相切或曲率连续而呈现不同的显示,如图3-44所示。

- 接触:边界处的条纹不匹配。
- 相切:条纹匹配,但有急剧变化的方向或尖角。
- 曲率连续:边界处的条纹平滑连续。曲率连续是面圆角的一个选项。

| 知识卡片 | 斑马条纹 | • CommandManager:【评估】/【斑马条纹】▧。
• 菜单:【视图】/【显示】/【斑马条纹】。
• 快捷菜单:右键单击一个面,选择【斑马条纹】。 |

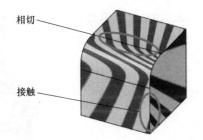
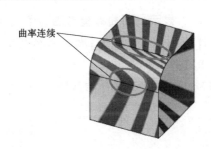

图 3-44　斑马条纹

步骤8　显示斑马条纹　单击【斑马条纹】▧,在 PropertyManager 中调整【设定】,以增加条纹数量,使其保持竖直。

提示　　斑马条纹属性只会在该命令第一次启动时出现。这些选项可以根据需要从快捷菜单中再次访问。当旋转零件时,条纹会跟着面移动。

步骤9　切换到后视图　将视图方向更改为【后视】。如图 3-45 所示，从这个视图中，用户可以更容易地观察出不同面之间过渡的差异。

步骤10　关闭斑马条纹显示

图 3-45　切换到后视图

3.10.3　曲面曲率梳形图

在零件中，曲率梳形图提供了另一种分析面的途径。【曲面曲率梳形图】（见图 3-46）可以用两种方式显示。

1. 持续　【持续】选项显示一个穿过选择面的带有曲率梳形的网格曲线。网格的密度、梳形的颜色以及显示的方向都可以调整。

2. 动态　【动态】选项是指随着光标在零件表面上移动而在曲面上显示曲率梳形。

曲率梳形的【比例】和【密度】两个选项也可以像草图曲率梳形一样在 PropertyManager 中进行调整。

知识卡片	曲面曲率梳形图	●菜单：【视图】/【显示】/【曲面曲率梳形图】。 ●快捷菜单：右键单击一个面，选择【曲面曲率梳形图】。

图 3-46　曲面曲率梳形图

步骤11　显示曲面曲率梳形图　右键单击图 3-47 所示零件的面并选择【曲面曲率梳形图】。根据需要调整 PropertyManager 的选项，单击【确定】。

步骤12　保存并关闭所有文件

图 3-47　显示曲面曲率梳形图

3.10.4　应用扭转连续性

【相等曲率】和【扭转连续性】关系都可以使实体间实现平滑的连接，但两者存在一定的差异。【相同曲率】使相邻实体曲率相等；【扭转连续性】不仅可以使相邻实体曲率相等，还可以使相邻实体曲率变化率也相等。

操作步骤

步骤1　打开零件　在 "Lesson03 \ Case Study" 文件夹中打开名为 "Torsion Continuity" 的文件，如图3-48所示。

3.10.4　应用扭转连续性

步骤2　创建样条曲线　绘制一条两点样条曲线，连接如图3-49所示的点。

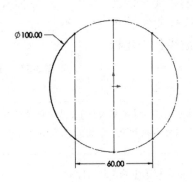
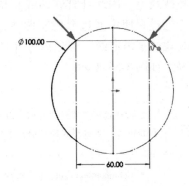

图 3-48　打开零件　　　　　　图 3-49　创建样条曲线

步骤3　再次创建样条曲线　再绘制一条两点样条曲线，连接如图3-50所示的点。

步骤4　添加关系　在第一条样条曲线和圆弧之间添加一个【相等曲率】关系，在第二条样条曲线和圆弧之间添加一个【扭转连续性】关系，如图3-51所示。

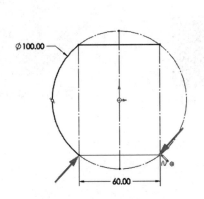
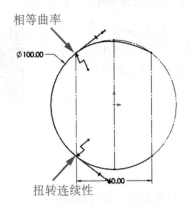

图 3-50　再次创建样条曲线　　　　图 3-51　添加关系

步骤5　查看结果　因为具有扭转连续性的样条曲线与圆弧的曲率变化率相等，所以它与草图中的构造几何形状相重合。具有相等曲率的样条曲线与圆弧相交处的曲率相等，但不以相同的曲率变化率继续变化，所以图形不重合。

步骤6　显示曲率梳形图　在草图中选择样条曲线和圆弧，然后单击【显示曲率梳形图】。曲率梳形图显示了顶部样条曲线的曲率变化率，如图3-52所示。

步骤7　创建实体　创建拉伸凸台实体，使用评估工具评估草图生成的面。

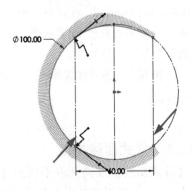

图 3-52　显示曲率梳形图

77

3.11　样式曲线

　　【样式曲线】是另一种可以被创建的样条曲线实体，但它是通过放置围绕曲线的多边形的点来绘制草图的，而不是放置曲线上的点。【样式曲线】没有曲线控标，但是可以直接添加关系和尺寸到多边形的点或线上。因此【样式曲线】很容易被完全定义和设置对称关系。通过只使用多边形控制曲线，【样式曲线】创建的是一条最小变化的平滑曲线，但是通过【样式曲线】创建精准的形状并不容易，如图3-53所示。

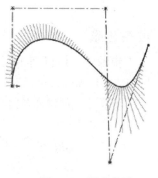

图3-53　样式曲线

样式曲线	用户通过放置曲线周边的多边形控制点来创建【样式曲线】，并可以通过控制该多边形和通过给多边形或样条曲线添加几何关系和尺寸进行修改。
操作方法	• CommandManager：【草图】/【样条曲线】 Ｎ /【样式曲线】 ᴬᵥ。 • 菜单：【工具】/【草图绘制实体】/【样式曲线】 Ａ。 • 快捷菜单：在草图中单击右键，选择【草图绘制实体】/【样式曲线】（可能需要展开菜单才能看到该命令）。

3.12　实例：喷壶手柄

　　下面将使用【样式曲线】创建如图3-54所示的喷壶手柄。模型的其余部分将在后续章节以练习的方式完成。

3.12　实例：喷壶手柄

图3-54　喷壶手柄

操作步骤

　　步骤1　打开零件　在"Lesson03\Case Study"文件夹中打开名为"Watering_Can_Handle"的零件，如图3-55所示。该草图处于编辑状态，几何结构和外形尺寸待处理。

　　步骤2　创建样式曲线　单击【样式曲线】 ᴬᵥ。

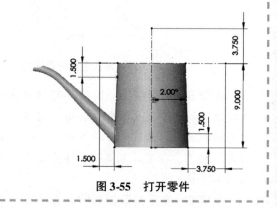

图3-55　打开零件

3.12.1　样式曲线类型

　　【样式曲线】支持几种不同的【样条曲线类型】（见图3-56）。在【插入样式曲线】的PropertyManager上可以选择贝塞尔曲线或不同度数的B-样条曲线。贝塞尔曲线会生成尽可能光滑的样条曲线，但不提供控制点。B-样条曲线更贴合创建的多边形，并且更容易贴合一个精确的形状。样条曲线和样式曲线是可以互换的。样条曲线可以被转换为一条样式曲线，反之亦然。一条度数为 3°的 B – 样条曲线可以直接转换为一条样式曲线。度数越高，B – 样条曲线转换越轻松。

步骤 3　创建贝塞尔曲线　通过放置控制多边形的点来创建一条贝塞尔曲线，其两端连接在几何模型上，如图 3-57 所示。

图 3-56　样条曲线类型

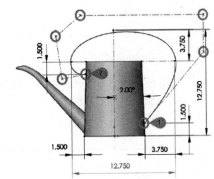

图 3-57　创建贝塞尔曲线

步骤 4　添加几何关系　在样式曲线和几何模型之间添加【重合】人几何关系，如图 3-58 所示。

步骤 5　添加几何关系到控制多边形　添加【竖直】|、【水平】— 和【重合】人几何关系到样式曲线的控制多边形中，如图 3-59 所示。

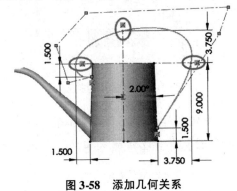

图 3-58　添加几何关系

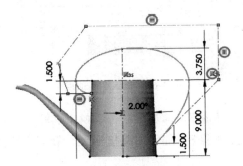

图 3-59　添加几何关系到控制多边形

3.12.2　样式曲线工具

样式曲线使用的许多工具与标准样条曲线相同。样式曲线工具见表 3-6。

表 3-6　样式曲线工具

名　称	说　明
插入控制顶点	在选择的位置上添加额外的顶点到控制多边形
	提示：可以通过选择并使用 < Delete > 键或快捷菜单中的【删除】✖将控制顶点从多边形上移除
转换为样条曲线	为了提供更多的控制，一条样式曲线可以转换为一条标准的样条曲线
	提示：使用一个类似的命令【转换为样式曲线】，一条标准的样条曲线也可以转换为一条样式曲线

79

（续）

名　　称	说　　明	
本地编辑	该选项在【样式曲线】PropertyManager 中，其允许在不影响任何已有定义的相邻实体下修改样式曲线	
曲线度	该选项允许在 PropertyManager 中改变多边形控制点的数量，仅可在样式曲线添加约束条件之前修改	

步骤6　插入控制顶点　为了在手柄前面添加额外的曲率控制，可以添加一个额外的控制顶点。右键单击样式曲线或控制多边形，选择【插入控制顶点】。

在控制多边形上单击以添加一个新的顶点，如图 3-60 所示。按 <Esc> 键或激活【选择】工具完成顶点的添加。在控制多边形中添加【竖直】和【重合】几何关系，如图 3-61 所示。

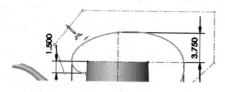

图 3-60　插入控制顶点

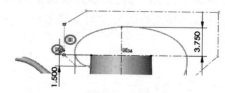

图 3-61　添加几何关系

步骤7　添加尺寸　添加尺寸到控制多边形来完全定义样式曲线，如图 3-62 所示。

步骤8　显示曲率梳形图　使用【显示曲率梳形图】来评估样式曲线，如图 3-63 所示。

步骤9　保存并关闭文件

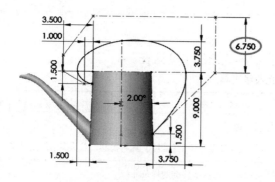

图 3-62　添加尺寸

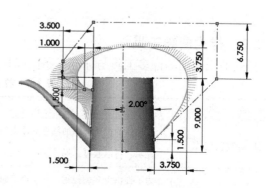

图 3-63　显示曲率梳形图

3.13 套合样条曲线

知识卡片	套合样条曲线	【套合样条曲线】是另一种用于生成样条曲线的工具，是用于将曲线约束到特定尺寸的最好工具。【套合样条曲线】命令通常用于使用连续的样条曲线描摹多个草图实体。一种创建已被约束的样条曲线的简易方法是首先绘制一条由完全定义的线和圆弧组成的链，再使用【套合样条曲线】命令将曲线约束到链几何体上。【套合样条曲线】命令对于现有几何体之间的平滑过渡或将多个实体合并为一个实体是非常有用的。
	操作方法	• 菜单:【工具】/【样条曲线工具】/【套合样条曲线】凵。

> 技巧 若某个命令从工具栏中较难找到，可以考虑从命令搜索栏中搜索并激活，如图3-64所示。

3.14 实例：咖啡杯

在下面的实例中，将修改一个咖啡杯模型，为零件创建出光滑连续的面，如图3-65所示。

3.14 实例：咖啡杯

图3-64 搜索命令

图3-65 咖啡杯模型

操作步骤

步骤1 打开零件 从"Lesson03 \ Case Study"文件夹中打开"Coffee_Cup"文件，如图3-66所示。

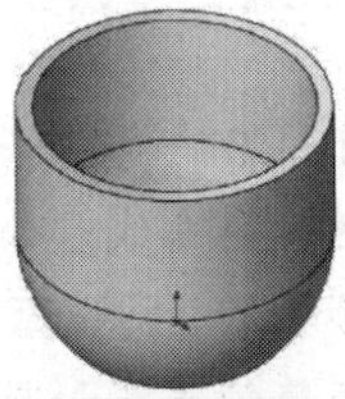

步骤2 评估几何体 杯体的主要面已由线段和切线弧创建。打开【斑马条纹】查看这将如何影响在面上的反射，如图3-67所示。为了使这里的过渡更顺滑，且仍旧保持咖啡杯的要求尺寸，将使用【套合样条曲线】工具修改草图。关闭【斑马条纹】。

图3-66 打开零件

步骤3 编辑草图 选择杯体特征，单击【编辑草图】，如图3-68所示。

> 技巧 可以从 FeatureManager 设计树中选择特征和草图，也可以直接选择特征的面或使用选择导览列工具。使用键盘上的 <D> 键来移动选择导览列到光标的位置。

步骤4 套合样条曲线 单击【套合样条曲线】凵。从图形区域中选择竖直的线和圆弧，如图3-69所示。

图3-67 评估几何体

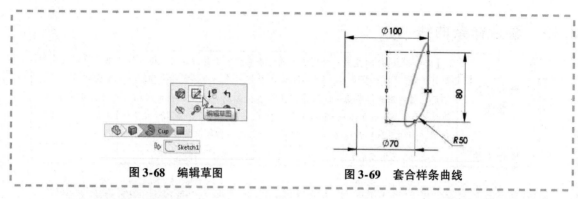

图 3-68　编辑草图　　　　　　　　图 3-69　套合样条曲线

3.14.1　套合样条曲线参数

在【套合样条曲线】PropertyManager（见图 3-70）中，【参数】组框中的详细参数介绍如下：

1. 删除几何体　将原有的几何体从草图中移除。使用此选项将使样条曲线的任何约束无效。

2. 闭合的样条曲线　创建一条闭环样条曲线，不管所选择的实体链是否为一个闭环。

3. 约束　将新的样条曲线约束到草图中，用于套合样条曲线的原有几何体。原有的草图几何体转化为构造线。

4. 解除约束　原有草图几何体转化为构造线，但并不与新建的样条曲线产生几何关系。

5. 固定　以固定的方式创建新的样条曲线。原有的草图几何体转化为构造线。

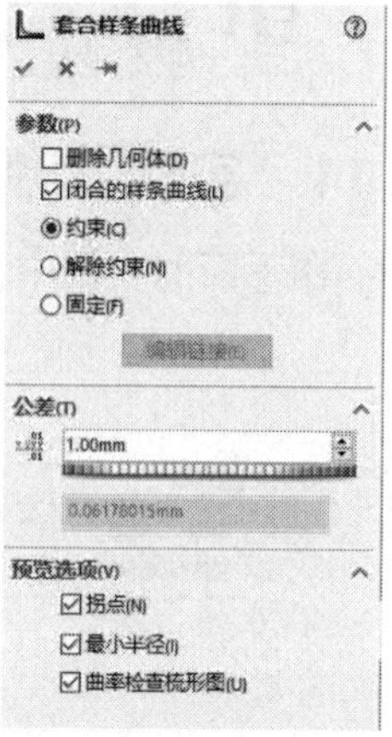

图 3-70　【套合样条曲线】PropertyManager

3.14.2　套合样条曲线公差

套合样条曲线的【公差】选项能够定义新建的样条曲线与原有的实体之间的紧密配合程度。可以调整允许公差数值，但实际公差以灰色表示。

　　步骤5　调整套合样条曲线的参数　取消勾选【闭合的样条曲线】复选框，创建一条开环的样条曲线。如有必要，可选择【约束】。

　　步骤6　调整套合样条曲线的公差　修改套合样条曲线的【公差】到 1.00mm。放宽的公差将使直线和圆弧之间的过渡更加圆滑，如图 3-71 所示。

　　步骤7　显示结果　单击【确定】 ✔，具有套合关系的新样条曲线被约束到原有几何体上，如图 3-72 所示。若直线和圆弧的尺寸发生了改变，样条曲线也将随之更新。

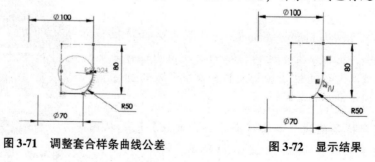

图 3-71　调整套合样条曲线公差　　　　图 3-72　显示结果

步骤8 退出草图 单击【退出草图】 并重建特征。由于现在是使用单一连续的整体创建杯子的外壁，因此在特征上产生了一个光滑连续的面，如图3-73所示。

步骤9 评估模型 显示【斑马条纹】 来评估模型的更改，如图3-74所示。关闭【斑马条纹】。

　　图3-73　退出草图　　　　　　图3-74　评估模型

步骤10 保存并关闭文件 咖啡杯的手柄将在本章的后续练习中完成。

3.14.3 样条曲线总结

不同类型的样条曲线适合不同的设计情形。表3-7总结了本章讲解的各样条曲线命令的特征。

表3-7 各样条曲线命令的特征

命 令	特 征
样条曲线 $\mathcal{N}$	• 描摹复杂曲线时非常有用 • 具有高度的可更改性 • 可以包括许多拐点 • 不容易被完全定义
样式曲线 $\mathcal{N}$	• 使用最少的拐点创建光滑曲线 • 容易被完全定义和使用对称 • 若想生成一个确切的形状，操作可能会比较费时
套合样条曲线 ∟	• 将样条曲线约束到特定尺寸的最简单方法 • 用于将多个草图实体合并为一个实体 • 用于平滑实体之间的过渡

练习3-1 百合花

本练习中，将向 SOLIDWORKS 零件中添加一幅图片作为草图图片，然后使用样条曲线描摹图片来创建模型轮廓，如图3-75所示。

本练习将应用以下技术：

- 使用草图图片。
- 样条曲线。
- 创建和操作样条曲线。
- 添加样条曲线关系。

图3-75 百合花

- 两点样条曲线。

单位：mm。

操作步骤

步骤1 新建零件 用"Part_MM"模板新建零件。

步骤2 绘制草图 在前视基准面上绘制草图。

步骤3 插入草图图片 单击【草图图片】  ，打开"Lesson03 \ Exercises"文件夹下的文件"Fleur-de-lis.jpg"并插入。开始插入时，图片的坐标点（0，0）插入到草图原点，并且初始尺寸为 1 像素/mm，高宽比例被锁定。由于图片的分辨率很高，所以图片很大。可以注意到高度为1600.000mm，如图 3-76 所示。单击【整屏显示全图】 🔍 。

图 3-76 插入草图图片

步骤4 调整图片尺寸 确保【启用缩放工具】和【锁定高宽比例】复选框被勾选。如图 3-77 所示，画面中图片上方的线是【缩放工具】，可用于调整图片的尺寸。将缩放工具左边的点拖动到图片轮廓的最高点，拖动右边的箭头，使缩放线竖直，且端点与图像轮廓的底部重合，如图 3-78 所示。如果箭头被删除，则可以修改对话框来定义线的长度，输入 200mm，单击【确定】 ✔ 。图片会随着这条直线缩放。

> 🔑 **技巧○** 用户可以在拖动图片的同时滚动鼠标中键以放大图片。

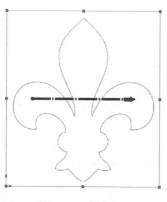

图 3-77 草图图片

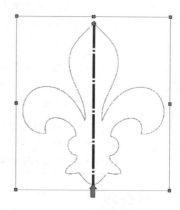

图 3-78 调整图片尺寸

> 👆 **提示** 此时，可以拖动【缩放工具】箭头动态旋转草图图片。如果用户需要重新定义缩放线的长度，可以在 PropertyManager 中取消勾选【启用缩放工具】复选框然后再打开，并重复上述步骤。

步骤5　**定位图片**　为了更好地利用图片的对称性，要将图片中心与草图原点对齐并缩小，以便可以同时看到图片和零件的原点。用鼠标左键拖动图片，将缩放线放置在原点上。如图3-79所示，【草图图片】PropertyManager中原点的 X 坐标为 -98.300mm，设置原点 Y 坐标为 -100.000mm。单击【确定】 ✔。

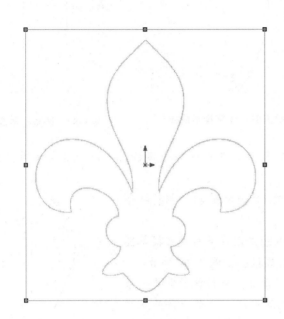

图3-79　设置图片位置

步骤6　**设置图片背景**　用户可以在PropertyManager中将图片的白色背景设置成透明。选择【透明度】选项中的【用户定义】，用【滴管】 ✐ 工具选取图片中的白色，并移动【透明度】滑块到最右边。再次单击【滴管】工具将其关闭，以便对草图图片进行其他更改。

步骤7　**退出草图**　由于仅参考该草图的信息，所以使它与零件实体所用的草图几何体保持独立。退出草图，并将其重新命名为"Picture"。

步骤8　**在前视基准面上绘制草图**　在前视基准面上绘制草图，过原点画一条竖直中心线，并按图3-80所示添加尺寸以完全定义该直线。

步骤9　**绘制样条曲线**　单击【样条曲线】 Ｎ，在图像的第一部分绘制一条3点样条曲线，并使其起始于中心线的端点，如图3-81所示。

> 提示　　有多种方法可以完成这种形状，但由于曲率在顶部扁平，然后是从凸到凹的改变，所以该样条曲线需要至少3个点。

步骤10　**显示控制多边形**　单击【显示控制多边形】 ▱。

步骤11　**调整样条曲线**　拖动样条曲线和多边形的点来移动样条曲线，并按需要调整样条曲线的曲率大小。可以通过控制多边形以保持最简单形式的样条来操控它。但是，要改变两端的弯曲方向，则需要使用样条曲线控标，如图3-82所示。

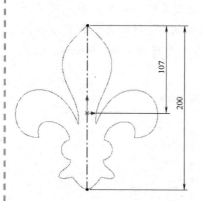

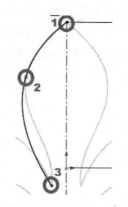

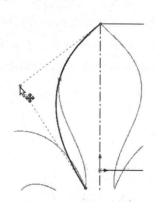

图 3-80　绘制中心线并添加尺寸　　图 3-81　绘制样条曲线　　图 3-82　调整样条曲线

步骤 12　微调样条曲线　调整每个端点的样条曲线控标，以使其与图片一致，如图 3-83 所示。

步骤 13　重复前两步　重复步骤 11 和步骤 12，调整样条曲线以满足需要。

步骤 14　绘制其他样条曲线　继续使用样条曲线来描摹图片，一条样条曲线对应图中的一条曲线段，如图 3-84 所示。

步骤 15　绘制最后一条曲线段　最后一条曲线段需要一个几何关系，以确保与对称的曲线段过渡平滑。绘制一条两点样条曲线，然后选择低处的控标，使用 PropertyManager 给控标添加【水平】—关系，如图 3-85 所示。调整样条曲线，使其与曲线段保持一致。

步骤 16　镜像实体　框选草图中的所有实体，单击【镜像实体】。右键单击草图图片并选择【隐藏】，结果如图 3-86 所示。

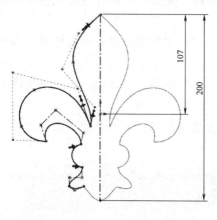

图 3-84　绘制其他样条曲线

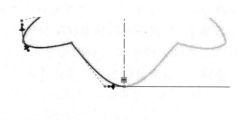

图 3-85　绘制最后一条曲线段

步骤 17　拉伸草图　如图 3-87 所示，拉伸草图，深度为 15mm，拔模角度为 20°。也可给零件的凸边添加 2mm 的圆角。

步骤 18　保存并关闭文件

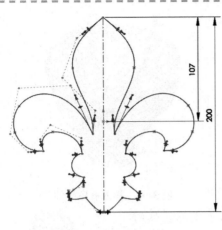

图 3-86　镜像后的结果

图 3-87　拉伸草图

练习 3-2　可乐瓶

本练习将创建 591mL 的塑料可乐瓶模型。自动化灌装设备通过夹持标准化的瓶口和瓶底部分才能将可乐装满。本练习的任务是设计中间过渡部分，要求外观形状方便饮料生产厂家包装品牌标签，如图 3-88 所示。

本练习将应用以下技术：

- 样条曲线。
- 插入零件。
- 移动/复制。
- 实体相交。

单位：in 或 cm。

图 3-88　可乐瓶

操作步骤

步骤 1　新建零件　使用默认的零件模板，新建名为"可乐瓶"的零件，在文档属性中修改长度单位为 in 或 cm。

 提示　　　设置零件材料为 PET，透明度为 0.2，颜色为绿色。

步骤 2　插入瓶底零件　单击【插入】/【零件】🗔，打开"Lesson03 \ Exercises"文件夹下的"BottleBottom"零件。将插入的零件放置在图形区域的原点上，如图 3-89 所示。在【转移】选项下选择【实体】，不勾选【以移动/复制特征定位零件】复选框，单击【确定】✔将零件放置在原点。

步骤 3　插入瓶口零件　插入"Lesson03 \ Exercises"文件夹下的零件"Bottle-Neck"。选择【以移动/复制特征定位零件】，单击【确定】✔即可插入瓶口零件，如图 3-90 所示。

图 3-89　插入瓶底零件

图 3-90　插入瓶口零件

步骤 4　找正零件　插入的零件会默认放置在图形区域的原点上。在【插入零件】中，设置 Y 向平移距离为 8.75in（22.2cm），如图 3-91 所示。单击【确定】✔完成零件的找正。

步骤 5　绘制草图　以前视基准面为草图平面，绘制中段轮廓。可使用样条曲线或其他草图绘制可乐瓶中段截面轮廓，也可以发挥想象力绘制特别新奇的轮廓形状。在可乐瓶的中心绘制旋转中心线，为后续创建旋转薄壁特征做准备。为实现绘制的截面轮廓和瓶口、瓶底部分光滑连接，需要在两端外侧连接位置添加相切和重合几何约束，如图 3-92 所示。

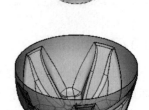

图 3-91　找正零件

步骤 6　创建旋转薄壁特征　单击【旋转凸台/基体】🧆，在弹出的对话框中单击【否】。创建指向可乐瓶内部的薄壁特征，设置【厚度】为 0.012in（0.03cm），并勾选【合并结果】复选框，结果如图 3-93 所示。

步骤 7　展开"实体"文件夹　当前文件夹下应该只有一个实体。如果存在多个实体，则需要检查中段轮廓草图和旋转薄壁特征是否有错误。

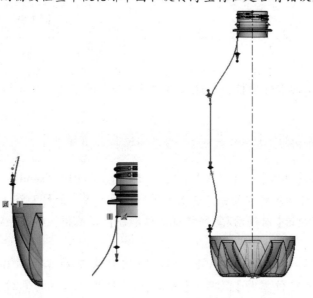

图 3-92　绘制草图

图 3-93　创建旋转薄壁特征

步骤8　**查看瓶身**　基于上视基准面偏移 7.5in(19.1cm)创建一个新的基准面。单击【相交】⌗，选择新建的基准面及瓶身实体，单击【创建内部区域】选项，并单击 Property-Manager 中的【相交】，再单击【确定】✔，结果如图 3-94 所示。

步骤9　**孤立新的实体**　当前部件含有两个实体：一个是瓶子，另一个是瓶身容纳的内部空间。【孤立】该内部空间实体。

步骤10　**查询质量属性**　单击【评估】工具栏上的【质量属性】⧆，如图 3-95 所示。若使用的是英制单位，体积约为 36in^3；若使用的是米制单位，体积约为 591cm^3。

> 技巧　用户可以在【质量属性】的 PropertyManager 中自定义使用的单位，如体积可以用升或液体的盎司(英液盎司：1UKfloz = 28.41306cm^3；美液盎司：1USfloz = 29.57353cm^3)。

步骤11　**修改瓶子形状**　如果体积显示不正常，就需要修改样条曲线形状和旋转特征，如图 3-96 所示。

图3-94　创建拉伸实体

图3-95　新实体体积

图3-96　修改瓶子形状

> 技巧　修改模型时可以考虑使用 Instant 3D ⬚，并在图形区域中显示草图。若打开了 Instant 3D，用户可以直接拖曳未定义的草图而无须进入编辑草图状态。此方法可以使用户实时地看到模型几何体的更新。

步骤12　**保存并关闭文件**

练习3-3　样条曲线练习

本练习将使用样条曲线描摹四张扑克牌图形：黑桃、红桃、方块和梅花，如图 3-97 所示。

本练习将应用以下技术：

- 样条曲线。
- 样式曲线。
- 使用草图图片。

单位：mm。

图3-97　样条曲线练习

操作步骤

步骤1　**新建零件**　使用"Part_MM"模板创建新零件。

步骤2　**绘制草图**　在前视基准面上绘制草图，将其重命名为"Picture"。

步骤3　**插入草图图片**　单击【草图图片】 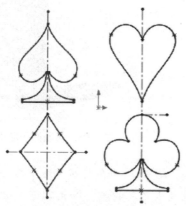，打开"Lesson03\Exercises"文件夹，选择"Card Suit Symbols"文件，并单击【打开】。

步骤4　**缩放并设置图片位置**　在勾选【锁定高宽比例】复选框的情况下，根据需要缩放并设置图片的位置。可以使用 PropertyManager 或直接在视图窗口中拖拽。

步骤5　**退出"Picture"草图**

步骤6　**新建草图**　在前视基准面上新建另一个草图。

步骤7　**描摹草图图片**　使用样条曲线和其他草图实体描摹草图图片，在需要的地方可以使用镜像功能（有效利用图片的对称性）描摹图片，结果如图 3-98 所示。

步骤8　**检查草图**　检查草图是否存在缝隙或相交的轮廓。单击【工具】/【草图工具】/【检查草图合法性】/【基体特征】，选择拉伸后单击【检查】。

> 提示　　如果连续的样条曲线端点不重合，或样条曲线之间相交或自相交，则需要修复草图。

步骤9　**拉伸草图**　将绘制的草图进行拉伸。对零件中的实体应用外观（可选操作），如图 3-99 所示。

图 3-98　描摹结果

图 3-99　创建完成

步骤10　**保存并关闭文件**

练习 3-4　咖啡杯手柄

在本练习中，将使用【套合样条曲线】来创建咖啡杯（见图 3-65）的手柄，以使其保持特定尺寸的光滑连续面。

本练习将应用以下技术：

- 套合样条曲线。
- 与实体相交。

单位：mm。

操作步骤

　　步骤1　打开零件　从"Lesson03 \ Exercises"文件夹中打开"Coffee_Cup_Handle"文件。

　　步骤2　新建草图　在右视基准面上新建一个草图。

　　步骤3　等距偏移轮廓边缘　单击【等距实体】 ，使杯子的轮廓边缘偏移2.5mm。更改实体显示样式为【隐藏线可见】，如图3-100所示。

　　步骤4　创建手柄轮廓　使用一条水平线和两条切线圆弧创建手柄的轮廓。底部圆弧的端点与等距线的端点重合。相关尺寸如图3-101所示。

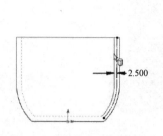
图 3-100　等距偏移轮廓边缘

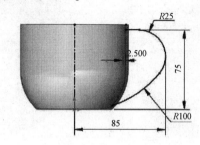
图 3-101　创建手柄轮廓

　　步骤5　创建套合样条曲线　使用【套合样条曲线】 工具描摹直线和圆弧，以生成一条连续光滑的样条曲线，如图3-102所示。

　　步骤6　拉伸薄壁　使用此草图创建薄壁拉伸特征。两侧对称拉伸，深度为15mm。清除【合并结果】复选框以使创建的特征为一个独立的实体。设置薄壁特征的厚度为6mm，确保添加的材料处于轮廓的内部，如图3-103所示。单击【确定】 ，并重命名特征为"Handle"。

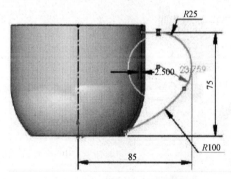
图 3-102　创建套合样条曲线

图 3-103　拉伸薄壁

　　步骤7　相交　查看杯子的内部，手柄的面创建到了杯子的内部，如图3-104所示。使用【相交】 命令将两个实体合并在一起，并将手柄的多余部分去除。

　　步骤8　添加圆角　在杯子的顶面和手柄的前后面创建【完整圆角特征】 ，如图3-105所示。在杯子内部底面的边线上添加半径为12mm的圆角，在杯子外面与手柄交会的线上添加半径为3mm的圆角，如图3-106所示。

图 3-104　相交

提示 本练习下面的内容是选作步骤，重点讲解如何向模型添加贴图。

步骤9 添加贴图 可以使用添加贴图的功能在杯子的外壁添加一个标志。在右边的任务窗格中单击【外观、布景和贴图】，然后选择【贴图】。在下面的面板中向下滚动，查看库中可用的贴图。找到"DS Solidworks Transparent"图片，如图 3-107 所示，并将其拖动到杯子的外表面上。

图 3-105 创建【完整圆角特征】　　图 3-106 添加圆角　　图 3-107 添加贴图

步骤10 贴图属性 在 PropertyManager 中选择【映射】，更改【绕轴心】的角度以使图片面向右边。更改【沿轴心】数值为 −15.00mm，以使图片沿着面竖直向下移动。在【大小/方向】中，取消勾选【固定高宽比例】复选框，将宽度更改为 37.50mm，将高度更改为 35.00mm。单击【确定】，如图 3-108 所示。

图 3-108 贴图属性

提示 已存在的贴图可以通过 DisplayManager 进行访问和修改，如图 3-109 所示。

步骤11 保存并关闭文件

图 3-109 访问贴图

练习3-5　有趣的样条曲线

本练习将使用样条曲线描摹读者选择的图片，例如选择图3-110所示的处女座。

本练习将应用以下技术：

- 草图中的曲线。
- 使用草图图片。

单位：mm。

图3-110　处女座

操作步骤

步骤1　**新建零件**　使用"Part_MM"模板创建新零件。

步骤2　**绘制草图**　在前视基准面上绘制草图，将其重命名为"Picture"。

步骤3　**插入草图图片**　单击【草图图片】![icon]，打开"Lesson03\Exercises"文件夹，从12星座图片中选择一个，并单击【打开】，如图3-111所示。

白羊座	金牛座	双子座	巨蟹座
狮子座	处女座	天秤座	天蝎座
射手座	摩羯座	水瓶座	双鱼座

图3-111　12星座图片

步骤4　**更改透明度**　所有图片的背景都是黑色的，需要将其更改为透明。在【草图图片】PropertyManager的【透明度】下，勾选【用户定义】复选框。使用【滴管】![icon]，拾取黑色作为本色，设置【匹配公差】为0.00，【透明度】为1.00。关闭【滴管】，切换回选择模式。

步骤5　**缩放并设置图片位置**　在勾选【锁定高宽比例】复选框的情况下，根据需要缩放并设置图片的位置。可以使用PropertyManager或直接在视图窗口中拖拽。

如果图片有对称性元素，例如双子座，应创建一条通过原点的中心线，并借助此中心线来调整图片的尺寸和位置。而对于任意形状的图片，例如处女座，就没有必要强制要求图片与原点的相对位置了。

步骤6　**退出"Picture"草图并新建另一草图**　在前视基准面上新建另一草图。

步骤7　描摹草图图片　使用样条曲线和其他草图实体描摹草图图片。

技巧
- 用长曲线绘制一条样条曲线，使其相交后再裁剪，这样可以确保此长曲线的连续性。例如，先勾勒出金牛座的头冠样条曲线，然后修剪出角的部分。
- 也可以使用其他草图几何体。例如，使用一条直线来绘制射手座的箭头，而不是使用样条曲线。

步骤8　检查草图　检查草图是否存在开环或相交轮廓线。若有，则修复错误。

步骤9　拉伸草图　将绘制的草图进行拉伸。

步骤10　保存并关闭文件

第4章 扫 描

学习目标 ● 使用扫描创建拉伸和切割特征
● 理解穿透几何关系
● 使用引导曲线创建扫描特征
● 创建一个多厚度的抽壳
● 使用 SelectionManager

95

4.1 概述

扫描特征通过将轮廓线沿着路径移动形成一个拉伸或切除特征，该特征可以简单也可以复杂。扫描实例如图4-1所示。

要生成扫描几何，系统将通过沿路径的不同位置复制轮廓创建一系列的中间截面，然后将这些中间截面混合在一起。扫描特征包括一些附加参数，如引导曲线、轮廓方向的选择，并通过扭转创建各种各样的形状。

本章首先温习使用二维路径和一个简单的草绘轮廓进行简单的扫描；然后再学习使用三维曲线作为扫描路径或引导曲线绘制复杂的扫描特征(见图4-2)。

下面介绍扫描特征的一些主要元素，并描述它们的功能。

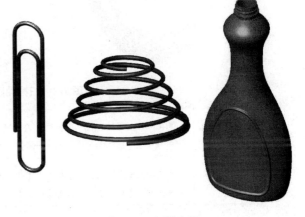

图4-1　扫描实例

● 扫描路径：扫描路径可以是二维的，也可以是三维的，由草图实体、曲线或模型的边组成。扫描路径提供了轮廓的方向，以及默认的、控制特征中的中间截面的方向。大部分情况下，最好先创建扫描特征的路径，这样轮廓草图就可以包含与路径的几何关系。

● 轮廓：扫描轮廓可以是一个草图轮廓，或一个选择的面，或者是按扫描 PropertyManager 要求自动创建的简单圆轮廓。

作为一个草图轮廓，扫描轮廓必须只存在于一张草图中，必须是闭环且不能自相交叉。但是，草图可以包含多轮廓，不管这些轮廓是嵌套的还是分离的，如图4-3所示。创建轮廓草图时，最好包含与预期扫描路径的几何关系。轮廓和路径之间的几何关系将会在扫描特征的所有中间截面中保留。

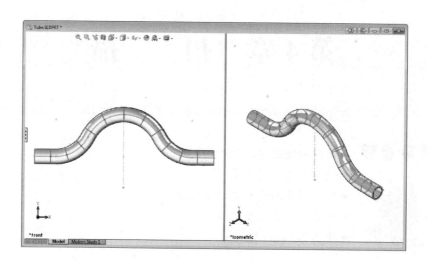

图 4-2　扫描特征

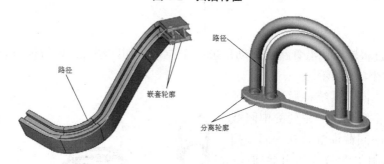

图 4-3　扫描轮廓示例

知识卡片	扫描凸台/基体	• CommandManager：【特征】/【扫描】🐛。 • 菜单：【插入】/【凸台/基体】/【扫描】。
	扫描切除	• CommandManager：【特征】/【扫描切除】🔩。 • 菜单：【插入】/【切除】/【扫描】。

4.2　实例：创建高实木门板

传统的高实木门板由 5 个部分组成：两个轨、两个门梃和一个凸嵌板。通常用中密度板作为材料既可以降低成本，又可以达到一样的外观效果。在接下来的示例中，将应用扫描特征在门上设计并创建一个切除，如图 4-4 所示。

图 4-4　高实木门板

4.2　实例：创建高实木门板

扫码看 3D

操作步骤

步骤 1　打开零件　打开"Lesson04 \ Case Study"文件夹下的"Faux Raised Panel Door"零件，该零件是由一个拉伸的长方形、一个用户自定义的参考面和两个草绘(细实线作为扫描路径，粗实线作为轮廓)组成的，如图 4-5 所示。

步骤 2　扫描切除　单击【扫描切除】，在【轮廓】中添加 Profile，在【路径】中添加 Path，如图 4-6 所示。单击【确定】。

图 4-5　"Faux Raised Panel Door"零件

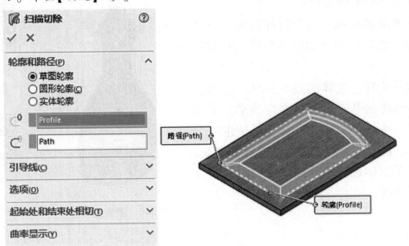

图 4-6　扫描切除

步骤 3　查看扫描结果　如图 4-7 所示，简单的扫描跟拉伸特征相似，不同的是扫描的轮廓可以根据定义的路径沿多个方向创建。

步骤 4　保存并关闭文件

图 4-7　查看扫描结果

4.3　使用引导线扫描

引导线是扫描的另外一个元素，可以用来更多地控制特征的形状。扫描可以使用多条用于控制成形实体的引导线。扫描轮廓后，引导线就决定了轮廓的形状、大小和方向。可以把引导线形象化地想象成用来驱动轮廓的参数(如半径)。在本例中，引导线和扫描轮廓连接在一起，当沿路径扫描轮廓时，圆的半径将随着引导线的形状发生变化，如图 4-8 所示。

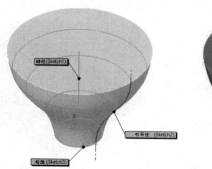

图 4-8　使用引导线进行扫描

4.4　实例：创建塑料瓶

对于复杂外形的建模，创建特征的方法与拉伸和旋转不同。本例将创建如图 4-9 所示的塑料瓶模型。

具体步骤是先建立实体的基本形状，再添加细节特征。该瓶体的基本横截面是椭圆形，下面将为扫描创建一个简单的竖直路径，并使用一个椭圆作为轮廓，椭圆的形状会随着引导线而改变。将根据表示瓶子实体正面和侧面形状的草图图片来创建这个引导线。

图 4-9　塑料瓶模型

4.4　实例：
创建塑料瓶

扫码看 3D

操作步骤

　　步骤 1　打开零件　从"lesson04 \ Case Study"文件夹中打开"Bottle Body"文件。在此零件的前视基准面上和右视基准面上各有一幅草图图片，如图 4-10 所示。

　　步骤 2　绘制扫描路径　选择前视基准面新建草图。从原点开始，绘制一条垂直线，长度为 9.125in，如图 4-11 所示。退出草图，将其命名为"Sweep Path"。

　　步骤 3　绘制第一条引导线　由于希望轮廓草图含有与引导线的几何关系，因此先创建引导线。在前视基准面上新建草图，按照图片"Picture-Front"绘制样条曲线作为第一条引导线。

　　在扫描路径的终点和样条曲线的终点之间添加水平关系，在两者之间添加距离"0.500in"，如图 4-12 所示。退出草图，并将草图命名为"First Guide"。

　　步骤 4　绘制第二条引导线　在右视基准面上新建草图，按照图片"Picture-Side"绘制样条曲线作为第二条引导线。在扫描路径的终点和样条曲线的终点之间添加水平关系，再在两者之间添加距离"0.500in"，如图 4-13 所示。退出草图，并将草图命名为"Second Guide"。

图 4-10　打开零件

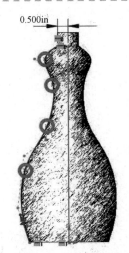

图 4-11　绘制扫描路径　　　图 4-12　绘制第一条引导线　　　图 4-13　绘制第二条引导线

提示 　顶部的尺寸将确保扫描结果末端环绕瓶颈并与其尺寸吻合。

　　步骤5　隐藏草图　隐藏含有草图图片的草图。

　　步骤6　创建扫描截面　选择上视基准面，新建一幅草图。在草图工具栏中单击【椭圆】⊙，以原点为中心绘制一个椭圆，如图4-14所示。

4.4.1　穿透关系

　　下面将在轮廓和其他扫描曲线之间添加贯穿扫描特征每个复制部分的草图几何关系。为了使引导线正确控制扫描中间部分的大小，这里将使用【穿透】 ⚡ 关系。【穿透】关系作用于草图里的一个点与和该草图基准面相交的曲线之间（见图4-15）。该几何关系将使草图点重新定位到曲线与草图基准面相交的位置，完全定义该点。这里的曲线可以是草图实体、曲线特征或模型的边。当曲线在多个位置穿过草图基准面时，则在定义穿透的位置时应注意在靠近想要定义穿透的位置选择曲线。注意，与一条曲线【重合】是不能完全定义该点的。虽然有【重合】约束，但该点可以位于曲线上的任一位置甚至在其投影上。

　　在本例中，可以通过给椭圆轮廓的点与引导线端点之间添加【重合】关系完全定义轮廓，但此处并不想将该几何关系包含到扫描特征的中间截面中。【穿透】关系不仅可以完全定义轮廓，由于每个中间截面也被引导线穿透，因此还可以保证每个中间截面随竖直的路径保持合适的尺寸。

　　步骤7　添加穿透几何关系　选取椭圆长轴的末端，按住＜Ctrl＞键，同时选取第一条引导线，从上下文工具栏或PropertyManager中选择【穿透】 ⚡。使用同样的方法在短轴和第二条引导线之间添加【穿透】几何关系，如图4-16所示。

　　步骤8　完全定义草图　现在轮廓已经定义了，其尺寸和方向都由引导线驱动。

　　步骤9　退出草图　将草图命名为"Sweep Profile"，接下来就可以通过扫描创建瓶身实体了。

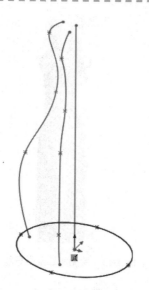

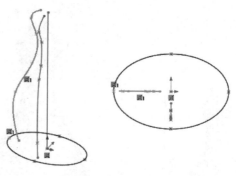

图 4-15　穿透几何关系

图 4-14　创建扫描截面

图 4-16　添加穿透几何关系

　　当生成扫描特征时，引导线控制轮廓草图的形状、大小和方向。在此例中，引导线控制椭圆的长轴和短轴的长度。

　　步骤 10　创建扫描特征　单击【扫描】💅，开始创建扫描。

　　步骤 11　选择轮廓和路径　在 PropertyManager 适当的区域选择 "Sweep Profile" 和 "Sweep Path" 草图。预览图形显示了使用当前轮廓和路径扫描得到的形状（没有指定引导线），如图 4-17 所示。

　　步骤 12　选择引导线　展开【引导线】选项框，单击【引导线】选项框，按图 4-18 所示选择两条引导线。由于使用了引导线，与之相关的几何关系也应该包含在特征中。穿透几何关系使得扫描特征的每个中间椭圆截面的长轴端点被样条曲线穿透，因此椭圆的大小将随路径而改变。选择曲线 "Second Guide"，引导标注仅出现在最后选择的引导线上。

图 4-17　选择轮廓和路径

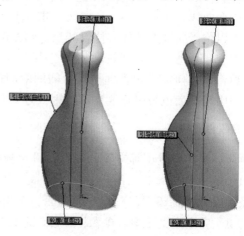

图 4-18　选择引导线

4.4.2 显示中间部分

当创建一个包含引导线的扫描特征时，用户可以单击引导线组框内的【显示截面】按钮来查看生成的中间截面形状。系统在计算这些截面时，会有一个选值框显示当前中间截面的编号，用户可以单击向上或向下箭头以显示不同的截面。

步骤13 显示截面 单击【显示截面】👁，显示中间的截面。注意截面椭圆形态随引导线变化的关系，单击【确定】✔，如图 4-19 所示。

提示 👆 确保【起始处和结束处相切】选项中的设置为【无】。

步骤14 添加瓶颈 选择顶部的面并打开草图，使用【转换实体引用】⬜复制该边到当前的草图中，向上拉伸 0.625in，如图 4-20 所示。

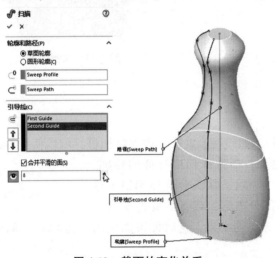 

图 4-19 截面的变化关系   图 4-20 添加瓶颈

4.4.3 多厚度抽壳

接下来是添加一个抽壳特征。在瓶子的实例中，除了瓶颈是 0.060in 之外，所有面的厚度都是 0.020in。【抽壳】命令提供创建多厚度抽壳的选项，多厚度抽壳可以使某些面更厚或者更薄。用户应该先决定实例中大多数面的厚度，再确定更少一部分面的厚度。

提示 👆 多厚度抽壳在不同厚度之间需要一条锐利的边来定义边界。

步骤15 抽壳命令 单击【抽壳】⬛，设置厚度为 0.020in，在【移除的面】中选择瓶颈顶部的面，如图 4-21 所示。

步骤16 设置多厚度 激活【多厚度设定】选择框。

步骤17 选择加厚的面 选择瓶颈外面的面，设置厚度值为 0.060in。单击【确定】✔创建壳，如图 4-22所示。

图 4-21 抽壳设置

步骤18 **在剖面视图中查看结果** 右边的剖面视图显示了两种不同的厚度，如图4-23所示。

步骤19 **保存并关闭文件**

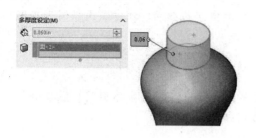

图4-22　多厚度设定　　　　　　　　　图4-23　实例效果

4.5　SelectionManager

当使用一些需要多个要素的特征时，如扫描、放样及边界特征等，可以使用 SelectionManager 工具来辅助完成所要求的选择。比如，当选择扫描特征的轮廓、路径和引导线时，从图形区域选择一个项目，默认会选择到整个草图。但往往用户只需要选择草图中的部分内容，或者需要将草图实体与其他模型的元素结合起来以实现想要的结果，这时便可以使用 SelectionManager 了，如图4-24所示。

图4-24　SelectionManager

SelectionManager 可以选择草图中的部分内容，或者在多个草图中选择实体，选择多条非相切的边，或将边和草图实体结合起来组成"选择组"。SelectionManager 界面选项见表4-1。

表4-1　SelectionManager 界面选项

名称及图标	作　用
确定 ✔	确定选择项
取消 ✖	取消选择并关闭 SelectionManager
清除所有 ✖	清除所有的选择或编辑
选择闭环 ◻	在选择闭环的任意线段时，系统选择整个闭环
选择开环 ⌐	在选择任意线段时，系统选择与线段相连的整个开环
选择组 🖐	选择一个或多个单一的线段，选择可以传播到选定线段之间的切线
选择区域 ◖	选择参数区域，这相当于二维草绘模式中的轮廓选择方式
标准选择 ⬉	使用普通的选择方式，功能相当于不使用 SelectionManager

知识卡片	SelectionManager	• 快捷菜单：在【扫描】、【放样】或【边界】特征 PropertyManager 激活时，在图形区域单击右键并选择【SelectionManager】。

4.6　实例：悬架

在本实例中，悬架（见图 4-25）模型已经建立了用扫描特征将现有机构桥接在一起所需的所有信息，然而，路径曲线和引导线存在于相同的草图中，所以需要使用 SelectionManager 指定特征的不同组件。

4.6　实例：悬架

在进行路径选择时，SelectionManager 将自动启动，而在其他选择类型时，需要从快捷菜单中启动 SelectionManager。

操作步骤

　　步骤 1　打开零件 "Hanger Bracket"　从 "Lesson04 \ Case Study" 文件夹中打开 "Hanger Bracket" 文件，查看 FeatureManager 设计树，草图 "Sweep Curves" 包含了扫描特征需要的路径曲线和引导线，如图 4-26 所示。下面将用 "Sketch4" 作为扫描的轮廓，该草图与两条曲线都已经建立了穿透几何关系。

图 4-25　悬架

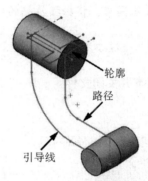

轮廓

路径

引导线

图 4-26　打开零件

提示

　　由于路径曲线和引导线位于同一个基准面上且它们之间拥有几何关系，所以为了方便，将它们创建在同一张草图中。

　　步骤 2　扫描拉伸　单击【凸台和基体】/【扫描】。扫描的路径选择框自动变成激活状态。

　　步骤 3　扫描轮廓　选择 "Sketch4" 作为轮廓。

提示

　　此时扫描的路径选择框自动变成激活状态。

　　步骤 4　扫描路径　选择如图 4-27 所示的草绘（右边曲线）作为扫描路径。由于草图包含多个线段，SelectionManager 会自动启动，以指定线段作为扫描路径。单击对话框中的【选择开环】↲，系统选择所有连接的线段。单击右键或单击 SelectionManager 上的【确定】✔，"开环" 将用于路径选择。

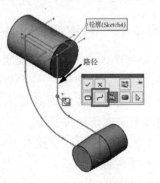

轮廓(Sketch4)

路径

提示

　　因为希望中间截面遵循这条曲线的方向，所以本例使用的是内部区域作为路径。默认情况下，路径曲线的主要功能是提供该特征的方向和控制中间截面的方向，而引导线通常用来调整大小和成形。

图 4-27　扫描路径

步骤5 添加引导线 打开引导线选择框，尝试选择图 4-28 所示曲线作为引导线。对于这种选择类型，需要使用 SelectionManager，但它不会自动启动。

步骤6 启动 SelectionManager 右键单击图形区域，选择【SelectionManager】。单击对话框中的【选择开环】┏┛，即可选择引导线所需的草图。单击右键或单击 SelectionManager 上的【确定】✔，"开环"将用于路径选择，如图 4-29 所示。

步骤7 查看扫描结果 勾选【合并结果】复选框来合并实体，在扫描 PropertyManager 中单击【确定】✔，得到如图 4-30 所示的图形。

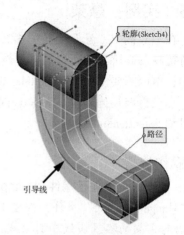

图 4-28 添加引导线

步骤8 添加穿透孔（可选步骤） 添加如图 4-31 所示两个孔。插入圆角，将扫描特征的所有边添加半径为 3mm 的圆角，完成建模。

> **提示** 通过添加圆角使模型完美。

步骤9 保存并关闭文件

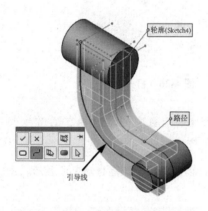

图 4-29 启动 SelectionManager

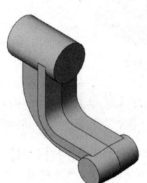

图 4-30 查看扫描结果

图 4-31 添加穿透孔

练习 4-1 创建椭圆形抽屉把手

图 4-32 所示的椭圆形抽屉把手的主要特征为扫描凸台，其路径为一条对称的曲线。下面将使用构造几何体实现必要的尺寸，并使用样式曲线来完成该对称曲线。

本练习将应用以下技术：
- 样式曲线。
- 扫描。

单位：mm。

图 4-32 椭圆形抽屉把手

操作步骤

    步骤1 新建零件 使用模板"Part_MM"新建零件，命名为"Drawer Pull"。

    步骤2 草绘构造几何 在上视基准面上进行草绘，按照图4-33所示的草绘指定长度的两条中心线，将中点定义在坐标原点。

    步骤3 草绘样式曲线 如图4-34所示，放置控制点绘制一条【样式曲线】 。

    步骤4 添加几何关系 如图4-35所示，对样式曲线和竖起构造线端点添加【重合】 约束。

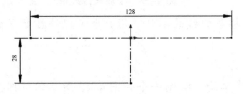

图4-33 草绘构造几何

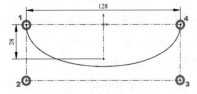

图4-34 草绘样式曲线

    对控制多边形的左边的直线添加一个【竖直】 关系。为了使样条曲线对称，添加一个【对称】 关系到两个控制顶点和竖直中心线。这将完全定义样条曲线，如图4-36所示。

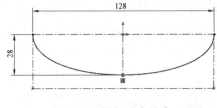

图4-35 添加重合约束

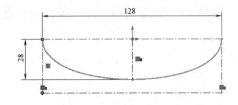

图4-36 添加几何关系

    由于样式曲线由多边形几何体控制，所以其容易实现对称性。

    如果使用普通样条曲线，实现对称性可能是一个挑战，但也有一些技巧。

    1. 镜像绘制样条曲线 这是最简单的方法，但是因为它用于创建两个单独的样条曲线，从镜像的样条曲线创建几何体将会在模型面中样条曲线的端点位置产生边线。

    2. 建立对称的构造几何体并将样条曲线绑定到对称框架上 结果为一条单一的曲线，但对于复杂的样条曲线可能会非常耗费时间。如果方向控制（样条手柄）被激活时，样条曲线最终可能不是完全对称的，如图4-37所示。

    3. 镜像样条曲线，并使用【套合样条曲线】将两个独立的曲线连成一条样条曲线 这种技术将产生一条连续的曲线，而且不需要设置复杂的构造几何体。

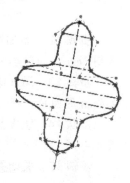

图4-37 对称构造几何体

    步骤5 添加控制点 为了修改样式曲线的形状，可以添加一些控制点。右键单击样式曲线或控制多边形，单击【插入控制点】 ，单击控制多边形的位置较低的直线，在对称线的每一侧创建控制顶点。

    步骤6 添加对称关系 如图4-38所示，在新创建的点和竖直中心线上添加【对称】 关系。

步骤7　添加重合关系　如图4-39所示，给控制多边形的水平线和竖直中心线的端点添加【重合】关系，这将使曲线在此区域变平。

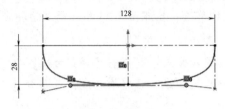

图4-38　添加对称关系　　　　图4-39　添加重合关系

步骤8　微调样条曲线　移动控制点调整样条曲线的形状。用户也可以给控制多边形添加尺寸来完全定义该曲线。

步骤9　退出草图

步骤10　绘制轮廓　在前视基准面上新建草绘，绘制一个如图4-40所示的椭圆，添加尺寸，使中心与样条曲线端点重合。

> 提示　为执行【扫描】命令，必须先退出草图模式。

步骤11　扫描轮廓　沿路径扫描轮廓形成如图4-41所示的图形。

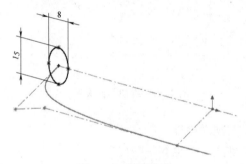

图4-40　绘制轮廓

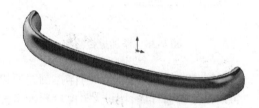

图4-41　扫描轮廓

步骤12　添加拉伸特征　在前视基准面上新建草图。向外等距偏移轮廓4mm，拉伸草图3mm，如图4-42所示。

步骤13　添加圆角　按图4-43所示在上边添加半径为4mm的圆角，下边添加半径为0.5mm的圆角。

步骤14　镜像另一边圆角　以右视基准面为对称平面添加另一侧的把手圆角，如图4-44所示。

步骤15　关闭并保存文件

图4-42　添加拉伸特征

图4-43　添加圆角

图4-44　镜像另一边圆角

练习 4-2 　拆轮胎棒

创建拆轮胎棒模型，如图 4-45 所示。

本练习将应用以下技术：

- 扫描。
- 圆形轮廓扫描。
- 圆顶特征。

单位：in。

图 4-45 　拆轮胎棒模型

操作步骤

步骤1　新建零件　使用"Part_IN"模板创建一个新零件，并命名为"Tire Iron"。

步骤2　使用提供的工程图创建零件（可选步骤）　使用如图 4-46 所示的工程图创建"Tire Iron"零件，或者使用下面的步骤逐步创建。

> 提示　"Tire Iron"的主要实体可以通过【圆形轮廓扫描】创建，并在扫描 Property-Manager 中设置后自动实现。六边形切割的底部使用一个【圆顶】特征来创建凹面。

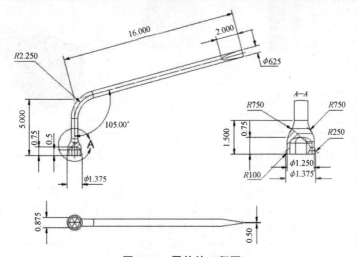

图 4-46 　零件的工程图

步骤3　绘制草图　在上视基准面上创建如图 4-47 所示的路径草图。

> 技巧　当用户想定义草图中虚拟尖角的尺寸时，应首先考虑创建直线，定义尺寸后再添加圆角。草图圆角将自动创建相切关系，并保持到虚拟交点的尺寸关系。或者通过选择两条直线并单击【点】在草图上创建虚拟交点。

当扫描特征需要一个在路径中心的圆形轮廓时，可以从扫描 PropertyManager 中自动创建。【圆形轮廓扫描】通常用于创建诸如管筒、管道和电线之类的特征。如果需要，可以用【薄壁特征】选项来创建一个薄壁圆环轮廓的扫描。由于此扫描特征的轮廓是一个位于路径中心的圆，所以可以通过扫描 PropertyManager 来自动创建。

步骤4　插入扫描特征　单击【扫描】，单击【圆形轮廓】，选择路径草图。设定圆形轮廓的【直径】为 0.625in。单击【确定】，如图 4-48 所示。

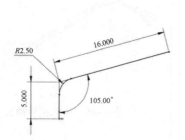

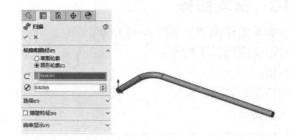

图 4-47　绘制草图　　　　　　　　　　图 4-48　插入扫描特征

步骤 5　创建旋转特征　在上视基准面上创建草图，并用其创建旋转特征，如图 4-49 所示。

技巧 🔑　可以在完成尺寸定义后再添加一些草图倒圆角的半径。

步骤 6　创建六边形切除特征　使用【多边形】⬡工具创建一个六边形切除特征，如图 4-50 所示。

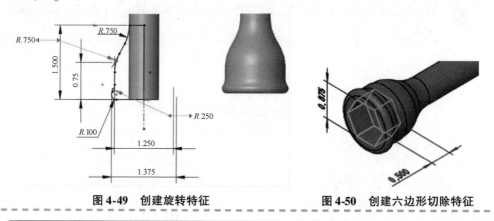

图 4-49　创建旋转特征　　　　　　　　图 4-50　创建六边形切除特征

知识卡片	圆顶特征	圆顶特征可以通过创建一个凸形（默认）或凹形来改变模型的面。为了创建圆顶，先选择希望变形的面，然后定义距离和方向（可更改）。圆顶的默认创建方向与选择面的方向一致，用户可以选择质心朝向面外的面，如此可以将圆顶应用到不规则的面上。
	操作方法	●菜单：【插入】/【特征】/【圆顶】🔵。

技巧 🔑　当从工具栏中查找某一个命令较困难时，可以通过命令搜索功能来激活它，如图 4-51 所示。

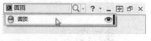

图 4-51　搜索圆顶命令

步骤 7　使用圆顶特征圆滑切除特征的底部　单击【圆顶】🔵命令，选择六边形切除的底部面，设定【距离】为 0.2in。单击【反向】↗使圆顶凹陷，取消勾选【连续圆顶】复选框，单击【确定】✔。结果如图 4-52 所示。

步骤 8　创建尾部　使用草图和贯穿切除，创建零件的扁平尾部，如图 4-53 所示。

技巧 🔑　使用路径草图在正确的方向上创建一个新的平面，使用草图中的中心线在上下轮廓之间创建对称特征。

步骤9 保存并关闭文件 查看创建的零件，如图 4-54 所示。保存并关闭文件。

图 4-52 创建圆顶特征

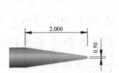

图 4-53 创建尾部

图 4-54 查看零件

练习4-3 宇宙飞船机身

本练习将创建宇宙飞船模型（见图4-55）的机身，飞船的其他部分将在"练习6-4 宇宙飞船的后续建模"中完成。

本练习将应用以下技术：

- 穿透关系。
- 使用引导线扫描。

单位：cm。

图 4-55 宇宙飞船模型

操作步骤

步骤1 新建零件 使用"Part_MM"模板创建新零件，并将其命名为"Starship Fuselage"。

步骤2 设置单位 把零件的单位系统改为CGS（厘米，克，秒）。

步骤3 扫描路径 在上视基准面上插入一幅新的草图。绘制一条长1525.00cm的竖直线，如图4-56所示。退出草图，并将该草图命名为"Path"。

步骤4 创建第一引导线 在上视基准面上插入一幅新的草图。选择草图"Path"中的线段，并单击【转换实体引用】📦，然后将生成的线段作为构造线。绘制如图4-57所示的一条直线和切线弧。

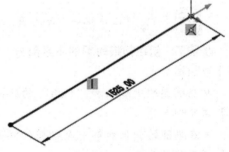

图 4-56 扫描路径

步骤5 创建第二引导线 在右视基准面上插入一幅新的草图。选择草图"Path"中的线段，并单击【转换实体引用】📦，然后将生成的线段作为构造线。绘制如图4-58所示的一条直线和三段切线弧。在没有标注尺寸的圆弧与半径为762.00cm的圆弧间添加【相等】＝几何关系。退出该草图，并将该草图命名为"Top Guide"。

步骤6 扫描轮廓 在前视基准面上新建另一个草图。按以下要求绘制如图 4-59 所示的【部分椭圆】：

- 在椭圆的中心点和"Path"的终点之间添加【重合】几何关系。
- 在椭圆的长轴和"Side Guide"之间添加【穿透】几何关系。
- 在椭圆的短轴和"Top Guide"之间添加【穿透】几何关系。
- 在两个端点之间添加【水平】几何关系。
- 在起始点和椭圆长轴之间添加【重合】几何关系。

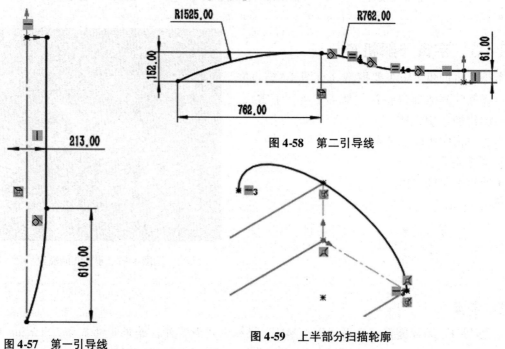

图 4-57 第一引导线

图 4-58 第二引导线

图 4-59 上半部分扫描轮廓

技巧 可以使用一个半椭圆，因为飞船的顶部与底部形状不同。

步骤7 创建扫描轮廓的下半部分 在同一个草图中按以下要求绘制如图 4-60 所示的另半个椭圆。

- 在椭圆的中心点和"Path"的终点之间添加【重合】几何关系。
- 在椭圆的长轴和第一个椭圆的端点之间添加【重合】几何关系。
- 使椭圆的短轴处于欠定义状态。
- 在所有的终点和第一个椭圆的端点之间添加【重合】几何关系。

步骤8 绘制构造线 从椭圆中心到短轴的端点绘制

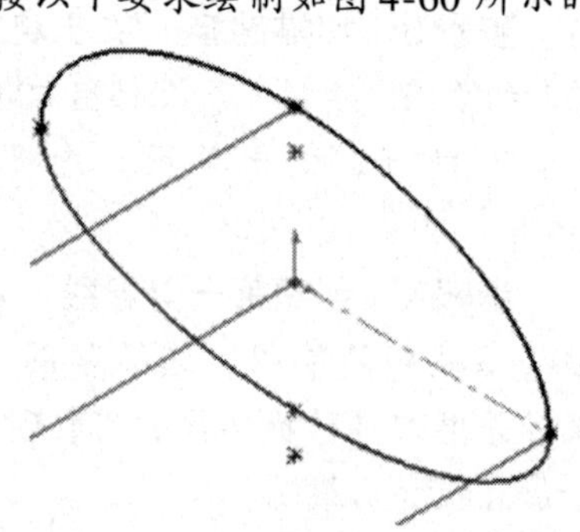

图 4-60 下半部分扫描轮廓

一条构造线，再从短轴的端点到长轴的端点绘制一条构造线。标注角度尺寸，并设置为 60°，如图 4-61 所示。退出草图，并将该草图命名为"Profile"。

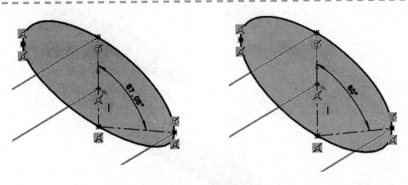

图 4-61 绘制构造线

技巧⚷ 角度值确保椭圆的长轴与短轴的纵横比恒定。

步骤9 使用引导线扫描 依次选择扫描轮廓、路径和两条引导线，创建如图4-62所示的扫描特征。

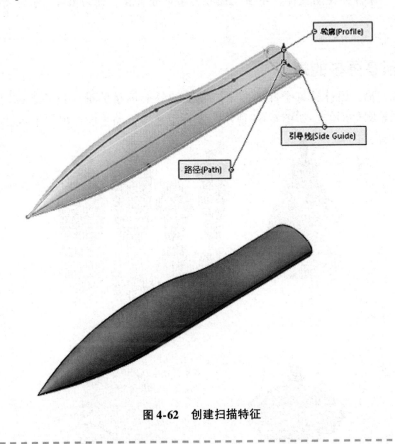

轮廓(Profile)

引导线(Side Guide)

路径(Path)

图 4-62 创建扫描特征

扫描命令中有两个重要的选项影响生成曲面的质量，它们是【选项】选择框中的【合并切面】选项和【引导线】选择框中的【合并平滑的面】选项。如果扫描轮廓具有相切线段，【合并切面】选项可使生成的相应曲面相切。清除【合并平滑的面】选项改进了使用引导线扫描的性能。然而，这将在所有引导线或路径上曲率不连续的点处把扫描实体的表面分割成多段，如图4-63所示。

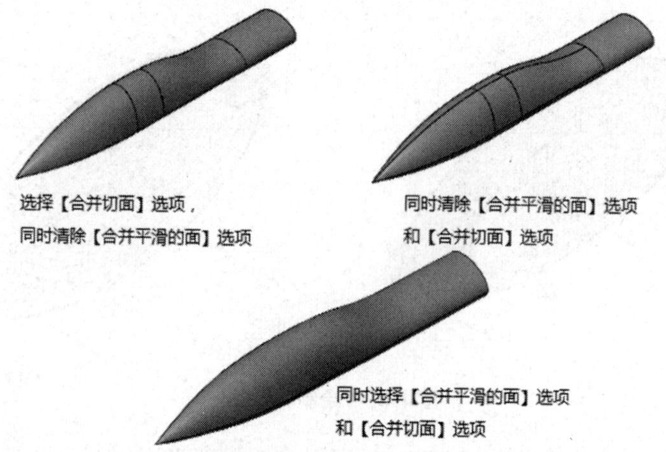

选择【合并切面】选项，
同时清除【合并平滑的面】选项

同时清除【合并平滑的面】选项
和【合并切面】选项

同时选择【合并平滑的面】选项
和【合并切面】选项

图 4-63　【合并平滑的面】选项与【合并切面】选项对曲面的影响

步骤 10　重命名　将该扫描特征重新命名为"Fuselage"。

步骤 11　保存并关闭文件　宇宙飞船的其余部分将在"练习 6-4　宇宙飞船的继续建模"中完成。

练习 4-4　创建更多的瓶子

使用引导线扫描，设计具有个性的瓶子。瓶子的外形不是关键，目的是练习并理解扫描引导线是如何控制轮廓外形的，如图 4-64 所示。发挥想象力，动手设计出属于自己的瓶子。

图 4-64　各类瓶子

本练习将应用以下技术：
- 使用引导线扫描。

单位：自选。

第5章 3D草图和曲线

学习目标
- 认识曲线特征
- 绘制 3D 草图
- 绘制螺旋线
- 通过投影两个 2D 草图创建一条 3D 曲线
- 基于多个对象创建组合曲线

5.1 曲线特征

本章将介绍 SOLIDWORKS 中的几种曲线特征。这里介绍的不是草图环境下的曲线特征，使用曲线特征创建的二维和三维曲线几何体很难用草图下的命令来实现。这些曲线对于创建复杂的特征是十分实用的，而且可以直接用作扫描的路径和引导线。曲线特征见表 5-1。

表 5-1 曲线特征

名称及图标	作 用
螺旋线/涡状线	该特征用于创建三维螺旋线或二维涡状线。这是一个基于草图的特征，需要在曲线的起始平面创建一个草图圆用作曲线的起始直径
投影曲线	该特征将一个草图投影到面，或草图投射到草图来创建一条曲线。该工具对于创建用正交视图描述的十分复杂的三维曲线非常有用
组合曲线	该特征将不同的曲线连接起来创建一条曲线。组合曲线可以将多个草图、曲线特征，以及边连接起来结合成一条连续的曲线
通过 XYZ 点的曲线	该特征创建一条通过指定 XYZ 坐标的曲线。坐标数据可以存储为外部文件以供重复使用，也可以通过插入 SOLIDWORKS 曲线文件或文本文件获取坐标信息
通过参考点的曲线	该特征创建一条通过用户定义点或已存在的顶点的曲线。该特征还提供了创建闭合曲线的选项
分割线	该特征通过创建额外的边来分割模型的面。该命令可以利用投影草图几何、面、表面、平面、相交产生的边，来分割模型的面，或给轮廓边添加分割线等

5.2 实例：创建弹簧

在本实例中，将创建如图 5-1 所示的螺旋弹簧。利用该零件对称的特点，先创建弹簧的一半，然后再对其进行镜像，来完成整个弹簧。扫描是此零件的主要特征，用若干个曲线特征作为路径，而中间部分则用一个3D 草图来生成。

图 5-1 螺旋弹簧

5.2 实例：创建弹簧

扫码看 3D

5.3   沿 3D 路径扫描

本书已经介绍了使用 2D 路径扫描的简单实例。本节内容将介绍一个比较复杂的实例——使用 3D 路径扫描。可以从 3D 草图、投影曲线、螺旋线和已存在的模型边线来创建 3D 路径。

5.4   绘制 3D 草图

3D 草图中的实体不同于在单一平面中惯用的 2D 草图中的实体，这使得 3D 草图在某些应用（如扫描和放样）中十分有用。然而，有时候绘制 3D 草图比较困难。为成功地绘制 3D 草图，了解 3D 草图环境下屏幕的提示和一些关系很关键。

5.4.1   使用参考平面

使用模型中的面来控制 3D 草图中的实体是一种简易的方法。在一个 3D 草图中，可以通过切换已存在模型的面来创建 3D 草图实体。如果想在模型的默认面之间切换，可以在草图工具被激活时按住 < Tab > 键。鼠标的反馈将显示正在操作草图的基准面，如图 5-2 所示，*XY* 表示平行于前视基准面绘制，*YZ* 表示平行于右视基准面，而 *XZ* 则表示平行于上视基准面。在 3D 草图绘制时，通过按住 < Ctrl > 键并单击模型中已经存在的面或平面，可以把它们作为草图绘制的面，如图 5-3 所示。

图 5-2   平行于前视基准面

图 5-3   在面或平面上绘制草图

5.4.2   其他技术

在一个 3D 草图中使用 2D 平面的其他技术，包括"激活"一平面或创建一平面到 3D 草图内部。

5.4.3   空间控标

除了光标反馈，SOLIDWORKS 在 3D 草图环境中还提供了一个图形化的辅助工具来帮助用户保持方向，称为"空间控标"。【空间控标】显示为红色，它的轴点在当前选择的面或平面的方向上。空间控标遵循放置在 3D 草图中的点，帮助用户识别方位及推理线，以及自动捕捉关系，如图 5-4 所示。

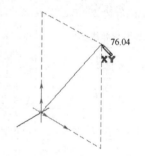

图 5-4   空间控标

5.4.4   草图实体和几何关系

相对于 2D 草图而言，3D 草图中少了很多可用的实体和草图几何关系。在 3D 草图工作时，可以使用【沿 *X* 轴】、【沿 *Y* 轴】和【沿 *Z* 轴】来替代水平或竖直的关系。由于 3D 草图环境中不止有两个维度，这些关系可以通过使实体与模型坐标轴对齐的方式来完全定义它的方向。

知识卡片	3D 草图	• CommandManager：【草图】/【草图绘制】/【3D 草图】。 • 菜单：【插入】/【3D 草图】。

弹簧路径的第一部分将使用 3D 草图创建，先使用一些构造几何体来辅助草图的定位，如图 5-5 所示。

操作步骤

步骤 1   新建零件   使用模板 "Part _ MM" 新建一个零件，命名为 "Spring"。

步骤2　创建新的 3D 草图　单击【3D 草图】🔳，从下拉菜单中选择【插入】/【3D 草图】，打开一幅新草图。

步骤3　绘制中心线　在草图工具栏中单击【中心线】✏️，按下 <Tab> 键，直到光标显示为 YZ 符号📐。如图 5-6 所示，从原点开始沿 Y 轴↕绘制大约 3mm 长的中心线，保持该线在模型空间中与 Y 轴重合；沿 Z 轴↗绘制第二条大约 3mm 长的中心线，保持该线在模型空间中与 Z 轴重合；分别标注中心线的尺寸为 3.25mm 和 3mm。

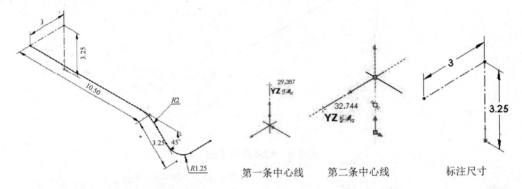

图 5-5　用 3D 草图创建弹簧路径　　　　　　图 5-6　中心线

步骤4　绘制第一条直线　单击【直线】✏️，按下 <Tab> 键，直到光标显示为 XY 符号📐。如图 5-7 所示，从第二条中心线的终点开始沿 X 轴↗绘制大约 10mm 长的直线，保持该线在模型空间中与 X 轴重合。

步骤5　绘制第二条直线　绘制第二条直线，长度大约为 3mm，与水平线的夹角约为 45°。如图 5-8 所示，光标后的符号⟋表示正在绘制的草图与 XY 平面平行，但红色的坐标线表明这仅是参考指示，并没有添加几何关系。我们将在步骤 10 中添加【平行】几何关系。

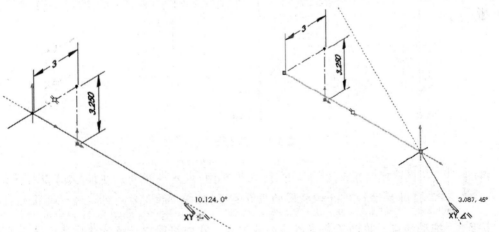

图 5-7　绘制第一条直线　　　　　　图 5-8　绘制第二条直线

步骤6　切换草图平面　按下 <Tab> 键，切换到 YZ 平面。如图 5-9 所示，沿 Z 轴↗绘制大约 3mm 长的直线，保持该直线在模型空间中与 Z 轴重合。

步骤7　查看多视图　在等轴测视图中不能清楚地显示 3D 草图，当用户拖动草图对象时就很难知道移动的距离，而采用多视图有助于解决此问题。

在顶部视图工具栏中单击【视图定向】🔲，然后单击【四视图】🔳，如图 5-10 所示。

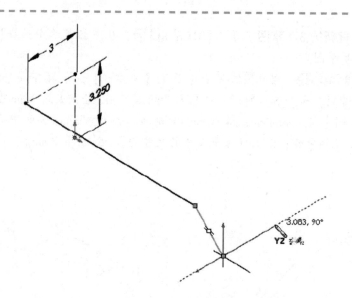

图 5-9　切换草图平面

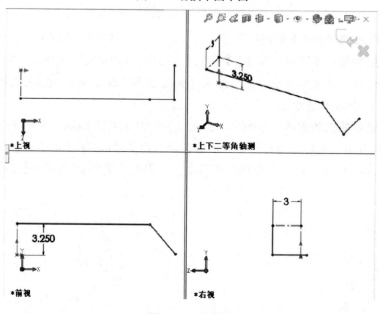

图 5-10　四视图

> 提示　　视窗可以显示为第三视角（见图 5-10）或第一视角。在【选项】✿/【系统选项】/【显示】中，【四视图的投影类型】选择下拉菜单，可以进行设置。

步骤 8　拖动端点　拖动两条直线的公共端点，在四视图中，很清楚地显示第二条带角度的直线偏离了前视基准面，如图 5-11 所示。

> 技巧　　标准正交视图也可以用来限制拖曳动作。例如在前视图中，用户只能拖曳实体在 X 和 Y 方向移动。

步骤 9　单一视图　进入【视图定向】，单击【单个视图】回到一个视图。

步骤 10　添加几何关系和尺寸　选择前视基准面和第二条直线，添加【平行】 ╲ 几何关系。选择前视基准面和第三条直线的终点（该直线与 Z 轴平行），添加【在平面上】 ◲ 几何关系。如图 5-12 所示，标注尺寸。

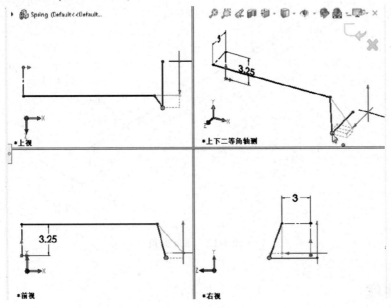

图 5-11　拖动端点

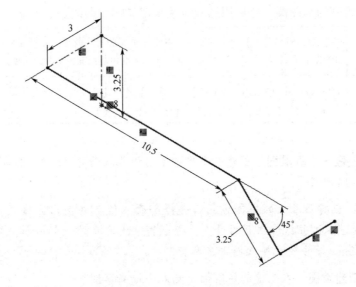

图 5-12　添加几何关系和尺寸

步骤 11　添加圆角　单击【绘制圆角】 ◝，分别添加半径为 2mm 和 1.25mm 的圆角，如图 5-13 所示。

提示　　在 2D 草图中，是无法添加不同方向的多个圆角的。

步骤 12　退出 3D 草图

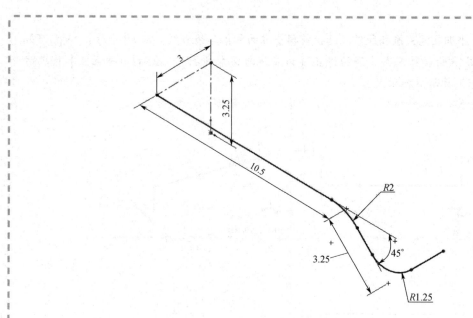

图 5-13　添加圆角

5.5　螺旋曲线

　　弹簧扫描路径的下一部分是一条有变螺距和直径的螺旋曲线。将先在螺旋曲线起始处创建一个平面，并绘制所需的草图圆，然后用螺旋属性来定义螺旋曲线。

知识卡片	螺旋线/涡状线	【螺旋线/涡状线】用于创建一条基于一个圆和定义数值（如螺距、圈数和高度）的 3D 曲线或 2D 涡状线。草图中的圆定义了曲线的起始直径和起始位置。
	操作方法	• CommandManager：【特征】/【曲线】 $\mathcal{U}$ /【螺旋线/涡状线】 $\mathbb{B}$ 。 • 菜单：【插入】/【曲线】/【螺旋线/涡状线】。

　　步骤 13　创建一个基准面　创建一个平行于前视基准面并且通过 3D 草图一个端点的基准面，如图 5-14 所示。

> 技巧　　创建基准面的快捷方式：选择平面以使其在图形区域预览可见。按住 < Ctrl > 键并拖动平面的边框，将会创建该平面的一个副本，然后在 PropertyManager 中定义平面的更多参数。

　　步骤 14　新建草图　在创建的基准面上插入一幅新草图。

　　步骤 15　绘制一个圆　如图 5-15 所示，绘制一个圆心在原点的圆，并与 3D 草图的一个端点添加【重合】几何关系。

> 技巧　　在确定圆的直径时，系统将自动添加与 3D 草图【重合】几何关系。

　　步骤 16　创建一条可变螺距的螺旋线　选择圆，单击【螺旋线/涡状线】 $\mathbb{B}$ 。如图 5-16 所示，设定【起始角度】为 90°，设定旋转方向为【逆时针】。单击【确定】 ✔，【隐藏】 ◇ “基准面 1”。完成的螺旋线如图 5-17 所示。

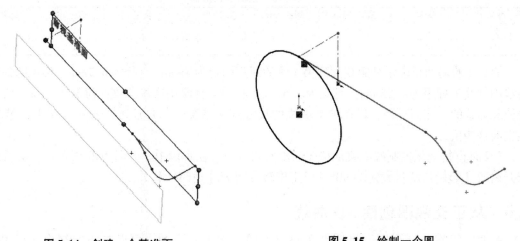

图 5-14　创建一个基准面　　　　　　　图 5-15　绘制一个圆

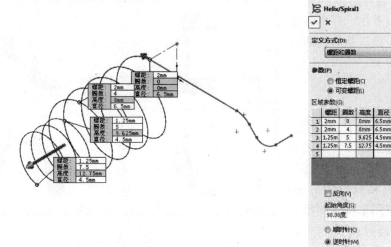

图 5-16　可变螺距的螺旋线

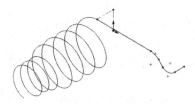

图 5-17　完成的螺旋线

119

用户可以使用螺旋线 PropertyManager 中的第一个下拉框来选择定义方式,以及是否使用涡状线。下面来定义弹簧螺旋线的【螺距】和【圈数】。定义的螺旋线的螺距和直径是变化的,因此选择【可变螺距】来修改曲线的这些参数。在一张表格中定义整个曲线的螺距,以及各圈的直径。表格的第一行显示为灰色(不可编辑),因为这些参数由草图圆决定。而高度值不能编辑,因为选择的曲线定义方式为【螺距和圈数】,它的值将由表格中添加的其他值来驱动。在【区域参数】中设定【圈数】、【直径】和【螺距】,见表 5-2。

表 5-2　区域参数数值

序号	圈数	直径/mm	螺距/mm	序号	圈数	直径/mm	螺距/mm
1	0	6.5	2	3	5	4.5	1.25
2	4	6.5	2	4	7.5	4.5	1.25

表 5-2 的前两行表示从第 0 圈到第 4 圈的螺距固定为 2mm，直径为 6.5mm。第 4 圈到第 5 圈曲线则过渡至螺距为 1.25mm，直径为 4.5mm，然后一直保持这些参数直到第 7.5 圈。预览将随着值和标签的变化而更新，以反映螺旋线的尺寸定义情况。用户还可以直接在图形区域的标签上更改这些值。

【反向】复选框控制螺旋线从草图面出发的方向。在本例中，方向为正 Z 方向。从顶部草图圆开始的【起始角度】设定为 90°，设定旋转方向为【逆时针】。

5.6　从正交视图创建 3D 曲线

弹簧的终端是环形圈，该环是在两个不同方向上的弯曲，可以在正交视图中清楚显示。图 5-18 显示弹簧终端环形圈的完整视图。从前视图可以看出，环形圈和螺旋线终端的直径一致，从右视图可以看到环形圈呈倒 U 形。

5.7　投影曲线

该投影曲线命令适合于创建所需的扫描路径曲线。既然已知环形圈的两个正交视图，将创建一个代表这些视图的草图，然后互相投影做出 3D 曲线。该命令也可以用来将草图投射到一个复杂的面并通过相交创建曲线，这将在后续课程中介绍。

图 5-18　环形圈

知识卡片	投影曲线	【投影曲线】特征可以通过以下两种方法创建 3D 曲线： ● 面上草图：把一幅草图投射到模型中的一个或多个面上。 ● 草图到草图：两个草图相互投射形成曲线，如图 5-19 所示。这两个草图的基准面通常是垂直的，但这并不是必需的。 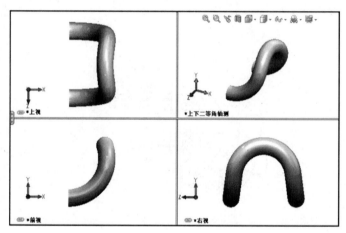 图 5-19　草图到草图投影
	操作方法	● Command Manager：【特征】/【曲线】/【投影曲线】。 ● 菜单：【插入】/【曲线】/【投影曲线】。

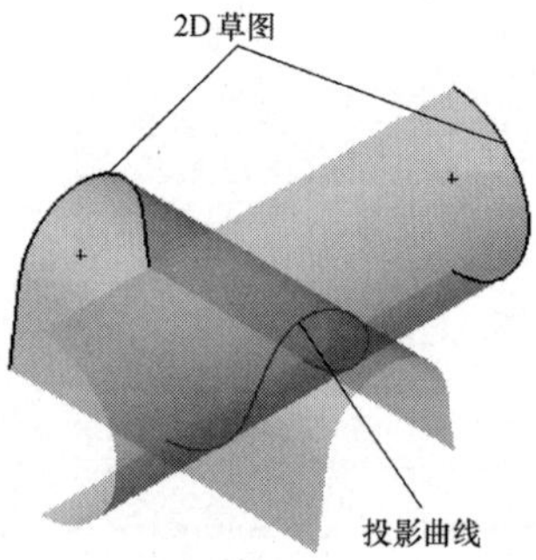

步骤 17　环形圈的前视图　在前视基准面上插入一幅新草图。如图 5-20 所示，绘制一个半圆，并标注尺寸。

步骤 18　退出草图

步骤 19　环形圈的侧面视图　在右视基准面上插入一幅新草图，绘制环形圈的侧面视图，在草图最右面的终点和螺旋线的末端之间添加【穿透】 几何关系，如图 5-21 所示。

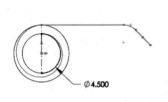 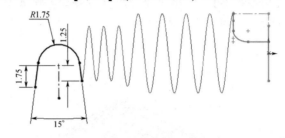

图 5-20　环形圈的前视图　　　　　　图 5-21　环形圈的侧面视图

提示　由于螺旋曲线在多个位置穿透右草图平面，那么在建立穿透关系时，在打算要穿透的位置附近选择曲线很重要。

步骤 20　退出草图

步骤 21　创建投影曲线　选择环形圈的前视图和侧面视图的草图，单击【插入】／【曲线】／【投影曲线】 。在投影曲线选项框中选择【草图上草图】选项，如图 5-22 所示。

技巧　如果用户预选项目，SOLIDWORKS 软件将试图选择合适的投影类型。用户将看到投影曲线的预览。单击【确定】 ，完成的投影曲线如图 5-23 所示。

 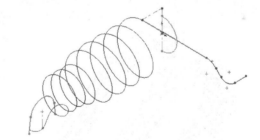

图 5-22　创建投影曲线　　　　　　　图 5-23　完成的投影曲线

5.8　组合曲线

扫描路径的一个要求就是它必须是一个单一实体：模型边、草图实体或者一个曲线特征。因此，为了将整个弹簧扫描成一个单一的特征，需要将 3D 草图、螺旋线和投影曲线相结合。实现该目标的方法之一是使用【组合曲线】。

知识卡片	组合曲线	【组合曲线】可以把参考曲线、草图几何体和模型边合并为一条曲线。组合的所有曲线必须首尾相连，没有断裂和交叉。生成的曲线可以用来作为扫描或放样的路径或导引线。
	操作方法	• CommandManager：【特征】／【曲线】 ／【组合曲线】 。 • 菜单：【插入】／【曲线】／【组合曲线】。

步骤22　组合曲线　单击【插入】/【曲线】🝔/【组合曲线】🝔，选择 3D 草图、螺旋线和投影曲线，如图 5-24 所示。单击【确定】✔。

图 5-24　组合曲线

步骤23　扫描圆形轮廓　由于该特征的轮廓是圆心在路径上的简单圆，它可以被扫描特征的属性管理器自动创建。单击【扫描】🝔，选择【圆形轮廓】。选择组合曲线作为路径。设置圆形轮廓的直径⊘为 1.000mm，如图 5-25 所示。

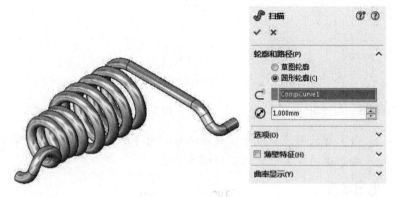

图 5-25　扫描圆形轮廓

步骤24　评估几何体　如图 5-26 所示，可以看到螺旋一端过渡的地方相切得不是很自然。这是 3D 草图存在的一个问题，因为它不能像 2D 草图那样做出圆角。

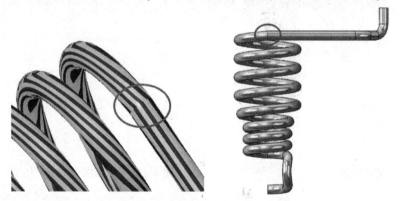

图 5-26　评估几何体

5.9　平滑过渡

因为 3D 曲线不能像 2D 草图那样生成圆角，所以螺旋线的末端过渡不是很光滑。使之过渡光滑的一种方法是使用【套合样条曲线】将组合曲线转换成一条单一的样条曲线。因为样条曲线是一种"插值"实体(SOLIDWORKS 软件可以在样条曲线的点之间通过"插值"的方式进行填充计算)，使相切处变得光滑。但是样条曲线是"插值"的几何体，也就是说样条曲线是近似的，不会与原有的实体完全吻合。用户可以像在 2D 草图中使用【套合样条曲线】一样对 3D 实体使用，不过这时的曲线首先必须转换成草图实体。

步骤25　将组合曲线转换成草图实体　删除特征"扫描1"。插入一幅新的3D草图 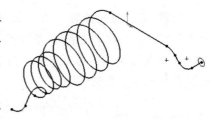，从 FeatureManager 设计树中选择组合曲线，单击【转换实体引用】🔲，如图5-27所示。

组合曲线可以转换为几个不同类型的实体：直线、圆弧和样条曲线。下面将把所有的实体转换成一条单一样条曲线。

图5-27　转换实体引用

步骤26　套合样条曲线　在图形区域中选择3D草图中的所有草图实体，然后单击【套合样条曲线】┗。

如图5-28所示，取消勾选【闭合的样条曲线】复选框。选中【约束】选项，将套合样条曲线以参数方式链接到原有实体。

如图5-29所示，改变【公差】值，注意预览和【公差】对样条曲线套合原有实体的影响。如果样条曲线不能足够精确地套合原有实体，就需要减小【公差】值。

图5-28　套合样条曲线

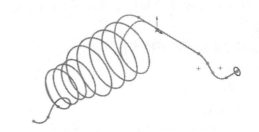

图5-29　公差对样条曲线的影响

123

设定【公差】值为0.100mm，单击【确定】✔，退出3D草图，【隐藏】组合曲线，如图5-30所示。

步骤27　重新创建扫描特征　将圆作为扫描轮廓，套合样条曲线作为扫描路径，重新创建扫描特征，如图5-31所示。

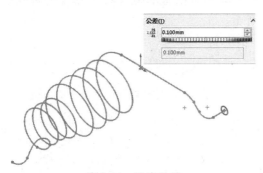

图5-30　设定公差

图5-31　重新创建扫描特征

注意　扫描生成一个连续的面，而不是像预先那样被分成几个面，同时转换后的区域也比原先的光滑。

步骤28 镜像弹簧 将与前视基准面重合的端面作为【镜像面/基准面】，镜像扫描生成的实体，勾选【合并实体】复选框，结果如图5-32所示。

> **提示** 图5-32所示的模型有一个外部零件采用【上色】中的抛光钢。

步骤29 保存并关闭文件

图 5-32 镜像弹簧

练习 5-1 3D 草图

本练习的主要任务是按下述步骤创建如图5-33所示的零件。

本练习将应用以下技术：

- 3D 草图。
- 扫描。

单位：mm。

图 5-33 3D 草图

操作步骤

步骤1 新建零件 使用"Part_MM"模板创建新零件，并将其命名为"3D Sketching"。

步骤2 新建 3D 草图 新建一幅【3D草图】 🔳 ，并切换到【等轴测视图】 🔷 。

步骤3 绘制直线 单击【直线】工具 ✏ ，从原点处开始绘制一条沿 X 轴方向的直线，如图5-34所示。

步骤4 切换基准面 按下 <Tab> 键，从默认的前视基准面（XY）切换到右视基准面（YZ），沿 Z 轴方向绘制直线，如图5-35所示。

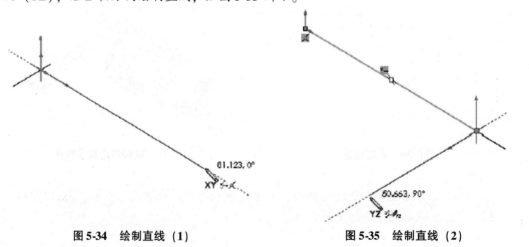

图 5-34 绘制直线（1）   图 5-35 绘制直线（2）

124

步骤 5　继续绘制直线　继续绘制直线并切换基准面，以保证直线沿 X、Y、Z 轴上的方向正确，如图 5-36 所示。

步骤 6　标注尺寸　在如图 5-37 所示的端点和直线之间添加【重合】几何关系。

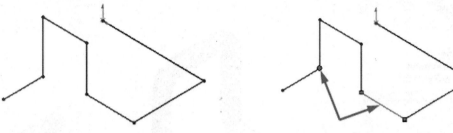

　　图 5-36　绘制其他直线　　　　　　图 5-37　添加几何关系

步骤 7　标注尺寸　标注所有直线的尺寸，以完全定义草图，如图 5-38 所示。

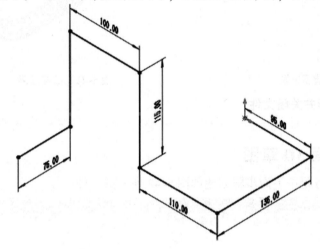

图 5-38　标注尺寸

步骤 8　绘制圆角　在两条直线的交点处，绘制半径为 20.00mm 的圆角，如图 5-39 所示。

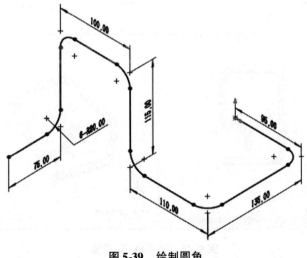

图 5-39　绘制圆角

125

步骤9 **薄壁圆形轮廓扫描** 单击【扫描】 $\mathcal{S}$，单击【圆形轮廓】，在【路径】 $\mathcal{C}^0$ 中选择"3D草图1"。设置轮廓圆的【直径】 $\oslash$ 为20.00mm，单击【薄壁特征】，设置单向向内的【厚度】为2.50mm，如图5-40所示。单击【确定】 $\checkmark$，结果如图5-41所示。

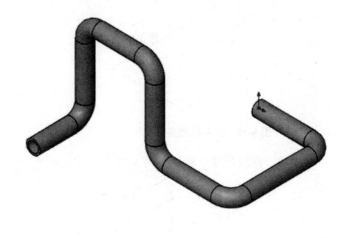

图5-40 扫描选项设置

图5-41 扫描结果

步骤10 **保存并关闭文件**

练习5-2 多平面3D草图

本练习的主要任务是按下面步骤创建如图5-42所示的零件。

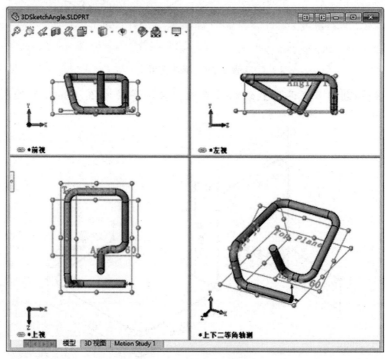

图5-42 多平面3D草图

本练习将应用以下技术：

- 3D 草图。
- 在 3D 草图中使用参考平面。
- 扫描。

单位：mm。

绘制 3D 草图时除了 3 个默认的基准面外，有时还需要其他的基准面。在开始绘制 3D 草图前应先创建这些面，就像构造几何体一样，需要提前计划。

如果所需的参考已经存在，也可以在 3D 草图中创建【基准面】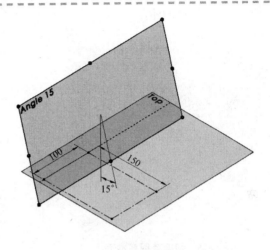。

操作步骤

步骤 1 **打开零件** 打开 "Lesson05 \ Exercises" 文件夹下的 "3DSketchAngle" 零件。

步骤 2 **新建基准面** 创建与右视基准面夹角为 15°的基准面，并穿过最左边 100mm 长的构造线，命名为 "Angle 15"，如图 5-43 所示。

步骤 3 **创建第二个基准面** 创建与前视基准面夹角为 60°的基准面，并穿过最后边 150mm 长的构造线，命名为 "Angle 60"，如图 5-44 所示。

图 5-43 新建基准面

127

> 技巧🔑 平面是无限延伸的，但在图形区域，预览可以调整其大小或对其重新定位。用户可以在选中平面后，当光标显示抓取手柄时拖动平面来重新定位，或拖动边框重新调整大小。

步骤 4 **新建 3D 草图** 创建一幅【3D 草图】，并切换到【等轴测视图】。

步骤 5 **绘制直线** 单击【直线】工具，从原点开始沿 X 轴绘制直线，使该直线的终点与构造线的终点【重合】，如图 5-45 所示。

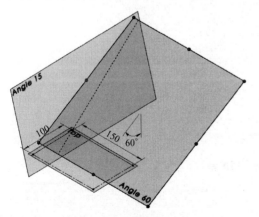

图 5-44 创建第二个基准面

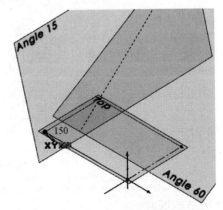

图 5-45 绘制直线

步骤 6 **切换草图基准面** 按下 <Ctrl> 键并单击基准面 "Angle 15"。此时空间控标与该基准面对齐，如图 5-46 所示。

步骤 7　绘制直线　利用推理线和光标反馈在激活的平面上创建下一条【垂直】线，如图 5-46 所示。

提示　当用户在选择的面或基准面上绘制草图时，光标显示为 ，会自动在直线和所选的实体间添加【在平面上】⊡几何关系。这些几何关系与 2D 草图几何关系相似，如垂直和水平。

步骤 8　继续绘制直线　利用【水平】——标记绘制直线，保持该直线在模型空间中与 X 轴重合，如图 5-47 所示。

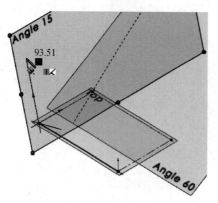

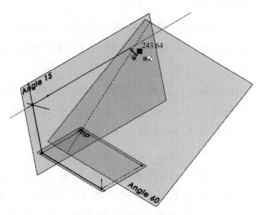

图 5-46　切换草图基准面　　　　　　　　　　　图 5-47　绘制直线

步骤 9　添加几何关系　取消【直线】工具。在直线的终点和基准面"Angle 60"之间添加【在平面上】⊡几何关系，如图 5-48 所示。

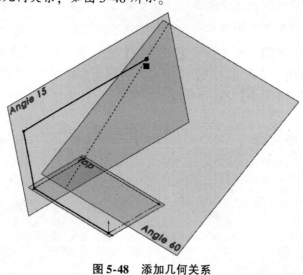

图 5-48　添加几何关系

● 激活基准面

在 3D 草图中可以对已存在的平面进行"激活"，即激活基准面。可以通过双击可视平面的预览来激活该平面。当在 3D 草图中激活平面时，在平面的预览中会显示一个网格。当一个基准面被激活后，在 3D 草图中创建的所有实体都将通过【在平面上】几何关系绑定到这个面上，而 2D 草图中的实体则会添加水平或垂直关系约束。通过双击平面预览之外的区域，可以取消激活该平面。

提示🖐　　【水平】和【竖直】是相对于激活的草图基准面而言的，并不是模型空间。

步骤 10　激活基准面 "Angle 60"　双击基准面 "Angle 60"，激活该基准面，会有网格显示。

步骤 11　绘制两条直线　绘制一条【水平】 ━ 的直线，使其起点与上一条直线的终点【重合】 人。绘制一条【竖直】 ▮ 的直线，使其终点与 "Setup" 草图【重合】 人，如图 5-49 所示。

技巧🔑　　用户可以通过"唤醒"之前的草图来推论端点。将光标悬停在想要参考的草图区域即可将其唤醒。另外，添加一条【水平】 ━ 直线，使其终止于草图 "Setup" 中直线的【中点】 ＼。

提示🖐　　为了更清晰，可以隐藏 "Angle 15" 和 "Top" 基准面，如图 5-50 所示。

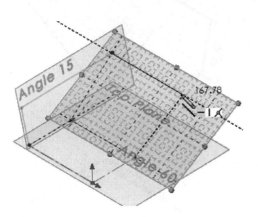

图 5-49　绘制两条直线

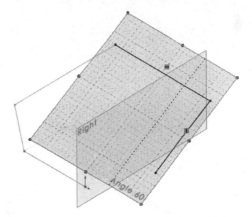

图 5-50　隐藏 "Angle 15" 和 "Top" 基准面

步骤 12　取消激活平面　在图形窗口中双击一个空白区域，取消激活参考面 "Angle 60"。

● 在 3D 草图中创建基准面

另一种在 3D 草图中使用 2D 平面的技术是创建一个草图内部的基准面。在【草图】工具栏上的【基准面】🔲命令与【基准面特征】🔲命令使用一样的 PropertyManager，用于创建新的基准面作为激活的 3D 草图内部实体。一旦创建了基准面，其将会自动被激活。

知识卡片	在 3D 草图中创建基准面	● CommandManager：【草图】/【基准面】🔲。 ● 菜单：【工具】/【草图绘制实体】/【基准面】。 ● 在 3D 草图中单击右键，单击【草图绘制实体】，选择【基准面】。

步骤 13　在 3D 草图中创建基准面　下面将在 3D 草图中创建一个平面，来控制该草图中最后一条直线的方向。使用【草图】工具栏上的【基准面】🔲命令定义基准面，使其与最后一条直线的端点【重合】，且与右视基准面【平行】，如图 5-51 所示。

129

步骤 14　绘制另一条直线　基准面创建后会自动变成激活状态。在最后一个端点创建一条与"Angle 60"基准面【垂直】⊥的直线，如图 5-52 所示。在图形区域内双击空白区域以取消激活该基准面。这个基准面也是该草图的一部分。

步骤 15　标注尺寸　按图 5-53 所示标注尺寸，完全定义该草图。

步骤 16　创建圆角　在 6 个拐角处创建半径为 30mm 的圆角，如图 5-54 所示。

步骤 17　创建圆形扫描特征　单击【旋转凸台/基体】🐛，单击【圆形轮廓】，对于【路径】ᑕ°，选择 3D 草图。设置圆形轮廓的【直径】⊘为 20mm，单击【确定】✔，如图 5-55 所示。

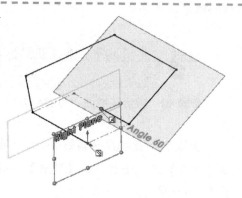

图 5-51　创建基准面

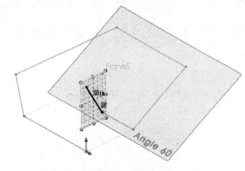

图 5-52　绘制另一条直线

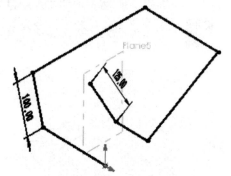

图 5-53　标注尺寸

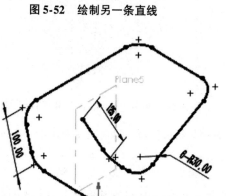

图 5-54　创建圆角

步骤 18　保存并关闭文件

图 5-55　创建圆形扫描特征

练习 5-3　手电筒弹簧

本练习将使用螺距和直径可变的螺旋线创建一个手电筒弹簧，如图 5-56 所示。

本练习将应用以下技术：
- 创建螺旋线。
- 圆形轮廓扫描。

图 5-56　手电筒弹簧

单位：mm。

操作步骤

　　步骤 1　新建零件　使用"Part_MM"模板创建新零件，并命名为"Flashlight_Spring"。

　　步骤 2　创建螺旋线　按表 5-3 所示弹簧参数创建螺旋线。

表 5-3　弹簧参数

螺距/mm	圈数	直径/mm
0.5	0	40
2.0	1	40
5.0	2	35
5.0	4.5	22.5
0.002	6	15

　　步骤 3　扫描弹簧　将步骤 2 创建的螺旋线作为扫描路径，其中，金属丝的直径为 1.25mm。

　　步骤 4　保存并关闭文件

练习 5-4　水壶架

　　本练习将用扫描特征创建自行车水壶架的金属线部分。扫描路径将代表该弯曲线的中心线。水壶架垂直方向必须保持恒定的直径来容纳水瓶，已知正视图下水壶架大概形状，如图 5-57 所示。有了这些信息，可以创建两个正交的草图，并互相投射来产生 3D 曲线作为扫描路径。

　　本练习将应用以下技术：
- 样条曲线。
- 操作样条曲线。
- 投影曲线特征。

单位：mm。

图 5-57　水壶架

操作步骤

　　步骤 1　新建零件　使用"Part_MM"模板新建零件，并命名为"Water Bottle Cage"。

　　步骤 2　绘制草图　在上视基准面上绘制草图，如图 5-58 所示，并标注尺寸。垂直中心线表示水瓶架的最小开口。将在接下来的草图中参考这个几何尺寸。

　　步骤 3　绘制第二幅草图　在前视基准面上绘制第二幅草图。

　　步骤 4　构造几何体　如图 5-59 所示创建构造几何体。使用【穿透】几何关系约束第三条直线。这些直线将用来控制样条曲线的轮廓。

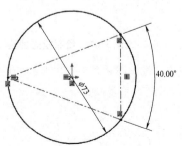

图 5-58　绘制草图

步骤5　草绘第二个轮廓　如图5-60所示，草图由原点起始处一个很短的水平直线、相切弧和一条样条曲线组成。此处可以使用样条曲线或样式曲线。

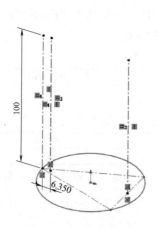

图5-59　构造几何体

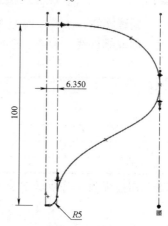

图5-60　草绘第二个轮廓

步骤6　投影曲线　如图5-61所示用两个草图绘制投影曲线。

步骤7　创建圆形扫描轮廓　单击【扫描】 ，单击【圆形轮廓】，对于【路径】 ，选择3D草图。设置圆形轮廓的【直径】 为4.75mm，单击【确定】 。

步骤8　套合样条曲线（可选步骤）　平滑过渡扫描的路径，并使用【套合样条曲线】 在模型中生成一个连续平滑面，如图5-62所示。

> **技巧** 曲线首先需要被转化为草图实体。

步骤9　保存并关闭文件

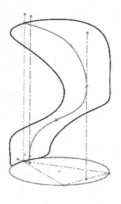

图5-61　绘制投影曲线

图5-62　查看扫描结果

第6章 螺纹和库特征零件

学习目标
- 创建和使用库特征零件
- 螺纹建模
- 了解如何提高复杂零件的性能
- 使用分割线工具
- 沿模型边缘扫描

6.1 瓶子特征

在本章中，将在前面课程中创建的瓶子零件内添加螺纹线特征和标签轮廓，如图6-1所示。这两个特征以不同的方式使用了库特征零件文件（＊.SLDLFP）。

库特征零件文件（＊.SLDLFP）保存了可以重复使用的特征信息。特征信息可以像单个草图一样简单，也可以包含基于多个草图和应用的特征。用户可以直接向模型中添加库特征文件，来自动生成共同的草图或特征。库特征文件也可以为特征自动生成轮廓，如螺纹和结构构件的截面。

6.2 实例：螺纹建模

首先在瓶子零件上添加螺纹线特征。模型可以包含两种类型的螺纹：标准螺纹和非标准螺纹。标准螺纹在实体中不添加实际螺纹，而是在零件和工程图中通过螺纹符号、注解和注释来表达螺纹特征，这些螺纹被称为装饰螺纹线。非标准螺纹则需要通过实际建模完成。一些在模型中的螺纹，如瓶子颈部的螺纹，在工程图视图中不能通过注释来简化。如果在后续的工作（如数控加工、快速成型或有限元分析）中需要这些螺纹，则这些螺纹必须进行物理建模。

**图6-1 瓶子上的螺纹线
特征和标签轮廓**

6.2 实例：螺纹建模

6.2.1 螺纹线特征

知识卡片	螺纹线特征	【螺纹线】特征可以自动创建螺旋扫描来生成切除或挤出螺纹。默认情况下，包含了英制、米制和瓶子标准 SP4XX 的螺纹轮廓。如果需要自定义螺纹轮廓，用户可以创建一幅草图并将其保存为库特征零件。螺纹轮廓文件必须保存到正确的位置，此位置可以在【选项】⚙/【系统选项】/【文件位置】/【螺纹线轮廓】中设定。
	操作方法	• CommandManager：【特征】/【异型孔向导】⚙/【螺纹线】🎛。 • 菜单：【插入】/【特征】/【螺纹线】。

操作步骤

步骤1　打开已存在的零件　从"Lesson06\Case Study"文件夹内打开"Custom Thread"零件，如图6-2所示。此零件内包含一幅将要应用到瓶子上的螺纹线轮廓草图。

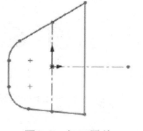

图6-2　打开零件

6.2.2　螺纹线轮廓

螺纹线轮廓的设计决定了螺纹线特征的表现形式。当设计螺纹线轮廓时需要考虑以下事项：

- 原点位置将是自动扫描路径的穿透位置。
- 如果合适，可以使用配置来创建外形相似但尺寸不同的轮廓。
- 为了在轮廓中定义螺纹的螺距，可以创建一条通过原点并标注尺寸的竖直中心线来匹配螺距的长度。

步骤2　定义螺距　【编辑】✎"Sketch1"草图，从原点处绘制一条竖直的【中心线】✐，标注直线【尺寸】✎为0.150in，重命名该尺寸为"螺距"，如图6-3所示。单击【退出草图】↳。

步骤3　确认所需文件的位置　使用此轮廓创建螺纹线特征，需要在正确的位置处将其保存为库特征零件。单击【选项】⚙/【系统选项】/【文件位置】/【螺纹线轮廓】，显示的文件位置是轮廓文件必须保存到的位置，以便被【螺纹线】特征识别。单击【取消】。

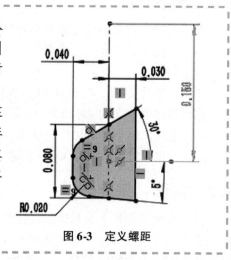

图6-3　定义螺距

6.3　保存库特征零件

当使用【另存为】命令创建库特征零件时，需要预先选择要包含在文件中的特征。当使用该库特征文件时，只有已选择的特征才能够被识别。

步骤4　选择"Sketch1"　在FeatureManager设计树中单击"Sketch1"，包含可重复使用的库特征应该在保存之前选择。

步骤5　另存为库特征零件　单击【另存为】，更改【保存类型】为"Lib Feat Part（*.SLDLFP）"，单击【保存】。

提示

更改文件类型会将文件位置重新定向到设计库文件夹，这将使相同的上一级目录作为螺纹线轮廓的默认位置。浏览螺纹线轮廓文件夹，默认位置是C：\ProgramData\SOLIDWORK\＜SOLIDWORKS version＞\Thread Profiles。

134

步骤6　查看结果　现在打开的文件已经是"Custom Thread. SLDLFP"。FeatureManager 设计树顶部的库图标▥表示库特征零件文件类型，覆盖在"Sketch1"上的"L"图标表示这是库特征，如图 6-4 所示。

> 技巧🔒　　如果用户忘记了预先选择库特征，则可以通过右键单击特征并选择【添加到库】来将特征添加到库特征零件中。

步骤7　关闭库特征零件

步骤8　打开已存在的零件　从"Lesson06\Case Study"文件夹内打开"Bottle"零件，此模型也是第 4 章中保存过的模型，如图 6-5 所示。

图 6-4　查看结果

图 6-5　打开已存在的零件

135

步骤9　创建螺纹线特征　单击【螺纹线】🔩。将显示一条关于螺纹线特征所包含的配置文件的警告消息。选中【不要再显示】，单击【确定】✔。

步骤10　设置螺纹线位置　单击瓶颈顶部的外边缘作为圆柱体边线。勾选【偏移】复选框，设置数值为 0.100in，以顶部边线为螺纹线偏移的起始位置。设置【开始角度】🔾为 270.00°，如图 6-6 所示。

步骤11　设置螺纹线结束条件　定义螺纹线【结束条件】为【圈数】，设置【圈数】🔾为 1.5。

步骤12　设置螺纹线规格　在【规格】的【类型】中，选择"Custom Thread"，这是已经保存的轮廓。

> 提示👆　　如果轮廓文件有多个配置，则可以在【尺寸】区域进行选择。

【覆盖直径】⌀已经通过选择圆柱的边线来定义，【螺距】也已在轮廓草图中定义，可以通过选择图标并输入数值来重新定义。选择【拉伸螺旋线】作为【螺旋线方法】，如图 6-7 所示。

步骤13　预览螺纹线　在【右视】视图中缩放，查看螺纹线的预览，如图 6-8 所示。轮廓需要旋转到正确的位置，设置【旋转角度】🔾为 180.00°。单击【确定】✔，结果如图 6-9 所示。

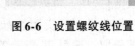

图 6-6　设置螺纹线位置

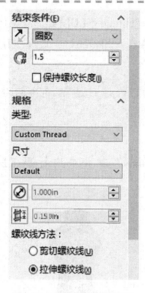

图 6-7　设置螺旋线规格

图 6-8　预览螺纹线

图 6-9　旋转后的螺纹线

由于设计的螺纹线轮廓带有适当的原点位置，因此轮廓已经被正确定位。如果轮廓需要不同的定位，则可以使用【找出轮廓】在草图中选择另外的顶点。

步骤14　在螺纹线末端添加旋转特征　修整螺纹线末端的简单方法是创建旋转特征。在螺纹线的两个末端创建旋转特征，结果如图 6-10 所示。

技巧 　将螺纹线末端面的边线转换实体引用到一幅新草图，使用螺纹与瓶颈相接处的竖直边线作为旋转特征的轴。

步骤15　保存文件

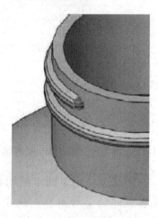

图 6-10　添加旋转特征

6.4　系统性能

在处理复杂零件(如瓶子)时，系统性能始终是需要考虑的事情。随着几何体变得越来越复杂，系统性能趋于缓慢。扫描、多层抽壳、螺纹线、边界、放样以及高级圆角等特征均对系统资源和性能有影响。下面介绍一些可以减小这种影响的操作。

6.4.1　系统选项中的性能设置

在【选项】/【系统选项】/【性能】中，包含一些影响所有文件的设置。关闭默认开启的【使用上色预览】选项，可以提高系统性能，如图 6-11 所示。【重建模型时验证(启用高级实体检查)】是检查复杂模型相交面的有效工具，但仅在需要时才应该开启。确认其处于关闭状态也能提高系统性能。

6.4.2　文档属性中的性能设置

对于单个文档，影响性能的设置存在【图像品

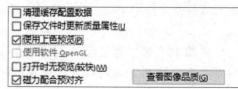

图 6-11　系统选项中的性能设置

质】选项中。其中的【上色和草稿品质 HLR/HLV 分辨率】和【线架图和高品质 HLR/HLV 分辨率】设置对图形的更新有影响，如图 6-12 所示。若使用最低的设置，软件仍然可以提供可接受的图像质量。由于这些设置是文档属性，所以它们保存在文档模板中。

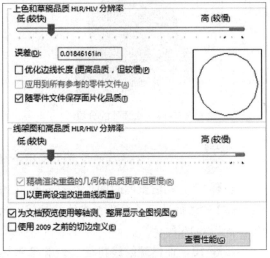

6.4.3 压缩特征

通过暂时压缩下一步操作不需要的特征，也可以提高系统性能。压缩一个特征可以使系统在任何计算中忽略它。这不仅使该特征的图形不显示，而且系统也当作该特征不存在。当用户处理的零件很复杂时，这将显著改善系统的响应速度和性能。

但是要记住，当压缩特征后，用户无法访问压缩特征或参考压缩特征的任何几何体。因此识别模型中的父子关系尤为重要。当压缩一个特征时，它的子特征将会被自动压缩。

图 6-12　文档属性中的性能设置

知识卡片	压缩	• 菜单：【编辑】/【压缩】。 • 快捷菜单：右键单击一个特征，在弹出的快捷菜单中选择【压缩】。

用户可以使用与压缩特征相同的方式来解压特征（使该特征返回到非压缩状态），另外还可以选择是否同时解除其子特征的压缩状态。这可以从菜单中选择【编辑】/【带从属关系解除压缩】来实现。

如果要达到最佳的性能，用户也需要考虑创建合适的父子关系。本质上，一个特征拥有越多的依附，就会越复杂，重建过程需要的时间就会越长。

6.4.4 使用冻结栏

另一种提高性能的压缩特征方法是使用冻结栏。冻结栏可以从 FeatureManager 设计树的顶部移动到特征历史记录中的任何位置，如图 6-13 所示。在冻结栏之前的任何特征都处于"冻结"状态，也不会被重建。被冻结的特征在模型中仍然可见和被引用，但是不能被修改。

要使用冻结栏，必须先打开【选项】⚙/【系统选项】/【普通】，勾选【启动冻结栏】复选框，才能开始使用此功能。

图 6-13　使用冻结栏

步骤 16　设置图像品质　本例中的瓶子模型并不复杂，不需降低图形性能。因此将提高【图像品质】来减少瓶颈出现的分段，如图 6-14 所示。

进入【选项】⚙/【文档属性】/【图像品质】，向右移动【上色和草稿品质 HLR/HLV 分辨率】的滑块，直至圆圈内的预览图可以接受为止。单击【确定】，结果如图 6-15 所示。

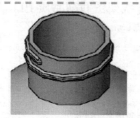

图 6-14　瓶颈处的分段

图 6-15　瓶颈处变光滑

提示 图像品质的设置影响图形的再生时间，而模型特征影响重建时间。

步骤 17　评估重建时间　在 CommandManager 的【评估】栏内单击【性能评估】，【性能评估】对话框显示了模型重建的总时间，所有特征按照消耗重建时间从多到少的顺序排列，如图 6-16 所示。

步骤 18　评估螺纹线特征　如果想要提高此模型的性能，应该使用【性能评估】对话框来访问父子关系，并压缩在特征顺序中排位靠前的特征。在对话框中右键单击特征，从弹出的快捷菜单中选择项目即可使用此功能。

在对话框中右键单击"螺纹线 1"，从弹出的快捷菜单中选择【父子关系】，结果如图 6-17 所示。

图 6-16　评估重建时间

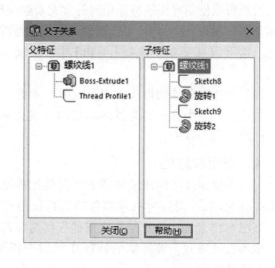

图 6-17　显示父子关系

由于该特征及其子特征（"旋转 1"和"旋转 2"）在后续操作中不使用，可以暂时压缩它们，以减少重建时间。

步骤 19　压缩"螺纹线 1"　在对话框中右键单击"螺纹线 1"，从弹出的快捷菜单中选择【压缩】。注意此时的重建时间变少。

步骤 20　压缩"Shell1"　重复上述步骤，评估和压缩"Shell1"。

步骤 21　关闭【性能评估】对话框

138

6.5　添加标签轮廓

瓶子的标签轮廓是一个带有圆环轮廓的扫描特征，已知道正视图查看标签的边界形状，所以创建一个草图来表示该轮廓，如图 6-18 所示。由于在很多瓶子的设计中使用此轮廓，所以将其保存为一个库特征零件，以便于把它轻松地应用到多个模型中。

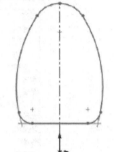

6.5.1　设计库特征零件

将库特征直接应用到模型时，系统会提示来自源特征的外部参考，以便在库特征的 PropertyManager 中提供新的参考。因此在设计库特征零件时，需要特别注意已经创建的外部参考。

所有的 2D 草图至少有一个外部参考，即草图平面。草图的其他外部参考包括到草图外元素的任何关系或尺寸。使用【显示/删除几何关系】⊥工具来评估已激活草图中的外部参考。

图 6-18　标签的边界草图

对于特征，在定义该特征时引用的任何几何体都需要在库特征零件被重新使用时创建一个新参考。

步骤22　**打开已存在的零件**　从"Lesson06\Case Study"文件夹内打开"Label Profile"零件。

步骤23　**评估外部参考**　选择"Sketch1"，然后单击【编辑草图】❷，单击【显示/删除几何关系】⊥，从菜单中选择【外部】，与原点的重合关系是草图中唯一的外部参考，如图 6-19 所示。

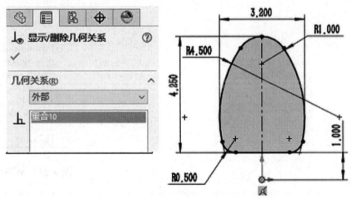

图 6-19　评估外部参考

步骤24　**退出草图**
步骤25　**选择"Sketch1"**
步骤26　**另存为库特征零件**　单击【另存为】，更改【保存类型】为"Lib Feat Part（*.SLDLFP）"，更改文件类型会将文件重新定向到设计库位置，单击【返回】↺返回到"Lesson06\Case Study"文件夹。单击【保存】。

6.5.2　库特征文件位置

通过拖放功能将库特征文件添加到模型中，库特征文件通常从【库特征】⬜中选择，但也可以从【文件探索器】▱和 Windows 资源管理器中拖放。在实际操作中，应将自定义库特征零件保

139

存到默认库之外的库位置。若要将自定义库位置作为默认的保存位置，需要在【选项】⚙/【系统选项】/【文件位置】/【设计库】中将新位置【上移】到列表的第一位，如图 6-20 所示。

图 6-20　设置库特征位置

另外，库特征零件可以保存到任何文件夹内，并从【文件探索器】🗁或 Windows 资源管理器中添加。

步骤27　评估"Label Profile"　打开的文件现在已经是"Label Profile. SLDLFP"。在 FeatureManager 设计树中出现了两个新添加的文件夹："参考"和"尺寸"，如图 6-21 所示。

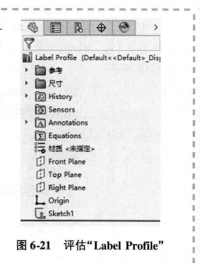

图 6-21　评估"Label Profile"

6.5.3　解析库特征零件

库特征零件包含特殊的 FeatureManager 文件夹，当使用此文件夹时，可自定义库特征 PropertyManager 中的信息。

●"参考"文件夹　该文件夹列出了需要新引用的所有元素。用户可以在文件夹内重命名这些参考，以便于识别。

●"尺寸"文件夹　该文件夹列出了需要转移的尺寸。用户可以在文件夹内直接重命名这些尺寸，以便于识别。出现在此顶层文件夹中的尺寸将根据需要进行覆盖，尺寸可以移动到"找出尺寸"和"内部尺寸"两个子文件夹内，用于控制对应的功能。

"找出尺寸"：当插入库特征时，将提示用户定义此文件夹中的数值。

"内部尺寸"：当插入库特征时，用户无法访问此文件夹中的数值。

步骤28　修改参考　展开"参考"文件夹，重命名"草图绘制点1"为"Base Location"。

　可以使用标准的 Windows 功能重命名 FeatureManager 设计树中的项目，如慢速双击或选择项目后按 < F2 > 键。

步骤29　修改尺寸　展开"尺寸"文件夹，草图尺寸已经被赋予了描述性的名字。使用拖放的方式，将"Dimension from Base"移动到"找出尺寸"文件夹，将"Fillet Radius"移动到"内部尺寸"文件夹，如图 6-22 所示。

步骤30　保存并关闭库特征零件

图 6-22　修改尺寸

6.5.4　文件探索器

下面将使用【文件探索器】功能将标签轮廓添加到瓶子上。【文件探索器】用于搜索 SOLIDWORKS 类型文件，用户可以在【文件探索器】中双击打开文件或使用拖放的方式将文件添加到已存在的模型中。拖放方式可以用于添加部件到装配体（自动执行【插入零件】命令）或添加库特征。

步骤31　查找库特征零件　在任务窗格中单击【文件探索器】。依次双击"Lesson06"和"Case Study"文件夹，找到库特征零件"Label Profile"，如图 6-23 所示。

提示　所需要的文件默认保存在 SOLIDWORKS Training Files \ Advanced Part Modeling\Lesson06\Case Study 文件夹内。

步骤32　拖放库特征　将"Label Profile"从文件探索器中拖放到"Bottle"文档窗口的图形区域上。

步骤33　设置方位基准面　使用 PropertyManager 将前视基准面设置为方位基准面。

步骤34　设置参考　标签特征的预览窗口将高亮显示"Base Location"草图点，表明其需要一个新的参考。单击零件的原点，将其作为新的参考，如图 6-24 所示。

步骤35　设置尺寸　在【定位尺寸】内选择"Dimension from Base"的数值，输入 0.5in。单击【确定】，如图 6-25 所示。

　草图中的其他尺寸显示在下方的表格中，并可以覆盖。然而"Fillet Radius"尺寸不可访问。

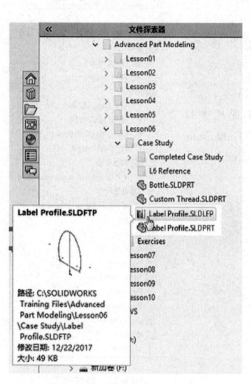

图 6-23 查找库特征零件

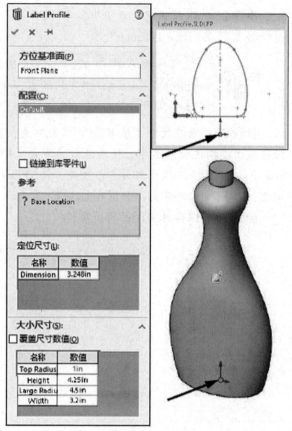

图 6-24 设置参考

142

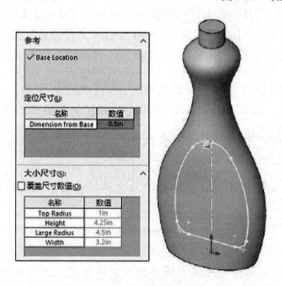

图 6-25 设置尺寸

步骤 36 查看结果 现在"Label Profile <1>"库特征
显示在设计树中，此特征包含了从库特征零件文件重新使
用的信息。在本例中，只有一幅草图，如图 6-26 所示。

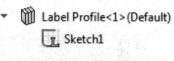

图 6-26 查看结果

6.5.5　解散库特征

库特征零件可以作为库特征保留在设计树中，并可以使用库特征 PropertyManager 进行访问，或者可以将此库特征零件进行解散。解散库特征会将重用的特征移动到设计树的顶层。

| 知识卡片 | 解散库特征 | 【解散库特征】会移除库特征，并显示每个子特征。这些子特征就像是使用标准方法直接在模型中创建的一样。 |
| | 操作方法 | ●快捷菜单：在 FeatureManager 设计树中右键单击库特征，选择【解散库特征】。 |

> **步骤 37　解散库特征**　右键单击"Label Profile"特征，并选择【解散库特征】。标签轮廓将使用一个标准草图来显示。

6.6　创建扫描路径

下面使用"Label Profile"创建一个【分割线】的曲线特征，分割瓶身的表面，并产生可用作扫描路径的边线。

【分割线】特征会在现有的表面或模型的曲面上创建额外的曲线，以将其分割成多个可选区域。可以在表面的边缘轮廓处生成分割线，或通过将草图或曲线投影到面和平面后，与模型表面的曲面实体相交来生成分割线，如图 6-27 所示。分割线被认为是一种曲线特征，因为其会在模型中产生额外的边线，但并不会产生额外的曲面或几何实体。

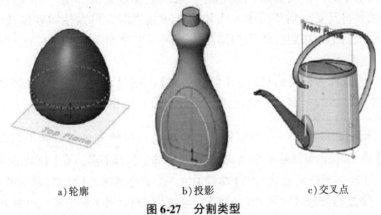

a)轮廓　　　　　　b)投影　　　　　　c)交叉点

图 6-27　分割类型

表面应该被分割为合适的可选区域，以便应用诸如外观和抽壳之类的特征。分割线产生的额外边线可以用作某些特征的元素，如扫描特征。

| 知识卡片 | 分割线 | ●CommandManager：【特征】/【曲线】↺/【分割线】⬡。 |
| | | ●菜单：【插入】/【曲线】/【分割线】。 |

> **步骤 38　创建分割线**　单击【分割线】⬡，在【分割类型】中选择【投影】。选择"Sketch1"作为【要投影的草图】⌐，选择瓶身的表面作为【要分割的面】⬡。勾选【单向】和【反向】复选框，使分割线仅出现在瓶子的前表面，如图 6-28 所示。单击【确定】✔。

步骤39　**查看结果**　系统把草图投影到瓶子的前表面，并通过创建新的边线来分割表面。此边线将用作扫描路径来创建勾勒瓶子标签区域的凸台。

步骤40　**隐藏"Sketch1"**　如图6-29所示。

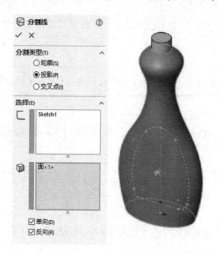

图6-28　创建分割线

图6-29　隐藏"Sketch1"

6.7　沿模型边线扫描

下面将沿着模型中的分割线边缘扫描轮廓，来创建标签轮廓。用户可以直接选择边线作为扫描的路径，而无须将其复制到草图中。当使用此项技术时，可以使用附加选项来实现切线延伸。如果想使用模型的不相切边线作为扫描路径，则可以使用 SelectionManager 来选择用户希望使用的边线组。

当选择模型的边线作为扫描路径时，【切线延伸】选项与圆角特征中的相似选项具有相同功能。如果用户选择了边线的一部分，此选项会使扫描沿着相邻的切线继续进行下去。

步骤41　**扫描圆形轮廓**　由于该特征的轮廓是以路径为中心的简单圆形，所以可以直接从【扫描】的 PropertyManager 中自动生成。单击【扫描】，在【轮廓和路径】中选择【圆形轮廓】。选择分割线的边线作为【路径】，设置轮廓圆的【直径】为 0.125in。

步骤42　**修改扫描选项**　展开【选项】，勾选【切线延伸】复选框，以使扫描沿着路径的切线延伸。勾选【合并切面】复选框以创建一个连续表面的扫描，如图6-30所示。单击【确定】。

步骤43　**解除压缩特征**　选择设计树中被压缩的特征，单击【解除压缩】。

步骤44　**分析结果**　单击【剖面视图】，使用【右视基准面】解剖模型，如图6-31所示。

扫描特征的顺序需要修改，以使其可以抽壳。用户可以在 FeatureManager 设计树中将扫描特征移动到抽壳之前来完成此任务，但首先需要考虑父子关系。

步骤45　**打开动态参考可视化**　右键单击 FeatureManager 设计树的顶层，在关联工具栏中选择【动态参考可视化（父级）】。

步骤46 查看参考 将光标悬停在标签轮廓的扫描特征上,【动态参考可视化(父级)】使用箭头来指示父参考特征,如图 6-32 所示。扫描特征依赖于分割线特征,因此无法按特征顺序进行。首先移动分割线特征。

图 6-30 扫描选项设置

图 6-31 分析结果

图 6-32 查看参考

步骤47 排序 在设计树中拖放分割线特征到抽壳特征之前。

步骤48 查看结果 现在扫描包含在抽壳之内了,如图 6-33 所示。

步骤49 保存并关闭文件 此时完成了瓶子的建模。读者将在本教程的后续练习中给瓶子添加其他特征,以完成整个设计。例如,在练习 6-3 中,将向瓶子的颈部添加唇沿;在练习 10-3 中,将给瓶子应用圆角特征,如图 6-34 所示。

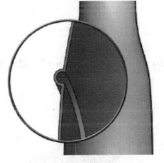

图 6-33 查看结果

图 6-34 后续的设计

练习 6-1 蜗杆

按照先过度构建特征再修剪到合适尺寸的方式创建如图 6-35 所示的蜗杆零件。对于螺纹线特征,需要自定义螺纹线轮廓。

本练习将应用以下技术:

- 库特征零件。

图 6-35 蜗杆

● 实例：螺纹建模。

单位：mm。

操作步骤

步骤1　打开已存在的零件　从"Lesson06\Exercises"文件夹内打开"Gear Tooth Profile"零件，此零件中包含了蜗杆零件使用的螺纹线轮廓草图。

步骤2　评估草图　"Gear Tooth Profile"零件包含了用于确定螺距的中心线，另外草图的设计使原点位于正确的穿透位置。该轮廓是过度绘制的，以便于在自动螺旋扫描扭曲后，仍旧与零件的表面相接触，如图 6-36 所示。

步骤3　退出草图

步骤4　确认所需文件的位置　要将此轮廓用于螺纹线特征，必须将其作为库特征零件保存在正确的文件位置。单击【选项】⚙/【系统选项】/【文件位置】/【螺纹线轮廓】，显示的文件位置是轮廓文件必须保存到的位置，以便被【螺纹线】特征识别。单击【取消】。

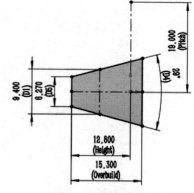

图 6-36　评估草图

步骤5　选择"Sketch1"　为了可重复使用特征，应该在保存为库特征之前选择此特征。

步骤6　另存为库特征零件　单击【另存为】，更改【保存类型】为"Lib Feat Part（*.SLDLFP）"，单击【保存】。

步骤7　查看结果　现在打开的文件已经是"Gear Tool Profile.SLDLFP"，如图 6-37 所示。

步骤8　关闭库特征零件　退出草图并关闭零件。

步骤9　新建零件　使用"Part_MM"模板新建零件，并将其命名为"Worm Gear"。

步骤10　拉伸圆柱体　在右视基准面上使用【两侧对称】结束条件创建如图 6-38 所示的圆柱体。

步骤11　创建螺纹线特征　单击【螺纹线】🗃。

步骤12　设置螺纹线位置　单击圆柱体右侧的边线，作为圆柱体边线。

步骤13　设置螺纹线结束条件　定义螺纹线【结束条件】为【依选择而定】，在【结束为止】🗊内选择左侧面，如图 6-39 所示。

步骤14　设置螺纹线规格　在【规格】的【类型】中，选择"Gear Tooth Profile"，这是已经保存的轮廓。

图 6-37　查看结果

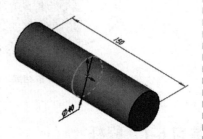

图 6-38　拉伸圆柱体

【覆盖直径】⊘已经通过选择圆柱的边线定义，【螺距】🗃也已在轮廓草图中定义，可以通过选择图标并输入数值来覆盖这些值。选择【拉伸螺纹线】作为【螺纹线方法】，设置【旋转角度】↻为 180.00°，如图 6-40 所示。

图 6-39　设置螺纹线结束条件

图 6-40　设置螺纹线规格

步骤 15　设置螺纹选项　在【螺纹选项】中选择【左旋螺纹】，并勾选【根据开始面修剪】和【根据结束面修剪】复选框，如图 6-41 所示。单击【确定】✔️，螺纹创建结果如图 6-42 所示。

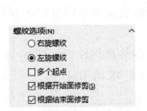

图 6-41　设置螺纹选项

图 6-42　螺纹创建结果

步骤 16　修剪螺纹　在 FeatureManager 设计树中选择"Sketch1"，使用此草图创建新的【拉伸切除】🔲特征。如图 6-43 所示，设置【等距】为 50.00mm，设置【结束条件】为【完全贯穿】。勾选【反侧切除】复选框，以切除轮廓外的所有实体。

步骤 17　镜像特征　以右视基准面为镜像面单击【镜像】🔢，镜像切除特征以切除螺纹线的另一端，如图 6-44 所示。

图 6-43　修剪螺纹

图 6-44　镜像特征(1)

147

步骤18　**切除轴**　使用【拉伸切除】■特征，创建如图 6-45 所示的特征。

步骤19　**镜像特征**　以右视基准面为镜像面来镜像步骤18的特征，如图 6-46 所示。

步骤20　**保存并关闭文件**

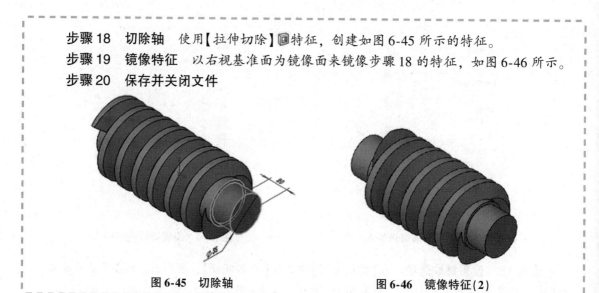

图 6-45　切除轴　　　　　　　　图 6-46　镜像特征（2）

练习 6-2　添加装饰螺纹线

前面的示例中所看到的【螺纹】命令用于在模型中创建螺纹。但是，对于标准螺纹类型，通常不需要达到这种详细程度。对于标准螺纹尺寸，通常使用装饰螺纹来表示模型中的螺纹，图样中使用标注来详细描述螺纹规格。

使用【异型孔向导】命令和【螺柱向导】命令创建的特征可以包括装饰螺纹，如图 6-47 所示。还有一个【装饰螺纹线】功能，可在现有孔或实体上装饰螺纹，如图 6-48 所示。

图 6-47　异型孔向导和螺柱向导　　　　　图 6-48　装饰螺纹线

在 SOLIDWORKS 默认模板中，示意螺纹时用虚线代表螺纹的内外径，如图 6-49 所示。在文档属性中也可以调整为着色的装饰螺纹线，如图 6-50 所示。

本练习是在实体中创建装饰螺纹线并将螺纹线显示为上色的，如图 6-51 所示。

图 6-49　默认的装饰螺纹线　　　图 6-50　着色的装饰螺纹线　　　图 6-51　创建装饰螺纹线

操作步骤

步骤1　打开已存在的零件　从"Lesson06 \ Exercises"文件夹内打开"Cosmetic Threads"零件，如图6-52所示。

步骤2　异型孔向导命令　单击【异型孔向导】🔷。

步骤3　定义孔规格　在PropertyManager的【类型】选项卡中进行如图6-53所示的设置。【孔类型】为【直螺纹孔】；【标准】为【ANSI Metric】；【类型】为【螺纹孔】；【大小】为【M12×1.75】；【终止条件】的【给定深度】为12.000mm；【选项】为【装饰螺纹线】；勾选【近端锥孔】复选框。

图6-52　打开零件

步骤4　定义孔的位置　在PropertyManager中选择【位置】选项卡。选择模型的右侧面作为草图面，放置一个与圆心重合的点，如图6-54所示。

步骤5　查看结果　在模型中，孔被添加装饰螺纹，螺纹表示为虚线，如图6-55所示。

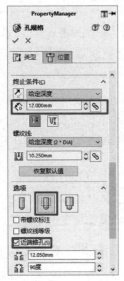

图6-53　定义孔规格

图6-54　定义孔的位置

149

图6-55　查看结果

步骤6　修改装饰螺纹线的显示　将装饰螺纹线的显示改为上色的。单击【选项】⚙/【文档属性】/【出详图】，在【显示过滤器】中勾选【上色的装饰螺纹线】复选框，单击【确定】，如图6-56所示。

步骤7　查看结果　如图6-57所示，阴影部分为装饰螺纹线。

图6-56　修改装饰螺纹线的显示

图6-57　查看结果

步骤8　镜像特征　将实体右视孔通过右视基准面镜像到实体左侧，如图6-58所示。

使用【螺柱向导】命令创建外螺纹，并添加示意螺纹特征来定义现有孔的螺纹。【螺柱向导】命令创建的是外螺纹特征，它包括在曲面上生成螺柱或仅将螺纹应用到现有的圆形凸台。【螺柱向导】中可用的螺纹尺寸是基于螺柱直径尺寸的，如图6-59所示。

图6-58　镜像特征　　　　　图6-59　添加装饰螺纹线

知识卡片	螺柱向导	• CommandManager：【功能】/【异型孔向导】 / 【螺柱向导】 。 • 菜单：【插入】/【功能】/【螺柱向导】。

步骤9　螺柱向导　单击【螺柱向导】 ，如图6-60所示。

> 提示　　PropertyManager顶部的两个选项允许在现有圆柱体上创建螺柱或在平面上创建新螺柱。该零件具有成为螺柱的圆柱面，使用默认选项【在圆柱几何体上创建螺柱】，使用圆柱边缘定位。在平面上创建螺柱的定位选项与【异型孔向导】命令的操作一样。

图6-60　螺柱向导

步骤10　定义螺柱位置　选择如图6-61所示的圆边。

> 提示　　从等轴测视图开始，按住<Shift>键并单击Y轴两次，就与图6-61所示的方向一致了。每次单击时模型绕Y轴转90°。

步骤11　定义螺纹规格　按照图6-62所示设置定义螺柱螺纹。【标准】为【ANSI Metric】；【类型】为【机械螺纹】；【大小】为【M16×2.0】；【螺纹线】的【给定深度】为10.000mm。单击【确定】 。

步骤12　查看结果　定义的螺柱螺纹添加到模型中，如图6-63所示。

图6-61　定义螺柱位置　　　图6-62　定义螺纹规格　　　图6-63　查看结果

步骤 13　**添加倒角**　单击【倒角】，为图 6-64 所示的边添加一个 3mm×45° 的倒角，单击【确定】✔。

步骤 14　**装饰螺纹线**　单击【装饰螺纹线】。

提示　对于工具栏上不容易找到的命令，可使用快捷工具栏或 SOLIDWORKS 标题栏中的命令搜索，如图 6-65 所示。

步骤 15　**定义装饰螺纹线位置**　选择图 6-66 所示孔的边缘。

图 6-64　添加倒角　　　　图 6-65　搜索【装饰螺纹线】命令　　　图 6-66　定义装饰螺纹线位置

步骤 16　**设置螺纹线规格**　按图 6-67 所示设置，单击【确定】✔。其中，【标准】为【ANSI Metric】；【类型】为【机械螺纹】；【大小】为【M10×1.5】；【给定深度】为 10.000mm。

步骤 17　**查看结果**　将装饰螺纹线添加到孔的表面。在 FeatureManager 设计树中，装饰螺纹线特征为孔特征 "Cut-Extrude4" 的子特征，如图 6-68 所示。

- ▶ 🍥 Revolve1
- ✏ Axis1
- 🔲 CirPattern1
- 🍥 Combine1
- 🍥 Fillet1
- ▶ 🍥 Cut-Extrude2
- ▼ 🍥 Cut-Extrude4
  - ⌐ Sketch10
  - 🎩 Cosmetic Thread1
- ▶ 🍥 M12x1.75 Tapped Hole1

图 6-67　设置螺纹线规格　　　　　图 6-68　查看结果

步骤 18　**保存并关闭文件**

练习 6-3　添加瓶唇沿

本练习将创建一个包含瓶唇沿和圆角的库特征零件，该特征可以在多个零件中重复使用，如图 6-69 所示。

本练习将应用以下技术：

图 6-69　添加瓶唇沿

151

- 库特征零件。
- 设计库特征零件。
- 解析库特征零件。
- 解散库特征。

单位：in。

操作步骤

步骤1　新建零件　使用"Part_IN"模板新建零件，并将使用此零件创建库特征零件。

步骤2　创建基体特征　在上视基准面上绘制草图，并创建【拉伸凸台/基体】🔲特征，如图6-70所示。

步骤3　创建唇沿轮廓　在实体的顶面为唇沿特征创建一幅草图。使用【转换实体引用】🔲特征和【等距实体】🔲特征按图6-71所示创建草图。

步骤4　创建唇沿特征　为唇沿特征创建【拉伸凸台/基体】🔲特征，唇沿的厚度为0.100in，从草图平面向下【等距】特征为0.500in，如图6-72所示。单击【确定】✔，重命名此特征为"Lip"。

图6-70　创建基体特征　　　图6-71　创建唇沿轮廓　　　图6-72　创建唇沿特征

> **提示**　当重新使用库特征时，所有的外部几何参考都需要参考到新的几何体中。因此在库特征零件中创建适当的尺寸和关系是非常重要的。按照上面的步骤，通过使用顶面作为草图平面创建了一个到实体顶面的引用，通过对边线的转换实体引用也创建了一个到顶面边线的引用。当重新使用库特征时，用户需要为这些引用做新的选择。在设计库特征时，最好将外部参考保持在最低限度。

步骤5　添加圆角　为唇沿特征添加半径为0.030in的圆角，如图6-73所示。将圆角特征重命名为"Lip Fillet"。

步骤6　选择库特征　使用<Ctrl>键，从FeatureManager设计树中同时选择"Lip"和"Lip Fillet"两个特征。

步骤7　另存为库特征零件　单击【另存为】，更改【保存类型】为"Lib Feat Part（*.SLDLFP）"，更改文件类型会将文件重新定向到设计库位置，单击【返回】↩返回到"Lesson06\Exercises"文件夹。更改文件名为"Bottle_Lip"，单击【保存】。

图6-73　添加圆角

步骤8　评估"Bottle_Lip"　打开的文件现在已经是"Bottle_Lip. SLDLFP"。在"Lip"和"Lip Fillet"两个特征上覆盖了"L"图标。在 FeatureManager 设计树中出现了两个新添加的文件夹："参考"和"尺寸"，如图 6-74 所示。

步骤9　重命名参考　展开"参考"文件夹，重命名"边线 1"为"瓶颈顶部外边线"。

步骤10　重命名尺寸　展开"尺寸"文件夹，按图 6-75 所示给尺寸重命名。

步骤11　组织尺寸　将"距顶部偏移距离"尺寸拖放到"找出尺寸"文件夹，按图 6-76 所示给尺寸命名。

图 6-74　评估"Bottle_ Lip"

图 6-75　重命名参考和尺寸

图 6-76　组织尺寸

153

步骤12　保存并关闭库特征零件　下一步将在瓶子模型中测试此库特征。

步骤13　打开已存在的零件　从"Lesson06\Exercises"文件夹内打开"Bottle_Exercise"零件。

步骤14　查找库特征零件　在任务窗格中单击【文件探索器】。依次双击"Lesson06"和"Exercises"文件夹，找到库特征零件"Bottle_Lip"，如图 6-77 所示。

步骤15　拖放库特征　将"Bottle_Lip"从【文件探索器】中拖放到"Bottle_Exercise"文档窗口的图形区域上。

步骤16　设置方位基准面　使用 PropertyManager 将瓶颈的顶面设置为【方位基准面】。

步骤17　设置参考　预览窗口将高亮显示需要新参考的边线，如图 6-78 所示，单击瓶颈的顶部边线，将其作为新的参考。

图 6-77　查找库特征零件

图 6-78　设置参考

步骤18　设置尺寸　在【定位尺寸】内选择【距顶部偏移距离】的数值，输入 0.440in。单击【确定】✔，如图 6-79 所示。

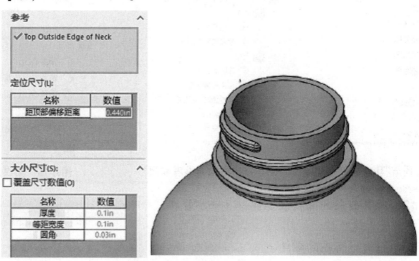

图 6-79　设置尺寸

步骤19　查看结果　现在"Bottle_Lip<1>"库特征显示在设计树中，此特征包含了从库特征零件文件重新使用的信息，如图 6-80 所示。

步骤20　解散库特征(可选步骤)　如果用户希望使用"Lip"和"Lip Fillet"标准特征，右键单击"Bottle_Lip<1>"库特征，并选择【解散库特征】。

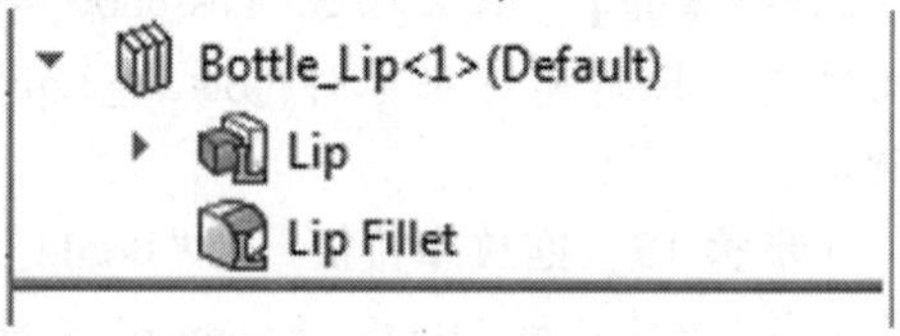

步骤21　保存并关闭文件

图 6-80　查看结果

练习 6-4　宇宙飞船的后续建模

本练习将在"练习 4-3　宇宙飞船机身"的基础上继续建模，以完成飞船模型，如图 6-81 所示。

本练习将应用以下技术：

- 扫描。
- 库特征零件。
- 使用引导线扫描。
- 阵列实体。

单位：cm。

图 6-81　宇宙飞船

操作步骤

步骤1　打开零件　从"Lesson06 \ Exercises"文件夹内打开已存在的"Starship"零件，或使用在练习 4-3 中已创建的模型。

步骤2　新建草图　在上视基准面上插入一幅新的草图。绘制一条如图 6-82 所示的直线作为扫描路径。退出草图，并将该草图命名为"Wing Path"。

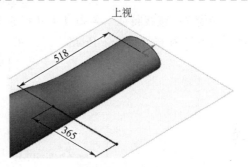

图 6-82　新建草图

步骤3　创建后掠翼的边　在上视基准面上插入一幅新的草图。绘制一条如图 6-83 所示的直线。退出草图，并将该草图命名为"Wing Trailing Edge"。

步骤4　创建机翼截面　在右视基准面上插入一幅新的草图。绘制如图 6-84 所示的 3 条直线和一段切线弧。标注尺寸，添加几何关系。退出草图，并将该草图命名为"Wing Section"。

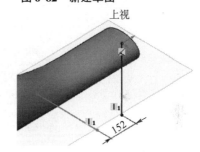

图 6-83　创建后掠翼的边

步骤5　使用引导线扫描　按图 6-85 所示创建【扫描】特征，取消勾选【合并结果】复选框。由于模型是对称的，所以设计意图是先创建机翼和发动机，然后再镜像。然而，阵列（包括镜像）不支持使用引导线的扫描，除非选择【几何体阵列】选项。由于【几何体阵列】很大程度上降低了性能，所以最好的方法是将机翼和发动机创建为一个单独的实体，然后再镜像该实体。

将该特征命名为"Wing"，如图 6-85 所示。

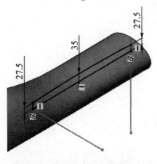

图 6-84　创建机翼截面

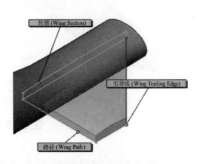

图 6-85　扫描

155

步骤6 添加圆角 在"Wing"的前缘添加半径为 91.50cm 的圆角，在"Wing"的后缘添加半径为 160cm 的圆角，如图 6-86 所示。

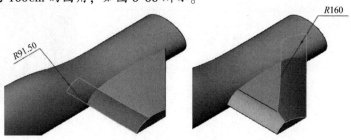

图 6-86 添加圆角

步骤7 查找特征 单击【文件探索器】📁。双击"Lesson06"和"Exercises"文件夹，查找库特征"Engine Profile"，如图 6-87 所示。

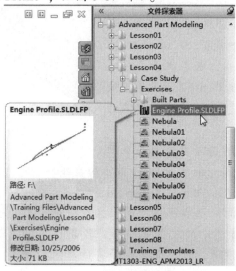

图 6-87 查找特征

步骤8 拖放零件 拖动库特征"Engine Profile"，置于机翼的端面上，如图 6-88 所示。

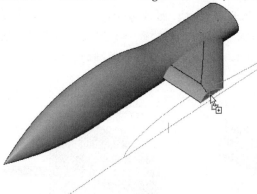

图 6-88 拖放零件

技巧🔑 将库特征零件拖放到平面上将自动选择方位基准面。

156

步骤9　编辑草图　在【位置】中选择【编辑草图】。用草图中短的竖直构造线来定位草图，如图 6-89 所示。

⚠️ **注意**　当库特征不包含额外的参考时，可以使用【编辑草图】来定位轮廓。

步骤10　添加几何关系　在构造线底部的端点和机翼底部的边之间添加【中点】 ⌦ 几何关系。拖动构造线的另一端点，使其与机翼上部的边【重合】 ⌦，如图 6-90 所示。

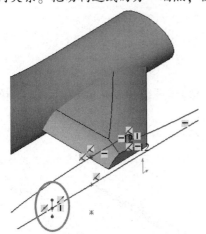

图 6-89　编辑草图

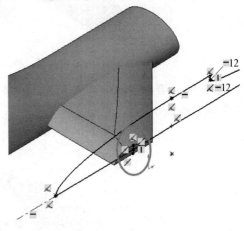

图 6-90　添加几何关系

单击【确定】 ✔，退出草图。

步骤11　创建旋转特征　选择草图，单击【旋转凸台/基体】 ❄。确认勾选【合并结果】复选框，使旋转特征与 "Wing" 合并。

👉 **提示**　由于草图可以在特征之间共享，所以没有必要先解散库特征。

将该特征命名为 "Engine"，【隐藏】 ❄ "Engine Profile" 中的草图，如图 6-91 所示。

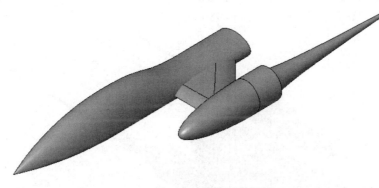

图 6-91　创建旋转特征

步骤12　添加圆角　在 "Wing" 和 "Engine" 之间添加半径为 15cm 的圆角，这样 "Wing" 的上下边都添加了圆角。将该圆角特征命名为 "Wing/Engine Blend"，如图 6-92 所示。

步骤13　镜像　选择右视基准面，单击【镜像】 ⧉，选择 "Engine" 作为【要镜像的实体】，如图 6-93 所示。

图 6-92　添加圆角

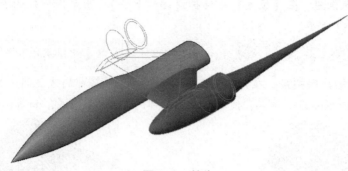

图 6-93　镜像

步骤 14　组合实体　单击【组合】，在【操作类型】选项组中选择【添加】，并选择3 个实体，如图 6-94 所示。

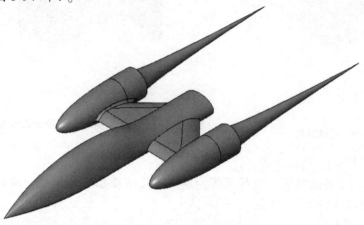

图 6-94　组合实体

步骤 15　添加圆角　在"Wing"和"Fuselage"之间添加半径为 120cm 的圆角，将该圆角特征命名为"Upper Blend"，如图 6-95 所示。

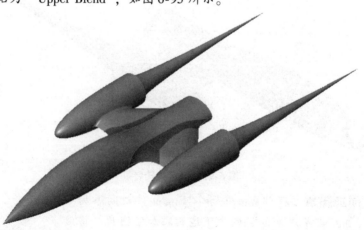

图 6-95　添加圆角

步骤 16　绘制飞船尾部截面　在"Fuselage"尾部的平面上插入一幅新的草图。展开特征"Fuselage"并选择草图"Section"。单击【转换实体引用】，将选择的草图复制到当前激活的草图中。沿椭圆的短轴绘制一条直线，裁剪掉轮廓草图的一半，如图 6-96 所示。

步骤17　创建旋转特征　创建一个旋转特征，【角度】设为 180°。将该特征命名为"Aft Dome"，如图 6-97 所示。

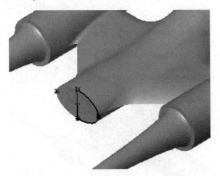

图 6-96　绘制飞船尾部截面

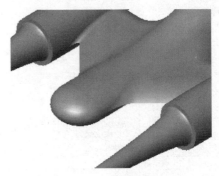

图 6-97　创建旋转特征

> 提示 　后面的步骤属于选做内容，主要是外观、光源和背景的设置。

步骤18　编辑颜色　选择 FeatureManager 设计树的最顶层，将零件的颜色改为中等灰色，【红】、【绿】、【蓝】数值分别设为 128、128、128。选择两个突出的面(发动机的排气装置)，将它们的颜色修改为红色(255,0,0)，如图 6-98 所示。

步骤19　改变场景　从前导视图工具栏中激活【应用布景】 ，在列表中选择【单白色】，如图 6-99 所示。

159

图 6-98　编辑颜色　　　　　　　　　　图 6-99　改变场景

步骤20　选择光源　在任务窗格上单击【DisplayManager】 ，然后单击【查看布景、光源和相机】 。展开【光源】 文件夹。

步骤21　关闭环境光源　右键单击"Ambient"，从弹出的快捷菜单中选择【在 SOLID-WORKS 中关闭】。

步骤22　调整设置　按照图 6-100 所示，调整设置。将第一个聚光源的颜色设为浅蓝色，【红】、【绿】、【蓝】数值分别设为 128、255、255。

步骤23　查看结果

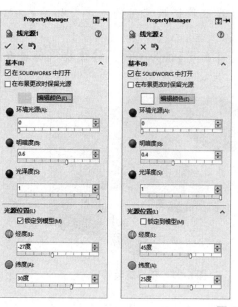
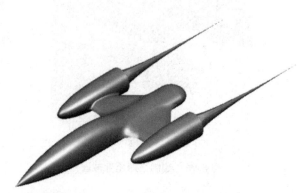

图 6-100　调整设置

> **提示** 右键单击【光源】文件夹，从弹出的快捷菜单中选择【添加聚光源】。重复以上操作，添加另一个聚光源。

步骤24　编辑布景 在【DisplayManager】 中，右键单击【布景】 文件夹，选择【编辑布景】。

步骤25　添加背景图片 在【基础】的【背景】选项组中选择【图像】，单击【浏览】，从"Lesson06\Exercises\Nebula Images"文件夹中选择文件"Nebula. tif"，单击【确定】，如图 6-101 所示。

用户可以插入一个图像文件作为零件或装配体的背景。SOLIDWORKS 应用程序支持的文件类型包括：

- Windows bitmap(*. bmp)。
- Portable Network Graphics(*. png)。
- High Dynamic Range(*. hdr)。
- Tagged Image File(*. tif)。
- Adobe PhotoShop(*. psd)。
- Joint Photographic Experts Group[JPEG](*. jpg)。

背景图片是出现在模型后面的静态图片，是围绕模型的 3D 环境。当旋转模型时，图形区域中的环境角度会发生变化，但背景图片将始终以相同的样式显示。

步骤26　改变视图 单击【透视图】 ，打开透视图。旋转视图，直到满足显示要求，如图 6-102 所示。

图 6-101　添加背景图片

图 6-102 改变视图

步骤 27 另存图片 保存该视图为一个 JPEG 图片，然后保存并退出该文件。

也可以使用"Nebula Images"文件夹中提供的其他图像文件作为背景，如图 6-103 所示。

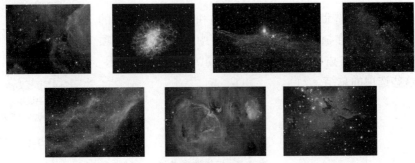

图 6-103 其他图像文件

第7章 高级扫描

学习目标
- 理解扫描的选项
- 应用轮廓方位选项以达到预期的扫描效果
- 了解路径扭转选项并在扫描时应用
- 了解引导线在控制扭转方面的作用

7.1 扫描选项

本章将重点介绍在扫描命令中控制扫描方向和扫描结束条件的高级选项。这些设置可以在扫描 PropertyManager 中的【选项】选项框中找到，并根据所选扫描的类型而有所不同，如图 7-1 所示。表 7-1 列出了这些选项的总结。

图 7-1　扫描选项

表 7-1　扫描选项总结

选　项	内　容
轮廓方位	控制扫描的中间截面如何定位，该选项包括： • 随路径变化：中间截面和初始轮廓均与路径始终保持相同的角度，这是默认的扫描设置 • 保持法线不变：中间截面与初始轮廓的平面保持对齐
轮廓扭转	控制扫描的中间截面如何沿着路径扭曲，该选项包括： • 无（2D 路径）或自然（3D 路径）：无扭曲应用，中间截面随路径的曲率扭转 • 最小扭转（仅限于 3D 路径）：应用修正来使中间扫描部分的扭转最小化 • 随路径和第一引导线变化：扭曲将基于一条连接路径和第一引导线之间的向量决定 • 随第一和第二引导线变化：扭曲将基于一条连接第一和第二引导线之间的向量决定 • 指定扭曲值：允许定义扭曲量，可使用角度、弧度或圈数 • 指定方向向量：按照所选方向向量的方向对齐轮廓 • 与相邻面相切：当路径包括相邻的面时，该选项强制扫描轮廓与相邻面相切（几何关系允许的情况下）
切线延伸	允许扫描路径沿相切边线继续。此选项仅在选择边线作为路径时才显示
合并切面	启用此选项时，会把由轮廓草图中的切线实体生成的面合并到一起，创建一个近似值
显示预览	启用此选项时，显示扫描的上色预览，随着扫描元素的添加而改变。复杂扫描的预览会降低性能
合并结果	关闭此选项后，扫描凸台会产生一个单独的实体。当扫描是零件中的第一个特征时，此选项不可用
与结束端面对齐	启用此选项时，扫描轮廓将延伸到路径所碰到的最后面。当扫描是零件中的第一个特征时，此选项不可用

7.2 附加的扫描设置

此外还有一些附加的扫描设置可以使用，包括扫描预览时使用的【曲率显示】选项和【起始处和结束处相切】设置，如图 7-2 所示。【起始处和结束处相切】设置将使扫描的开始或结束处垂直于路径，而忽略该特征中的其他曲线。

7.3 轮廓方位

扫描是由一系列中间截面沿着路径的不同位置复制轮廓而创建的，然后这些中间截面混合在一起。当创建扫描时，尤其是具有 3D 路径的扫描，了解如何控制中间截面的方向以获得理想的结果是非常重要的。

扫描轮廓的自由度可以通过路径、引导线和 PropertyManager 选项来控制。为了便于理解，将飞机的飞行姿态比作自由度，如图 7-3 所示。

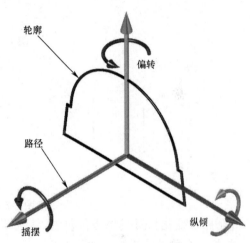

图 7-2 附加的扫描设置   图 7-3 偏转、纵倾和摇摆

纵倾和偏转是通过轮廓草图平面相对于路径的方向定义的。随着扫描的进行，路径控制着纵倾和偏转。

摇摆是轮廓绕着路径扭曲或转动。一般来说，摇摆面临的主要问题是扭曲（卷）的控制和如何阻止轮廓自交。

7.3.1 中间截面

在 SOLIDWORKS 软件中不能如实显示扫描的位置，但可以使用中间截面来显示扫描的截面。中间截面仅能在使用引导线的扫描中显示。查看中间截面能够知道扫描最终生成的几何体，也能够知道扫描失败的原因，如自相交。

7.3.2 随路径变化

扫描特征的【轮廓方位】默认设置是【随路径变化】。使用此选项，扫描的中间截面与路径的角度始终保持不变。如果起始截面与扫描路径垂直，那么其余所有的中间截面都与扫描路径垂直。如果起始截面与扫描路径成一定角度，那么其余所有的中间截面都与扫描路径成相同的角度，如图 7-4 所示。

7.3.3 保持法向不变

【保持法向不变】使中间截面总是与起始截面保持平行，如图 7-5 所示。

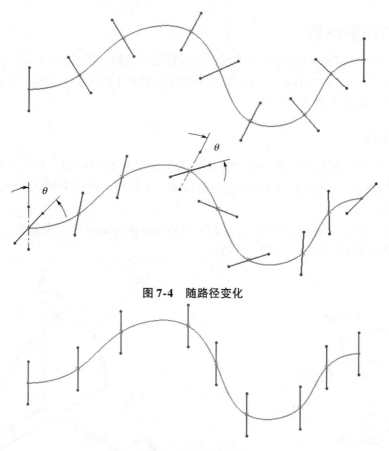

图 7-4   随路径变化

图 7-5   保持法向不变

【随路径变化】是【轮廓方位】的默认选项，适合于多种类型的扫描，特别是简单的类型。例如，扫描一个简单的管筒，如图 7-6 所示，圆形轮廓草图始终与管筒的中心线（路径）垂直。这将确保整个特征的直径不发生改变。

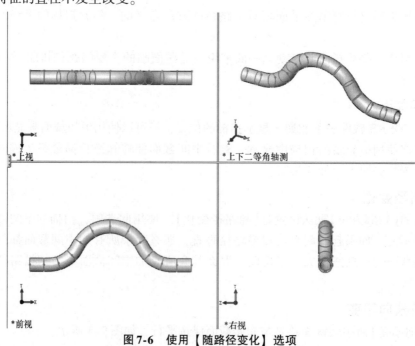

图 7-6   使用【随路径变化】选项

　　如果设置【轮廓方位】为【保持法向不变】，管筒将发生扭曲，如图7-7所示。因此该选项不适合此种类型的扫描。

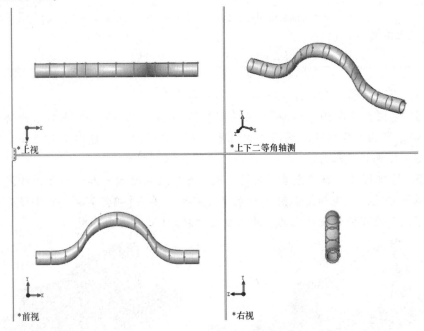

图7-7　使用【保持法向不变】选项

7.4　实例：保持法向不变

　　当创建如图7-8所示零件的扫描时，可以选择【保持法向不变】选项，此模型的设计意图是使整个零件（包括基体、凸台和肋）拥有5°的拔模。

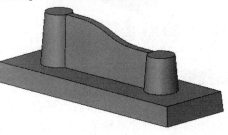

图7-8　【保持法向不变】实例

7.4　实例：
保持法向不变

165

操作步骤

　　步骤1　打开零件　从"Lesson07\Case Study"文件夹内打开"Keep Normal Constant"零件。

　　步骤2　评估特征　编辑特征"Sweep1"，此时【轮廓方位】设置为【随路径变化】。

　　注意到路径连接着两个凸台的顶部，并且轮廓草图中拥有适当的拔模设计，如图7-9所示。为了评估肋中心的拔模角度，下面将添加一条【交叉曲线】。单击【取消】✖。

7.5　交叉曲线特征

　　【交叉曲线】命令在模型和表面相交的地方生成二维或三维草图实体，也可以使用面、平面和曲面实体的组合来生成交叉曲线。

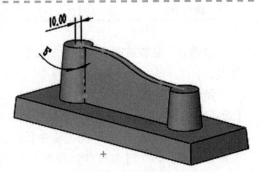

图7-9　评估特征

当在 2D 草图中工作时，会在选择项目与当前草图平面的相交处创建草绘曲线。如果使用此工具时，没有草图处于活动状态，则会从两个选定的曲面交汇处创建 3D 草图。

知识卡片	交叉曲线	• CommandManager：【草图】/【转换实体引用弹出工具按钮】🔲▾/【交叉曲线】🐚。
		• 菜单：【工具】/【草图工具】/【交叉曲线】。

步骤 3　新建草图　在右视基准面上新建一幅草图。

步骤 4　生成交叉曲线　单击【交叉曲线】🐚，选择图 7-10 中高亮显示的两个面，单击【确定】✔。草图实体创建在两面与右视基准面相交的地方。它们受到此命令独特的约束关系：在两个面的交汇处。

步骤 5　添加尺寸　通过先选择角的顶点，再单击线段端点和由相交曲线产生的样条曲线的端点的方式，创建如图 7-11 所示的角度尺寸。单击【确定】✔，使其成为一个从动尺寸。为了满足此零件的设计意图，此角度尺寸应为 95°。退出草图。

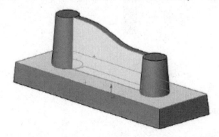

图 7-10　生成交叉曲线

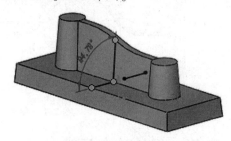

图 7-11　添加尺寸

7.6　可视化扫描截面

随着扫描中间部分沿着路径行进，它们以圆弧半径倾斜并导致拔模角度发生变化。由于扫描的中间部分仅在使用引导线时才可预览，下面将使用另一个可用的草图曲线来显示它们：

- 面部曲线。
- 扫描 PropertyManager 中显示网格预览。

7.6.1　面部曲线

知识卡片	面部曲线	【面部曲线】是沿着选定的面产生草图曲线。用户可以为曲线网格指定数字，也可以从面上的特征位置或点创建曲线。当在活动草图之外使用此工具时，将在模型中创建多个独立的 3D 草图曲线。或者在有效的 3D 草图中工作时，所有的曲线都将包含在此草图中。
	操作方法	• 菜单：【工具】/【草图工具】/【面部曲线】🐚。

步骤 6　隐藏草图　单击【隐藏】🔾，隐藏上一个草图。

步骤 7　生成面部曲线　新建一幅 3D 草图，单击【面部曲线】🐚，选择图 7-12 中扫描肋的侧面，预览曲线使得面部的曲率易于可视。清除【方向 1】曲线数的复选框，将【方向 2】曲线数的值改为 7。【方向 2】代表

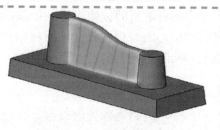

图 7-12　生成面部曲线

扫描的中间截面，当截面沿着路径行进时，它们被迫倾斜，导致拔模角度发生变化。单击【确定】✔，完成【面部曲线】命令。在转换实体的消息框中单击【确定】，退出 3D 草图。

    步骤 8   编辑特征   编辑"Sweep1"特征。

    步骤 9   显示网格预览   展开【曲率显示】组框，勾选【网格预览】复选框，然后将【网格密度】调整为 7，如图 7-13 所示。如图 7-14 所示，显示了扫掠的中间部分在整个特征中的方向。

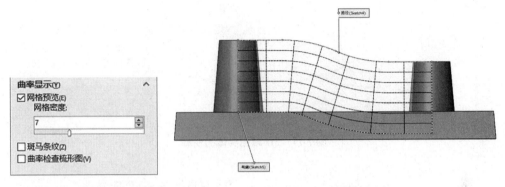

图 7-13   调整网格密度   图 7-14   扫掠方向

    步骤 10   修改轮廓方位   设置【轮廓方位】为【保持法线不变】，注意网格预览更新。现在该特征中的每个截面均保持平行于轮廓草图平面，如图 7-15 所示。

    步骤 11   评估结果   注意到面上的曲线进行了更新，显示面的曲率发生了变化。双击包含相交曲线的 2D 草图以查看角度尺寸，所需的拔模角度现在也是正确的了，如图 7-16 所示。

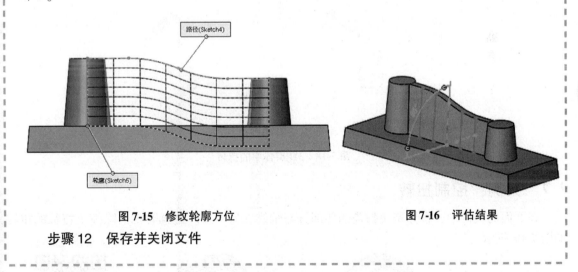

图 7-15   修改轮廓方位   图 7-16   评估结果

    步骤 12   保存并关闭文件

7.6.2 控制扭转

    【随路径变化】和【保持法向不变】选项同样适用于以 3D 草图为扫描路径的扫描。然而，用 3D 草图作为扫描路径时，增加了一个自由度——截面沿扫描路径旋转。

    2D 草图实体具有与 2D 草图平面相关的曲率，如图 7-17 所示。但是 3D 实体具有可以在空间扭转的曲率，如图 7-18 所示。

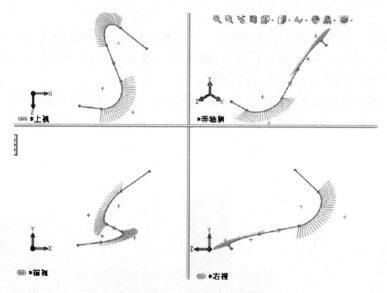

图 7-17　2D 草图实体的曲率

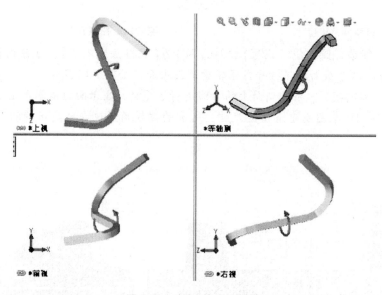

图 7-18　3D 实体中的扭转

7.7　实例：控制扭转

在下面的实例中，目标是使扫描的各部分与轴线保持一致。这就需要消除整个特征的扭转，如图 7-19 所示。

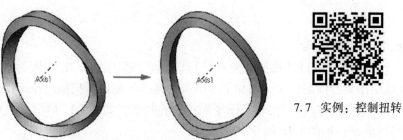

7.7　实例：控制扭转

图 7-19　实例：控制扭转

操作步骤

步骤1　打开零件　从"Lesson07\Case Study"文件夹内打开已存在的"Controlling_Twist"零件，如图7-20所示。注意扫描是如何扭转的。如果草图轮廓是圆，扭转问题就不明显了。

步骤2　预览扭转　此零件的扭转不太直观，通过使用曲率梳形图来放大3D路径的曲率，以帮助理解所看到的结果。单击【显示】👁，显示路径草图和轮廓草图，然后单击【显示曲率检查】🖊，显示路径样条曲线曲率检查结果，如图7-21所示。

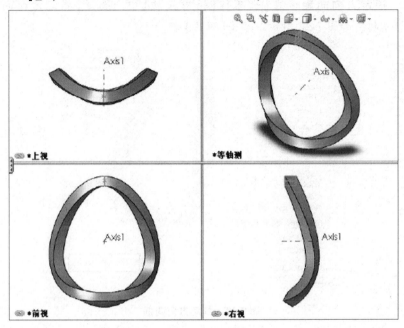

图7-20　打开零件

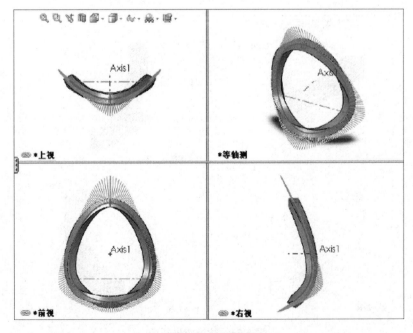

图7-21　预览扭转

由于扫描选项当前设置为随路径曲率变化，所以在整个扫描过程中，曲率梳和轮廓之间保持恒定。关闭梳形图，隐藏两幅草图。

为了控制此特征的扭转，可以使用【轮廓扭转】选项来指定一个方向向量。当使用【指定方向向量】时，在整个扫描过程中，轮廓将与向量始终保持对齐。这是消除由 3D 路径产生扭转的有效方法。

步骤3　编辑扫描特征　选择"Sweep1"，单击【编辑特征】。

步骤4　指定方向向量　在【选项】/【轮廓扭转】中，选择【指定方向向量】，选择"Axis1"作为方向，如图 7-22 所示。单击【确定】。

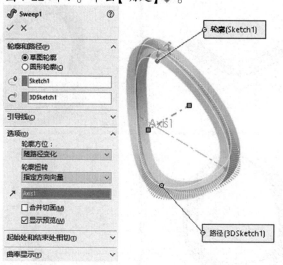

图 7-22　指定方向向量

步骤5　检查扫描结果　现在此特征保持与中心轴所需的对齐，如图 7-23 所示。

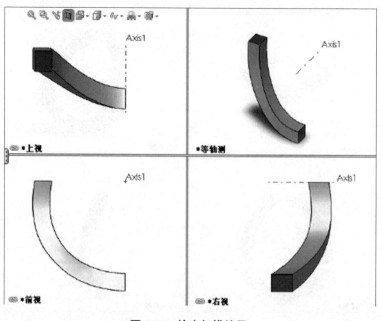

图 7-23　检查扫描结果

步骤 6　保存并关闭文件　完成零件修改，最终效果如图 7-24 所示。

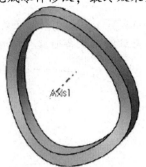

图 7-24　完成零件修改

使用方向向量可以很好地消除扭转或将其限制在某个方向上。此外，另一种方法是利用一个新的扫描路径。默认情况下，扫描中的扭转是由路径控制的，因此制作所需方向的替代路径也是修改扭转的另一种方法。

例如，在上面的例子中，我们可以通过使用 2D 路径和 3D 草图作为引导线来修改扫描，以获得同样的效果，如图 7-25 所示。此技术可以在不包含【指定方向向量】扫描选项的旧版本 SOLIDWORKS（2016 版之前）中使用。

如果所需的扭转是多方向的，则此技术将会有较大应用价值。可以查看"L7_reference"文

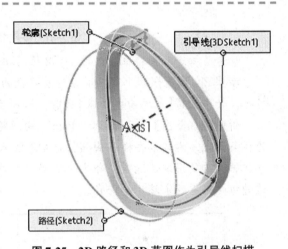

图 7-25　2D 路径和 3D 草图作为引导线扫描

件夹内的"Controlling_Twist_Alternate"模型来了解此技术。另外，关于使用此技术的详细信息，请参考"练习 7-4　鼠标"。

7.8　实例：使用引导线控制扭转

上面介绍了使用方向向量或替代路径的方法来控制扭转，下面将学习扫描 PropertyManager 中的其他选项，这些选项允许用户使用引导线来控制扭转，如图 7-26 所示。

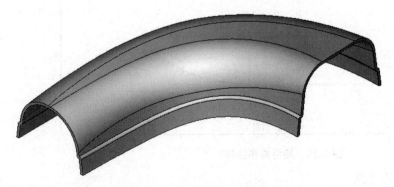

图 7-26　使用引导线控制扭转

7.8　实例：使用引导线控制扭转

操作步骤

步骤1 打开零件 从"Lesson07\Case Study"文件夹内打开"Guide_Curves"零件，如图7-27所示，该零件包含一幅轮廓草图和三条曲线。检查轮廓草图中的几何关系。

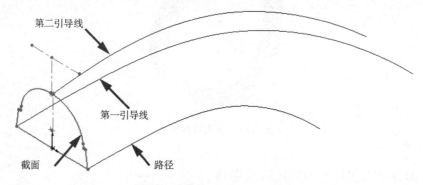

图 7-27 零件"Guide_Curves"

读者已知道扫描特征可能因3D路径而扭曲。

步骤2 预览扭转 可以通过查看路径曲线的曲率梳形图来预览扭转。然而对于曲线特征，并不支持【显示曲率检查】功能。所以首先需要将曲线特征转换成3D草图。

新建【3D草图】 🔳，选取"Path"曲线特征，单击【转换实体引用】 ⬡，将路径复制为样条曲线。右键单击样条曲线，选取【显示曲率检查】 ✒。图7-28中显示了路径的曲率扭转，若使用默认选项，会导致扫描特征扭转。考虑到轮廓草图处曲率梳之间的角度，这种扭转将导致末端几乎垂直。

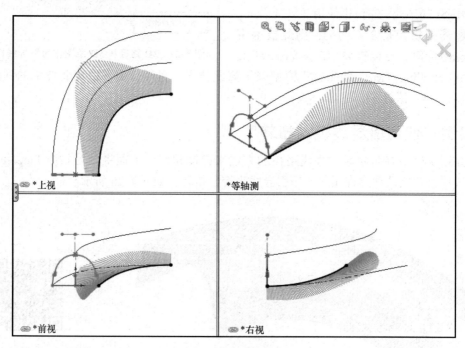

图 7-28 路径曲率扭转

【取消】 ✖草图，不保存修改。

当创建有扭转倾向的扫描轮廓草图时，应避免【水平】和【竖直】，以及【穿透】以外的任何其他草图关系。对于在路径和引导线之间的轮廓实体尤其如此。当扫描部分扭转时，【水平】和【竖直】关系可能导致中间轮廓失败，因为它们无法在一个或多个位置被解决。

可以考虑使用【平行】和【垂直】之类的关系，而不是【水平】和【竖直】，来实现设计意图。如果使用【平行】和【垂直】之类的关系，可以允许草图独立于草图平面移动和旋转。但是这种方式通常会导致一个扫描成功，而另一个扫描却不成功。

> **步骤3　评估轮廓草图**　编辑"Profile"草图，轮廓底部的直线与曲线之间使用【穿透】约束关系。但轮廓内部的构造线被定义为【竖直】，如图 7-29 所示。下面将看到这将如何影响扫描，并用替代方法来解决特征结果中存在的问题。退出草图。
>
> **步骤4　开始扫描**　单击【扫描凸台/基体】，选择"Profile"和"Path"草图。
>
> **步骤5　自然扭转扫描**　展开【选项】，将【轮廓扭转】设置为【自然】，扫描沿着路径前进，如预期般扭转，如图 7-30 所示。
>
> **步骤6　最小扭转扫描**　将【轮廓扭转】设置为【最小扭转】，这消除了一些扭转，但仍然需要向特征中添加引导线，如图 7-31 所示。
>
> **步骤7　选择第一条引导线**　选择"First Guide"曲线特征，注意扫描结束处是如何产生扫描失真的，这是由轮廓草图中包含【竖直】关系引起的，如图 7-32 所示。

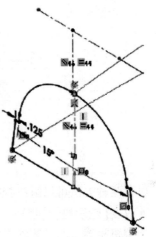

图 7-29　评估轮廓草图

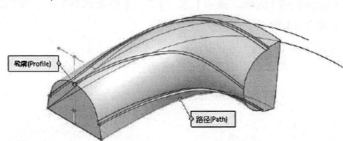

图 7-30　自然扭转扫描

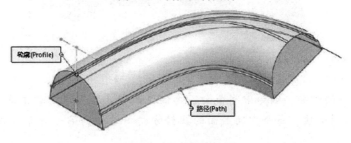

图 7-31　最小扭转扫描

> 从 PropertyManager 中【删除】引导线，再观察一下。此时，中间扫描部分的方向已经确定，如图 7-33 所示。这意味着每个复制的截面都设置了垂直方向。在引导线中添加强制关系到要解决的实体，穿透左下角的点，不会改变扫描部分的垂直方向，引起失真。再次添加引导线。

173

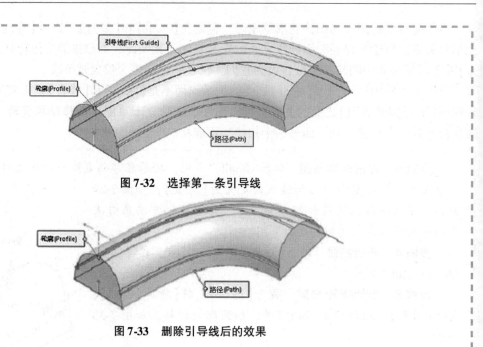

图 7-32　选择第一条引导线

图 7-33　删除引导线后的效果

以下两种方法可以解决扫描失真的问题：

● 改变【轮廓扭转】选项。

● 编辑轮廓草图，删除有疑问的【水平】和【竖直】几何关系，用【平行】和【垂直】几何关系来代替。

步骤8　改变【轮廓扭转】选项　展开【选项】，在【轮廓扭转】中选择【随路径和第一引导线变化】选项，如图 7-34 所示。

提示　只有在选择一条引导线后，此选项才可见。

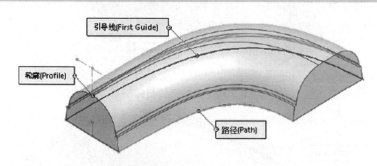

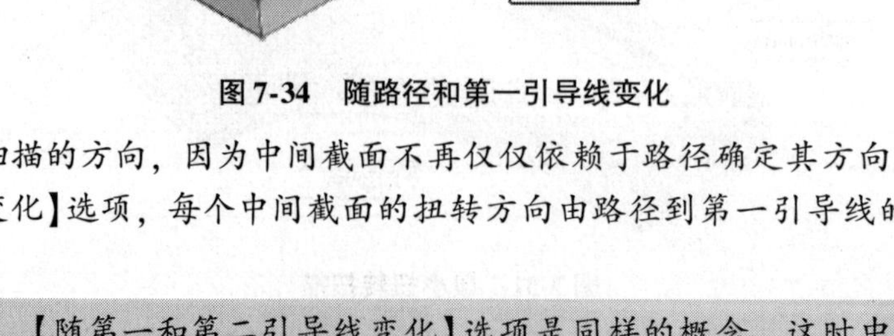

图 7-34　随路径和第一引导线变化

这将修正扫描的方向，因为中间截面不再仅仅依赖于路径确定其方向。使用【随路径和第一引导线变化】选项，每个中间截面的扭转方向由路径到第一引导线的向量决定，如图 7-35 所示。

提示　【随第一和第二引导线变化】选项是同样的概念，这时中间截面的扭转方向由第一引导线到第二引导线的向量决定。此选项仅在选择多条引导线时才可见。

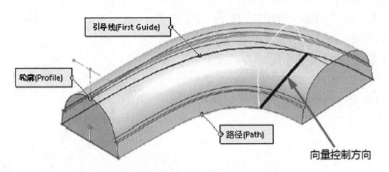

图 7-35　由路径到第一引导线的向量控制方向

步骤9　添加第二条引导线　添加"Second Guide"曲线。

> 提示　引导线在列表中的次序非常重要，尤其在使用【轮廓扭转】选项的情况下，选取列表左侧的上、下箭头可用来调节引导线的次序。

此线控制扫描形态的高度，本例中，截面的高度影响轮廓草图中顶部圆弧的半径。这可以使用构造几何体并添加【相等】几何关系来完成，如图 7-36 所示。

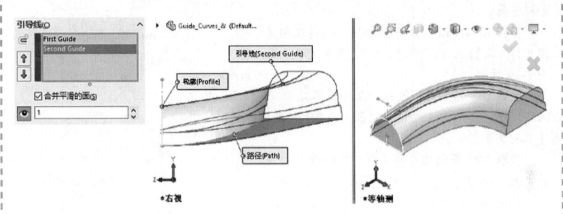

图 7-36　添加第二条引导线

175

单击【确定】✔。

步骤10　查看结果　如图 7-37 所示。

图 7-37　查看结果

除前述改变【轮廓扭转】选项的方法外，另一种可用于解决扫描失真、修正扫描方向的方法是：编辑草图"Profile"，删除有疑问的【水平】和【竖直】草图几何关系，用适当的【平行】和【垂直】几何关系来代替，如图 7-38 所示。

该方法使用默认的选项设置就可达到预期的效果。

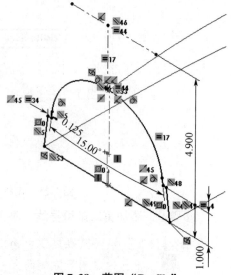

图 7-38　草图 "Profile"

步骤 11　删除扫描　撤销或删除已存在的扫描特征。

步骤 12　编辑草图"Profile"　单击【观阅草图几何关系】⌐，删除两个【竖直】几何关系，如图 7-39 所示。

步骤 13　添加几何关系　在如图 7-40 所示的实例中，选择构造线和长线段，添加【垂直】⊥几何关系。

步骤 14　再添加几何关系　选择两条构造线，添加【平行】╲几何关系，如图 7-41 所示。

步骤 15　退出草图

步骤 16　扫描凸台/基体　重新创建扫描特征，将【轮廓方位】改为【随路径变化】，【轮廓扭转】设为【最小扭转】，如图 7-42 所示。

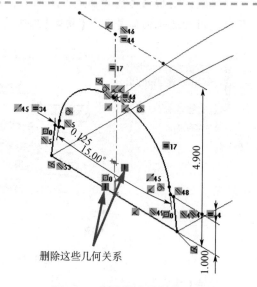

删除这些几何关系

图 7-39　删除竖直几何关系

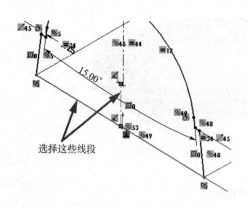

选择这些线段

图 7-40　添加垂直几何关系

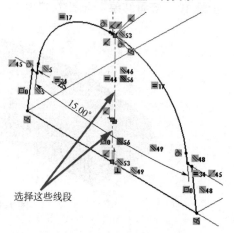

选择这些线段

图 7-41　添加平行几何关系

176

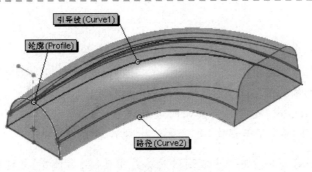

图 7-42 扫描凸台/基体

这两种方法都各具特点。对于沿 3D 路径的扫描,最佳做法是:

●在轮廓草图中避免使用【水平】和【竖直】几何关系,而是利用【平行】和【垂直】几何关系进行替代。

●使用带有【轮廓扭转】选项的多条引导线组合来控制扭转——引导扭转或消除扭转。

为了能够熟练地使用沿 3D 路径的扫描,用户需要灵活运用这两种方法。

步骤 17 添加抽壳和圆角特征完成零件(可选步骤,见图 7-43)

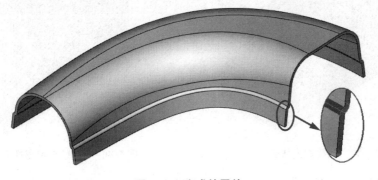

图 7-43 完成的零件

●厚度为 0.15in。

●圆角半径为 0.15in。

步骤 18 保存并关闭文件

7.9 实例:与结束端面对齐

【与结束端面对齐】是扫描特征中另一个可用选项。此选项用于使扫描特征延续,以穿过模型的结束端面。当创建扫描切除时,此选项默认勾选;当创建扫描凸台时,此选项不勾选。为了演示该选项的效果,下面将创建如图 7-44 所示的简单扫描切除模型。

图 7-44 扫描切除模型

操作步骤

步骤1　打开文件　从"Lesson07\Case Study"文件夹内打开"A-lign End Faces"零件。

步骤2　创建扫描切除　单击【扫描切除】📦，选择【圆形轮廓】，并设置【直径】◎为0.5in。选择顶部前面的边线作为【路径】，在【选项】中勾选【切线延伸】和【显示预览】复选框，如图7-45所示。

7.9　实例：与结束端面对齐

技巧🗝　如有必要，用户可以通过清除再勾选【显示预览】复选框来刷新预览。

步骤3　与结束端面对齐　如果使用了了【与结束端面对齐】，切除将一直持续到模型的结束端面。这与在拉伸特征中使用【完全贯穿】的结束条件相类似。当在产生切除时通常需要这样的操作，因此这是扫描切除特征的默认选项。清除【与结束端面对齐】复选框，查看预览图中的变化，如图7-46所示。

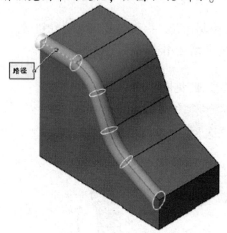

图7-45　创建扫描切除

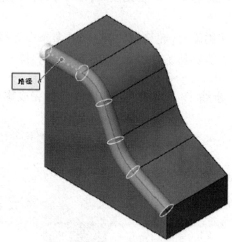

图7-46　清除【与结束端面对齐】

如果不使用【与结束端面对齐】选项，当轮廓到达路径的末端时，切除将会终止，留下一小片未切除的材料，如图7-47所示。

如何沿着模型的所有顶部边线运行此扫描特征呢？如图7-48所示，由于它们不是全部相切的，用户需要使用SelectionManager来定义希望用作路径的边组。

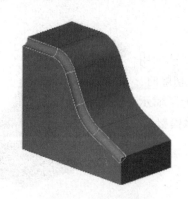

图7-47　未完全切除

图7-48　沿顶部所有边线扫描

步骤4 **SelectionManager** 从 PropertyManager 的【路径】选择框中删除边线。在图形区域中单击右键，从快捷菜单中选择【SelectionManager】，单击【选择组】⬛再一次选择顶部前面的边线。当使用 SelectionManager 时，通过使用图形区域中的切线图标，可以将相切的边线自动添加到选项组中。单击【相切】⬛图标，如图7-49所示。系统选择边线相切的链。

步骤5 **选择其余边线** 选择其余边线，完成路径。在 SelectionManager 中单击【确定】，完成该组的定义，如图7-50所示。

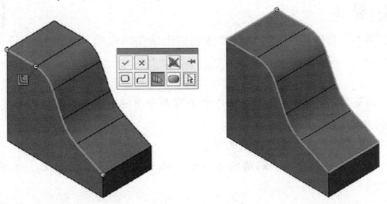

图 7-49 使用 SelectionManager   图 7-50 选择其余边线

技巧⚷ 请注意图标的反馈，通常在完成命令或移动到下一个选项框时，鼠标右键将提供一种快捷方式🖱。

步骤6 **预览和结果** 单击【确定】✔，完成此扫描特征，如图7-51所示。

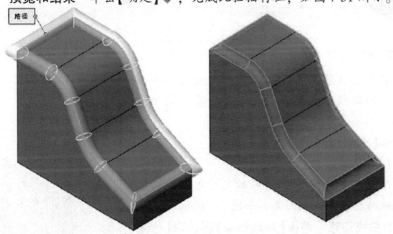

图 7-51 完成扫描特征

步骤7 **保存并关闭文件**

7.10 实体轮廓

为了更形象地表现刀具沿路径切除的过程，用户可以使用【扫描切除】命令中的【实体轮廓】选项。此选项使用一个工具实体沿路径扫描来去除材料。

【实体轮廓】选项有一些特殊要求，这些要求在使用实体轮廓时的 PropertyManager 消息框中列出：

1）工具实体必须为：

- 回转体特征或圆柱拉伸特征。
- 形态只包含解析几何特征（直线、圆弧）。
- 不能与模型合并。

2）路径内部各段之间保持相切连续（不含尖角），路径必须通过工具实体截面。

7.11 实例：钻头

在下面的实例中，将使用一个实体轮廓来切割出钻头的凹槽。

7.11 实例：钻头

操作步骤

步骤1 打开零件"Drill_Bit" 零件中含有两个单独的实体（见图7-52）：

- 一个代表钻头。
- 另一个为工具实体，用以切割凹槽。

步骤2 查看几何元素 扫描路径为一个起始于钻头顶部的螺旋线，如图7-53所示。

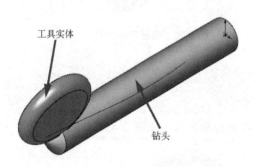

图7-52 零件"Drill_Bit"

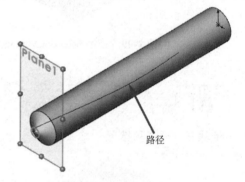

图7-53 查看几何元素

生成旋转工具实体的草图，创建在与螺旋线垂直的平面上，且与路径端点重合。构造线的最底端含有两个约束：

- 与圆弧【重合】。
- 【穿透】路径。

草图所处的角度由大小为1mm的尺寸控制。它标定了构造中线与钻头定点的距离，如图7-54所示。

步骤3 扫描切除 单击【扫描切除】，在【轮廓和路径】中单击【实体轮廓】，选取工具实体作为【轮廓】，选取螺旋线作为【路径】。

在【选项】下面勾选【显示预览】。单击【确定】，如图7-55所示。

步骤4 显示结果 显示结果如图7-56所示，工具实体将被生成的扫描特征吸收。

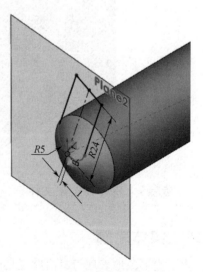

图7-54 约束

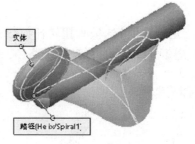

图 7-55 扫描切除

步骤 5 圆周阵列 圆周阵列扫描切除特征，选取钻头的圆柱面为【阵列轴】，沿 360°均匀阵列，数目为 2。图 7-57 是使用了【抛光钢】的外观，并将布景应用设为【反射黑地板】，以 RealView 图形方式显示的结果。

步骤 6 保存并关闭文件

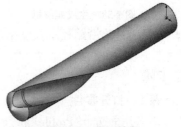

图 7-56 显示结果

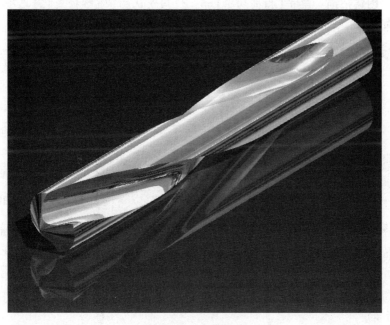

图 7-57 圆周阵列

练习 7-1 沿路径扭转

在本练习中，一个小的圆环轮廓将沿着路径进行扭转，生成如图 7-58 所示的螺旋槽。

本练习将应用以下技术：

- 扫描。
- 定义扭转。

单位：in。

用户可以使用【指定扭转值】选项来扭转任何扫描，也可以通过设置扭转值为 0，来阻止扭转。【指定扭转值】可用于复杂的 3D 样条曲线路径，也可用于简单直线路径，如图 7-59 所示。

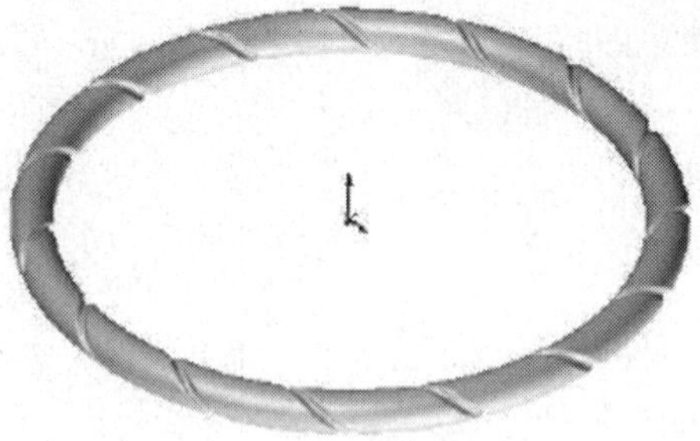

图 7-58 生成螺旋槽

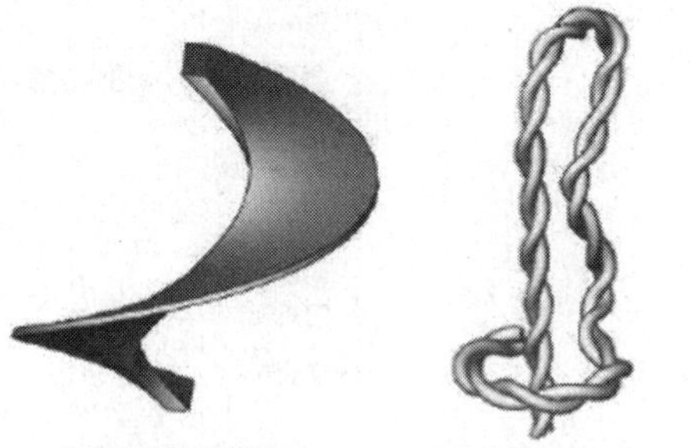

图 7-59 指定扭转值

用户可以通过给沿路径总长度指定【度数】、【弧度】或【圈数】来设定扭转。

操作步骤

步骤 1 打开零件 从“Lesson07\Exercises”文件夹内打开已存在的“Twist Along Path”零件，此零件中包含“Profile”和“Path”草图，如图 7-60 所示。

步骤 2 创建扫描 单击【扫描切除】，使用默认的【随路径变化】选项创建一个【草图轮廓】扫描切除，如图 7-61 所示。

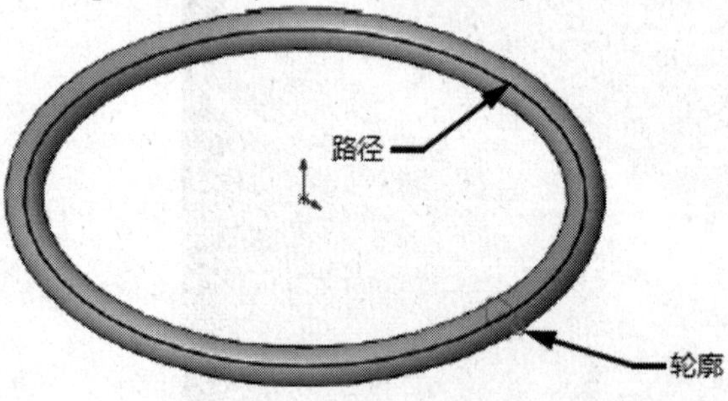

图 7-60 打开零件

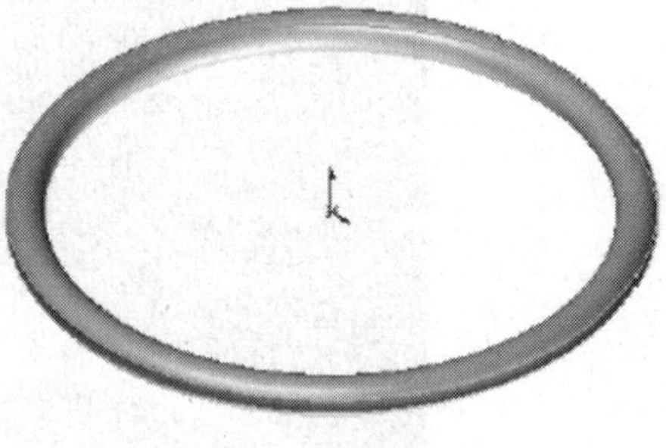

图 7-61 创建扫描

步骤 3 编辑特征 编辑“切除-扫描 1”特征，展开【选项】，设置【轮廓扭转】为【指定扭转值】，在【扭转控制】中选择【圈数】并设定为 15.000，单击【确定】，如图 7-62 所示。

步骤 4 完成零件 在切除特征的边线上添加半径为 0.013in 的圆角，完成该模型，如图 7-63 所示。

步骤 5 保存并关闭文件

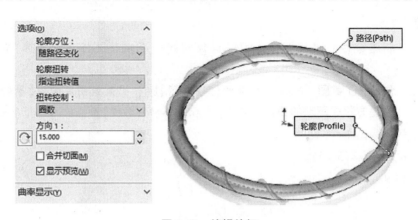

图 7-62 编辑特征

图 7-63 完成零件

练习7-2 使用引导线控制扭转

使用方程驱动的曲线可以创建由方程式定义的样条曲线。在下面的例子中，将使用方程式驱动的曲线作为路径和引导线，创建如图 7-64 所示的波浪形弹簧垫圈。

本练习将应用以下技术：
- 方程式驱动的曲线。
- Selection Manager。
- 使用引导线控制扭转。

单位：mm。

图 7-64 波浪形弹簧垫圈

知识卡片	方程式驱动的曲线	【方程式驱动的曲线】是从指定的方程得到草图实体。方程驱动的曲线中的方程式可以是【显性】的，此时 Y 是 X 的函数；也可以是参数性的，此时 X、Y 和 Z 都是 T 的函数。若创建的方程式驱动的曲线在 2D 草图中，则仅需要定义 X 和 Y。3D 草图仅支持参数方程。用户可以使用【方程式】对话框中所支持的任意函数，如"D1@Sketch1″ * sin(t)"。
	操作方法	• CommandManager：【草图】/【样条曲线弹出工具按钮】Ｎ・/【方程式驱动的曲线】✍。 • 菜单：【工具】/【草图绘制实体】/【方程式驱动的曲线】。

操作步骤

步骤1 新建零件 使用"Part_MM"模板新建一个零件，将其命名为"Wave Spring Washer"。

步骤2 创建3D草图 创建一个新的【3D草图】，更改视图定向为【等轴测】。

步骤3 创建方程式驱动的曲线 单击【方程式驱动的曲线】。输入以下参数方程式：

- $X_t = 14 * \sin(t)$。
- $Y_t = 1.25 * \cos(5 * t)$。
- $Z_t = 14 * \cos(t)$。
- $t_1 = 0$。
- $t_2 = \text{pi}(\text{即 } \pi)$。

单击【确定】，添加【固定】几何关系，如图7-65所示。

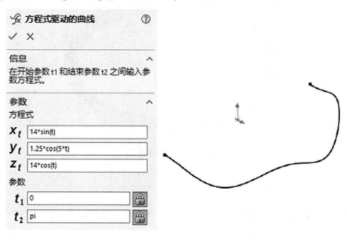

图7-65 创建方程式驱动的曲线

在3D草图中，X_t、Y_t 和 Z_t 是相对于模型的坐标系进行解释。其中，由 X_t 和 Z_t 组成的方程式定义一个圆，数值14是该圆的半径值。

Y_t 方程式定义了一条余弦曲线，如图7-66所示(正弦曲线和余弦曲线之间唯一的差别是相位，即两者之间的相位差是90°)。

在方程式 $Y_t = 1.25 * \cos(5 * t)$ 中，1.25 是曲线的振幅。如图7-66所示，振幅中心位于 $Y = 0$ 处。若想偏移振幅，用户可以添加一个偏移值。例如，$1.25 * \cos(5 * t) + 2$ 可以将曲线中心移到 $Y = 2$ 处，

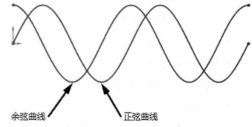

图7-66 正弦、余弦曲线

曲线在 $Y = 0.75$ 和 $Y = 3.25$ 之间振荡。数值5为角频率。一条正弦曲线是在 2π 的弧度内完成一个振荡周期。数值5使曲线在 2π 的弧度内完成5个振荡周期。

参数 t_1 和 t_2 分别定义了曲线在弧度内的起点和终点。

步骤4 创建第二条曲线 创建第二条【方程式驱动的曲线】。输入以下参数方程式：

- $X_t = 17.5 * \sin(t)$。

184

- $Y_t = 1.25 * \cos(5 * t)$。
- $Z_t = 17.5 * \cos(t)$。
- $t_1 = 0$。
- $t_2 = \mathrm{pi}$（即 π）。

单击【确定】✔，添加【固定】⊿几何关系，如图7-67所示。

步骤5 退出草图

步骤6 创建轮廓草图 在右视基准面上新建一个2D草图，为两条垂直线的中点和方程式驱动的曲线之间添加【穿透】⍩几何关系。按照图7-68所示尺寸标注矩形，退出草图。

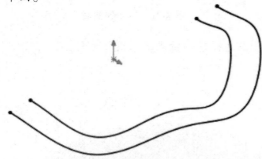

图7-67 创建第二条曲线

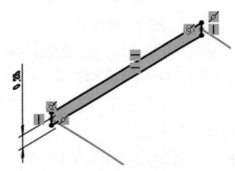

图7-68 创建轮廓草图

步骤7 创建扫描 单击【扫描凸台/基体】🐛，选择2D草图作为轮廓，使用SelectionManager内侧的曲线作为路径，外部的曲线作为引导线。在【轮廓扭转】中，选择【随路径和第一条引导线变化】，如图7-69所示。单击【确定】✔。

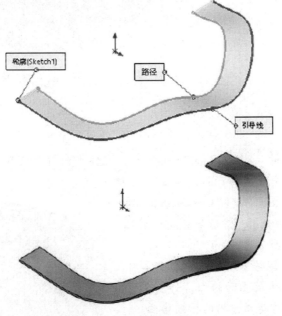

图7-69 创建扫描

步骤8 镜像实体 单击【镜像】🕮，以右视基准面镜像实体，完成零件，如图7-70所示。

185

提示👆 为什么不直接创建两条完整的 360°（2π 弧度）方程式曲线呢？这是因为方程式驱动的曲线有一定的局限性，其不允许是封闭曲线——即曲线的起点与终点重合，如图 7-71 所示。

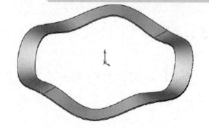

图 7-70　镜像实体

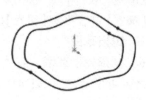

图 7-71　封闭的曲线

用户也可以创建第二组方程式驱动的曲线，但这样不如镜像实体操作方便。

步骤 9　保存并关闭文件

练习 7-3　化妆盒

这是一个用来容纳粉或胭脂的概念设计模型。如图 7-72 所示，它是一个单一的、无内部元件和细节的实心体，就像练习 2-2 中的 USB Flash Drive 一样。

本练习将应用以下技术：
- 分割线。
- 分割面。
- 库特征零件。
- 控制扭转。

单位：mm。

图 7-72　化妆盒

操作步骤

步骤 1　打开零件　从"Lesson07\Exercises"文件夹内打开已存在的"Makeup Case"零件，该零件是一款概念设计的产品，如图 7-73 所示。

步骤 2　编辑草图　编辑"Groove Path"草图。使用【套合样条曲线】L将两条直线和圆弧转换成样条曲线，如图 7-74 所示。

步骤 3　创建分割线　单击【分割线】🔲，使用激活草图分割实体最上面的面，如图 7-75所示。分割后的实体边将用于槽的扫描路径。

接下来的难题是轮廓扫描和如何保证扫描的正确方向。

图 7-73　零件"Makeup Case"

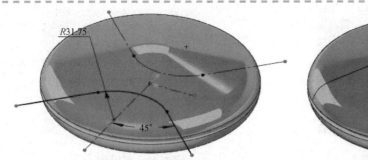

图 7-74　编辑草图　　　　　　　　　　　图 7-75　创建分割线

步骤 4　创建基准面　创建一个垂直于分割线端点的【基准面】，如图 7-76 所示。

步骤 5　库特征　从"Lesson07\Exercises"文件夹内添加名为"Groove Profile"的库特征零件。使用步骤 4 中创建的基准面作为【方位基准面】，单击【编辑草图】。

步骤 6　添加【穿透】几何关系　在分割线和"Groove Profile"草图点之间添加【穿透】几何关系，如图 7-77 所示。

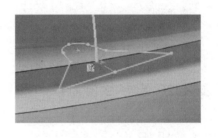

图 7-76　创建基准面　　　　　　　　　图 7-77　添加【穿透】几何关系

步骤 7　添加【重合】几何关系　在圆弧的圆心和分割线之间添加【重合】关系，以调整轮廓，如图 7-78 所示。单击【退出】。

步骤 8　扫描切除　使用默认设置【扫描切除】:
- 【轮廓方位】为【随路径变化】。
- 【轮廓扭转】为【自然】。

步骤 9　查看结果　扫描结果并不理想。沿路径移动时，由于轮廓有扭转，导致槽有变形，如图 7-79 所示。

步骤 10　编辑特征　编辑扫描特征，更改【轮廓扭转】为【与相邻面相切】。此选项将修改中间部分的方向，使其保持与高亮显示的面对齐，如图 7-80 所示。

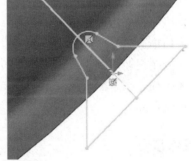

图 7-78　添加【重合】几何关系

步骤 11　镜像特征　由于此扫描的复杂性，系统可能无法镜像此特征。用户可以在另一侧重新创建该特征，但也可以使用镜像实体几何体方法。由于本零件具有对称性，所以非常适合使用这种技术。使用【使用曲面切除】命令，以前视基准面作为【曲面切除参数】，切除零件的另一半。

图 7-79　查看结果

图 7-80　编辑特征

如有必要，可以使用搜索命令来查找此命令，如图 7-81 所示。

通过前视基准面镜像留下的实体部分来完成此零件，如图 7-82 所示。

图 7-81　搜索命令

图 7-82　镜像特征

步骤 12　保存并关闭文件

练习 7-4　鼠标

这是一个计算机鼠标的概念设计模型，如图 7-83 所示。它是一个单一的、无内部组件和细节的实心体。本练习的任务是通过一个扫描切除特征创建侧板。用户可以先自己尝试创建该特征，如果需要帮助，再参考下面的步骤进行操作。

本练习将应用以下技术：

- 扫描选项。
- 控制扭转。
- 扫描轮廓草图几何关系。

单位：mm。

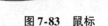

图 7-83　鼠标

操作步骤

步骤 1　打开零件　从"Lesson07\Exercises"文件夹内打开已有零件"Imported Mouse"，该零件是一款概念设计的产品。

步骤 2　扫描切除　沿模型的边缘扫描切除一个 0.5mm 的方形轮廓，创建侧板，如图 7-84 所示。注意轮廓的边线应保持平行且垂直于上视基准面。尽量尝试在不参照以下步骤的情况下完成该练习。

图 7-84　扫描切除

由于路径的形状，可以预见轮廓在扫描时肯定会发生扭转。有以下两种方法可以限制扭转：

- 将【轮廓扭转】选项设置为【指定方向向量】。
- 创建一个平行的路径并使用 3D 曲线作为引导线，如图 7-85 所示。

图 7-85　用 3D 曲线作为引导线

在新版本的 SOLIDWORKS 软件中，使用【指定方向向量】选项是最简单的解决方法。但读者有必要熟悉这两种技术。为了学习使用替代扫描路径的技术，请按照下面的步骤进行操作。

步骤3　创建平行路径　在上视基准草图上新建草图。使用【转换实体引用】将鼠标的边复制到草图上，如图 7-86 所示。退出草图，并将其命名为"Sweep Path"。

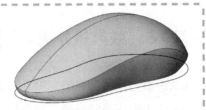

步骤4　绘制扫描轮廓草图　在右视基准面上新建草图。绘制一个【3 点边角矩形】，并为相邻边添加【相等】＝几何关系，如图 7-87 所示。

图 7-86　创建平行路径

> 提示　这种边角矩形使用【平行】和【垂直】几何关系，而不使用【水平】和【竖直】。【水平】和【竖直】几何关系在元素的扫描中容易产生问题。

步骤5　添加与路径的穿透几何关系　绘制【中心线】草图，并和轮廓的一条边之间添加【共线】几何关系。在"Sweep Path"和端点之间添加【穿透】几何关系，如图 7-88 所示。

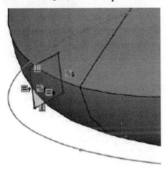

图 7-87　绘制扫描轮廓草图

图 7-88　添加与路径的穿透几何关系

步骤6　添加与引导线的穿透几何关系　在矩形的顶角和鼠标的边线上添加【穿透】几何关系，如图 7-89 所示。

步骤7　添加尺寸　为矩形一边添加 0.5mm 的尺寸，如图 7-90 所示。

图 7-89　添加与引导线的穿透几何关系

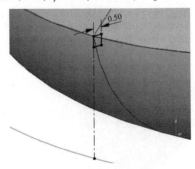

图 7-90　添加尺寸

189

DS SOLIDWORKS

步骤8　退出草图　【退出草图】，并将其命名为"Sweep Profile"。

步骤9　创建扫描切除　使用"Sweep Path"和"Sweep Profile"草图创建【扫描切除】。使用 SelectionManager 选择侧面的两条边线作为引导线。单击【确定】，结果如图 7-91 所示。

步骤10　保存并关闭文件

图 7-91　创建扫描切除

练习 7-5　鼓风机外壳

对于一些模型而言，从哪里开始建模并不是显而易见的。当创建扫描特征时，用户一般会试图从绘制扫描轮廓开始。但在实际操作中，应该首先创建路径和引导线。这样便于轮廓出现在特征历史中正确的位置，以应用【穿透】几何关系。

在图 7-92 所示的模型中，整体的扫描形状是一个涡状线，但是螺旋外形的截面随着扫描在两个方向上变化。沿着扫描，轮廓逐渐变高，这就需要一条螺旋线作为路径，需要另一条稍微较大的螺旋线作为引导线。将使用螺旋线来使扫描在宽度上逐渐变大。

为了正确抽壳本模型，将使用【分割线】特征来创建需要从抽壳中移除的面。

本练习将应用以下技术：

- 螺旋线。
- 穿透几何关系。
- 沿模型边线扫描。
- 分割面。

单位：in。

图 7-92　鼓风机外壳

操作步骤

步骤1　新建零件　使用模板"Part_IN"新建一个零件，命名为"Blower Housing"。

步骤2　创建扫描路径　路径应该是最小的涡状线。如果可以，最好的方法是扫描到曲线的外侧。如果路径曲线的曲率太小，则扫描到曲线内侧时，可能会生成自交叉的几何体。在前视基准面绘制一个圆心在原点、直径为 4.00in 的圆，如图 7-93 所示。

使用【螺旋线/涡状线】工具，按图 7-94 所示的设置，选择圆创建一条涡状线。

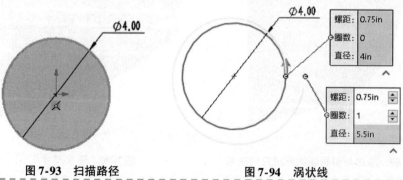

	螺距:	0.75in
	圈数:	0
	直径:	4in

	螺距:	0.75in
	圈数:	1
	直径:	5.5in

图 7-93　扫描路径　　　　　　图 7-94　涡状线

- 【类型】：涡状线。
- 【螺距】：0.75in。
- 【圈数】：1。
- 【起始角度】：0°，并选择【逆时针】。

步骤3 创建第一条引导线 在前视基准面绘制第二个圆心在原点、直径为5in的圆。使用如下设置，创建第二条涡状线，作为引导线：

- 【类型】：涡状线。
- 【螺距】：1.5in。
- 【圈数】：1。
- 【起始角度】：0°，并选择【逆时针】。

结果如图7-95所示。

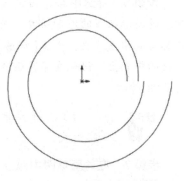

图7-95　创建第一条引导线

步骤4 创建第二条引导线 创建一个到前视基准面【等距距离】为0.2in的基准面，命名为"Helix_Plane"。在该基准面上绘制一个圆心在原点、直径为4.5in的圆。创建一条螺旋线，设置如下：

- 【类型】：高度和圈数。
- 恒定螺距。
- 【高度】：0.5in。
- 【圈数】：1。
- 【起始角度】：0°，并选择【逆时针】。

结果如图7-96所示。

现在，已经创建了两条涡状线和一条螺旋线。

提示　　没有必要创建锥形螺旋线来补偿逐渐增大的直径，该要求将在轮廓草图中被满足。

步骤5 绘制扫描轮廓 在上视基准面上插入一幅新的草图，绘制一个带两条切线弧的矩形，如图7-97所示，将矩形的两条边线转换成构造线。

191

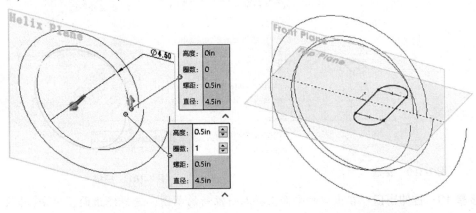

图7-96　绘制螺旋线　　　　　　　　图7-97　绘制扫描轮廓

步骤6　穿透中点　涡状线将驱动轮廓的 X 方向。随着涡状线的逐渐增大，截面也将变宽。要将轮廓与涡状线关联，请将【穿透】关系添加到垂直线的中点上。记住在穿透位置附近选择曲线，如图7-98所示。

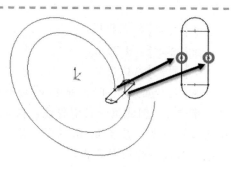

> **提示** 为了清晰显示，图7-98中隐藏了螺旋线。

图7-98　穿透中点

步骤7　在轮廓草图中添加另外的点　螺旋线驱动着轮廓的 Y 方向，为了添加【穿透】关系，在构造线上添加如图7-99所示的点。

> **注意** 不必将该点置于构造线的中点处，只要位于构造线上即可。这样使其只自动添加【重合】几何关系。由于螺旋线在直径上不增大，所以需要将该点限制在直线上来控制 Y 方向，但并不需要在特征的每个截面接触它。

图7-99　添加点

步骤8　添加穿透几何关系　在草图点和螺旋线之间添加【穿透】几何关系，确认在图形区域中接近于螺旋线的终点处选择，该终点需要与草图点重合，如图7-100所示。在上视基准面中有三个穿透的位置：螺旋线的两个端点和一个中点。

步骤9　创建扫描　单击【扫描凸台/基体】，将直径为4in的涡状线作为扫描路径，另一条涡状线为第一引导线，螺旋线为第二引导线。观察中间部分，查看轮廓草图随引导线的变化情况，同时也要注意螺旋线在一侧对称地驱动螺旋的高度，如图7-101所示。

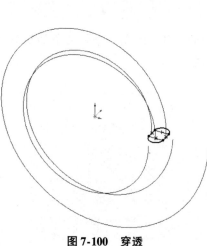

图7-100　穿透

图7-101　扫描

步骤10　拉伸出口　在出口的平面上插入一幅新的草图，选择终止面，单击【转换实体引用】。拉伸该草图，【深度】设为2.25in，并将该特征命名为"Outlet"，如图7-102所示。

步骤11　等距实体　在前视基准面上插入一幅新的草图。从 FeatureManager 设计树中选择直径为 4in 的涡状线，创建【等距实体】 ⫼ 等距距离为 0.20in，如图 7-103 所示。

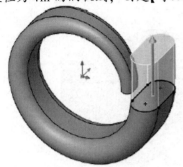

图 7-102　拉伸出口

图 7-103　等距实体

步骤12　完成草图　如图 7-104 所示，分别绘制水平线和竖直线，剪裁这两条线段和曲线，完成草图。

步骤13　拉伸凸台　使用【两侧对称】终止条件，拉伸【深度】为 0.90in 的凸台，如图 7-105 所示。

步骤14　绘制出口环形扫描轮廓　在前视基准面上插入一幅新的草图，如图 7-106 所示。在圆弧的终点和"Outlet"的边线之间添加【穿透】几何关系。

图 7-104　完成草图

技巧 🔑　该草图穿过实体。当使用扫描或其他插入特征时，最好避免创建线与线重合的几何体。在本例中，使特征可稍微多建造些，以确保实体与新建的特征正确合并，如图 7-107 所示。

图 7-105　拉伸凸台

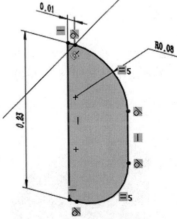

图 7-106　绘制出口环形扫描轮廓

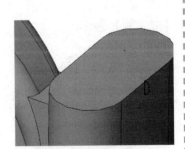

图 7-107　草图位置

步骤15　扫描环形轮廓　选择上一步创建的草图作为扫描轮廓，穿透的边线作为扫描路径。勾选【切线延伸】复选框，使扫描沿着切边延续，就像是一个圆角。为了清晰显示，可以将扫描的结果显示为不同的颜色，如图 7-108 所示。

步骤16 创建凸台 在如图7-109所示的平面上插入新的草图。绘制一个圆心在原点、直径为4.75in的圆。拉伸该草图，设置【深度】为0.55in，【拔模角度】为5°。

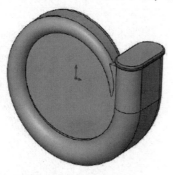

图7-108 扫描环形轮廓

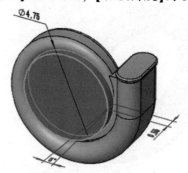

图7-109 创建凸台

步骤17 镜像特征 以前视基准面为镜像面，镜像拉伸的凸台。

鼓风机是一个薄壁零件。在创建抽壳特征之前，需要先添加圆角。同时也需要创建出在抽壳特征中要移除的面。在本例中，将使用【分割线】特征来分割要在抽壳特征中移除的面，如图7-110所示。

图7-110 抽壳特征要移除的面

步骤18 分割线 在前视基准面上插入一幅新的草图。绘制一个圆心在原点、直径为3.25in的圆。创建【分割线】⬡特征，分割如图7-111所示的两个平面。确保取消勾选【单向】复选框。

步骤19 分割特征"Outlet"面 在特征"Outlet"的终止面上插入一幅新的草图。选择该平面，向内创建等距距离为0.05in的草图，如图7-112所示。在该面上创建一个【分割线】⬡特征。

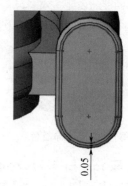

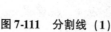

图7-111 分割线（1）

图7-112 分割线（2）

步骤20 添加圆角 创建圆角，如图 7-113 所示。

步骤21 抽壳零件 抽壳该零件，【厚度】设为 0.05in，选择步骤18 和步骤19 中由分割线创建的三个面作为【移除的面】，结果如图 7-114 所示。

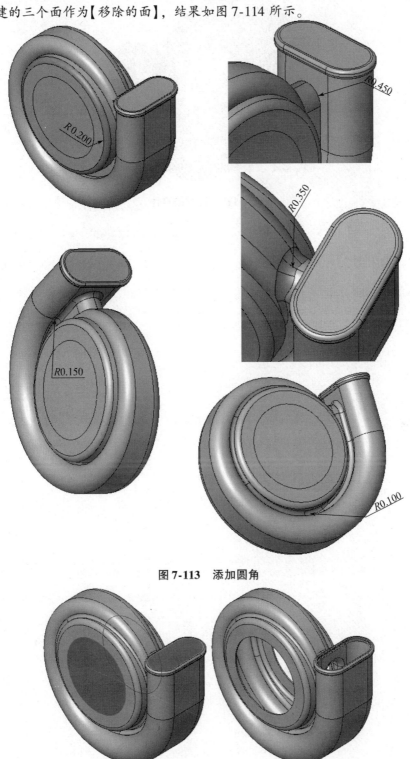

图 7-113 添加圆角

图 7-114 抽壳零件

步骤22 **保存并关闭文件** 完成的零件如图 7-115 所示。

图 7-115 完成的零件

第8章　放样和边界

学习目标

- 创建并比较放样和边界特征
- 用面作为放样和边界的轮廓
- 理解如何对放样和边界的轮廓进行约束
- 通过复制和创建派生草图重新使用草图几何体

8.1　复杂特征对比

由于一些复杂形体的轨迹不是线性的，曲线可能也不连续，如一些消费类产品，因此简单的直线、曲线、拉伸和旋转已不能满足实际使用。SOLIDWORKS 软件提供了一些如扫描、放样和边界功能来完成这些工作。这些复杂的特征都有特定的优势和局限性，其对比见表 8-1。

表 8-1　复杂特征对比

名称及图标	优缺点	图　示
扫描	只能使用一个简单的轮廓草图。它能根据引导线做出不同大小的形体，但无法将圆做成正方形	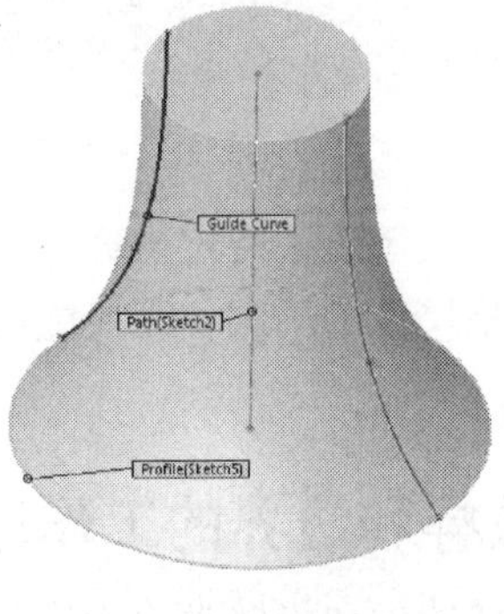
放样	可以允许多个不同形状的轮廓混合在一起。放样可以使用多个轮廓间的引导线塑造特征，或中心线提供方向。可在该特征的开始处和结束处添加约束。但也会存在对中间轮廓没有限制，在曲率控制轨迹方向(引导线)上有限制的问题	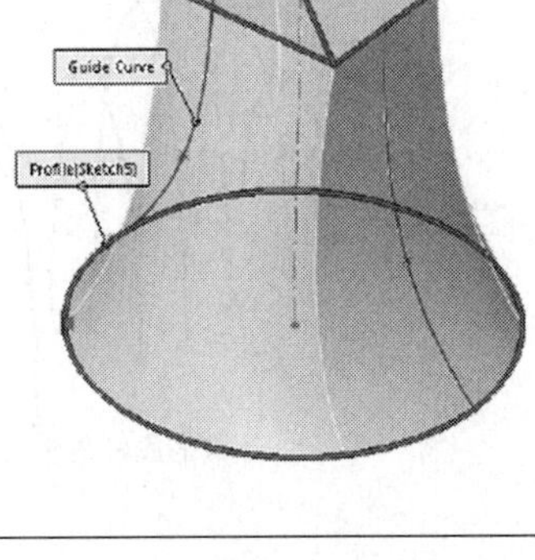

（续）

名称及图标	优缺点	图 示
边界 🔷	边界虽然和放样类似，但它可以在特征中定义任何的限制，且不限于仅仅在开始和结束时。它还允许对任何轮廓的方向和二次曲线的方向进行曲率控制。然而，边界特征不能用于中心线控制，而且重建时间往往比放样时间更长	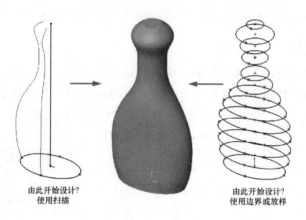

有了这 3 个各有所长的特征，设计人员几乎可以创建所有的复杂形体。

选用哪种特征取决于所有的输入数据类型，以及各种限制。下面依然以瓶子为例进行介绍，如图 8-1 所示。

图 8-1　方法选择

如果有关于瓶子特定横截面的信息，则更适合采用放样或边界。但从草图上看，瓶子上下的轮廓只是尺寸的不同，而又能够很容易地对侧面和正面轮廓创建曲线，因此采用扫描是更有效的方法。

8.2　放样和边界的工作原理

如果把拉伸和旋转类比为直线和圆弧，把放样和边界类比作样条曲线，将有助于我们思考和解决问题。样条曲线是在点之间插入曲线，而放样和边界是在轮廓之间插入曲面，如图 8-2 所示。

a) 点形成样条曲线　　　　b) 轮廓形成曲面放样

图 8-2　放样原理

这个例子解释了当采用放样时，为什么创建图 8-3 所示的 4 个轮廓的结果为图 8-4 而不是图8-5。

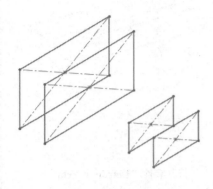

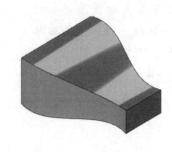

图 8-3 轮廓草图   图 8-4 放样结果   图 8-5 错误结果

8.3 实例：除霜通风口

【边界】与【放样】很相似，但也有一些不同。下面将用两种方式创建一个"Defroster Vent"模型（见图 8-6），以帮助用户理解和认识两者的不同之处，决定在不同的建模情况下使用哪种工具。

应用放样建模

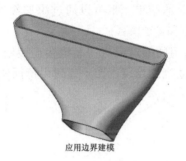

应用边界建模

8.3 实例：除霜通风口

扫码看 3D

图 8-6 边界和放样的比较

199

先介绍使用【放样】特征生成这个模型。

8.4 放样特征

放样	【放样】特征用多个横截面轮廓来定义。为获得最佳结果,轮廓应该由数量相同的实体组成,并从图形区域中靠近对应点选取。使用引导曲线将轮廓间相连创建特征,使用中心线在轮廓间提供方向,还可以在第一个和最后一个轮廓上添加约束。
操作方法	放样凸台/基体 • CommandManager:【特征】/【放样凸台/基体】 ⬇。 • 菜单:【插入】/【凸台/基体】/【放样】。 放样切割 • CommandManager:【特征】/【放样切割】 ⬛。 • 菜单:【插入】/【切除】/【放样】。

知识卡片

操作步骤

　　步骤 1　打开零件"Defroster Vent"　从"Lesson08\Case Study"文件夹内打开已存在的"Defroster Vent"文件，该零件包含 3 个轮廓草图及一个参考草图，如图 8-7 所示。

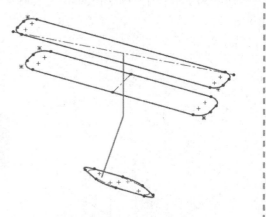

图8-7　打开零件"Defroster Vent"

8.4.1　准备轮廓

　　和边界一样，采用放样时必须注意绘制轮廓草图的方式，以及随后在【放样】命令中如何选择它们。在一般情况下，有两个规则应该遵循。

　　1. 每个轮廓草图应该有相同数量的线　如图 8-8 所示，通过连接点将各顶点映射在一起而形成轮廓。当轮廓包含实体的数目相同时，系统可以很容易地在各点之间形成映射。用户可以根据需要手动操作控制点以产生想要的结果，也可以通过添加额外的顶点来分割草图实体。"Defroster Vent"的每个轮廓有 4 条线段和 4 个圆弧。

　　2. 选择每个草图轮廓上相同的对应点　系统会连接用户指定的点，因此应在各轮廓上选择想要映射在一起的点。选择适当的点可以防止或减少特征变得扭曲，如图 8-9 所示。

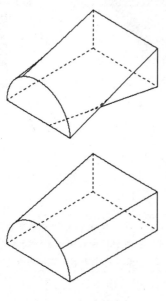

图8-8　选择轮廓

图8-9　放样

　　技巧　如果草图是圆而不像矩形那样有端点，挑选相应的点时便会非常棘手。在这种情况下，需要在每个圆上作一个草图点以方便选择。

步骤2　插入一个放样　单击【放样凸台/基体】。

步骤3　设置放样参数　按顺序在对应点附近单击并添加轮廓，如图8-10所示。

> 提示　当对3个或更多的轮廓草图进行放样操作时，这些轮廓必须有适当的顺序。如果列表中所显示的顺序不正确，可以单击列表旁边的【上移】和【下移】进行适当的调整。

步骤4　放样连接　在选择草图时，系统会预览放样的效果，显示操作中草图中的哪些顶点将被连接。应仔细查看预览效果，因为系统会显示创建的特征是否被扭曲，同时允许用户通过拖动控标来修正扭曲或错误。图形区域中会出现一个标注来标明所选择的轮廓，如图8-11所示。

步骤5　创建薄壁特征　单击【薄壁特征】，设置【厚度】为0.090in，注意厚度应该添加在轮廓的外侧。在【选项】中勾选【合并切面】复选框。单击【确定】，创建特征，如图8-12所示。

图8-10　设置放样参数

图8-11　放样连接

图8-12　创建薄壁特征

8.4.2　合并切面

如果轮廓中有相切的线段，【合并切面】选项可以将生成的相应曲面合并起来，而不是用边分开。这将生成平滑过渡的面，而不是边缘相切。虽和轮廓近似但稍有不同，与使用【套合样条曲线】后的效果类似。

步骤6　显示曲率　单击【视图】/【显示】/【曲率】，注意颜色显示了零件中放样面上的曲率是平滑过渡的。图8-13所示为合并切面的结果。

步骤7 **编辑特征** 编辑放样特征，在【选项】选项组中，取消勾选【合并切面】复选框，单击【确定】✔。注意现在特征中出现了边缘以及多个不同的面，颜色显示出了相切点曲率的跳跃，如图8-14所示。

图8-13 合并切面的结果

图8-14 不合并切面的结果

步骤8 **关闭曲率显示**

8.4.3 起始和结束约束

在放样时，用户可以通过选项设定放样的起始处和结束处的处理方式，从而控制结束处的形状，用户还可以控制每个结束影响的长度和方向。开始约束作用于轮廓列表中的第一个轮廓，而结束约束则作用于列表中的最后一个轮廓。用户可以用约束使创建的面【垂直于轮廓】，或使其方向沿指定的【方向向量】，或使用【默认】的约束，也可以将约束设定为【无】。【默认】选

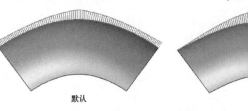

图8-15 起始和结束约束

项类似在第一个和最后一个轮廓之间绘制的抛物线。该抛物线中的相切驱动放样曲面，在未指定匹配条件时，所生成的放样曲面更具可预测性，而且更自然，如图8-15所示。

当放样的某一端存在其他的模型几何时，放样还会提供额外的选项以创建与已存在的面【相切】或【曲率】约束。

> **技巧** 如果需要对放样进行除这些约束外更多的控制，则可以考虑添加引导线和（或）中心线。

步骤9 **编辑特征** 编辑放样特征，勾选【合并切面】复选框，重新启用该选项。

步骤10 **设置起始/结束约束** 展开【起始/结束约束】选项组。为了在"Defroster Vent"两端的匹配部分创造更好的过渡，可以将【开始约束】和【结束约束】改为【垂直于轮廓】，相切向量如图8-16所示。如果方向不正确，可单击【反向】↗调整。相切的长度值可以用来修改对放样的形状的影响。在本例中，使用默认值1。单击【确定】✔，放样结果如图8-17所示。

> **提示** 如果选择【垂直于轮廓】选项，设定【拔模角度】 $\boxed{0.00deg}$ ，可以在起始/结束轮廓处产生相对于端面的拔模角度。如果选择【方向向量】选项，则拔模角度将参照此方向的向量来设定。

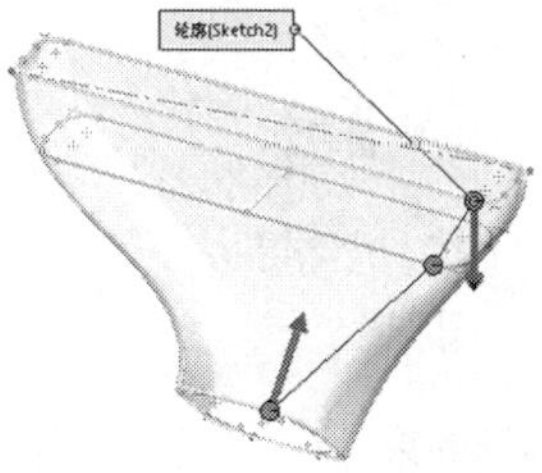

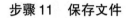

图 8-16　相切向量 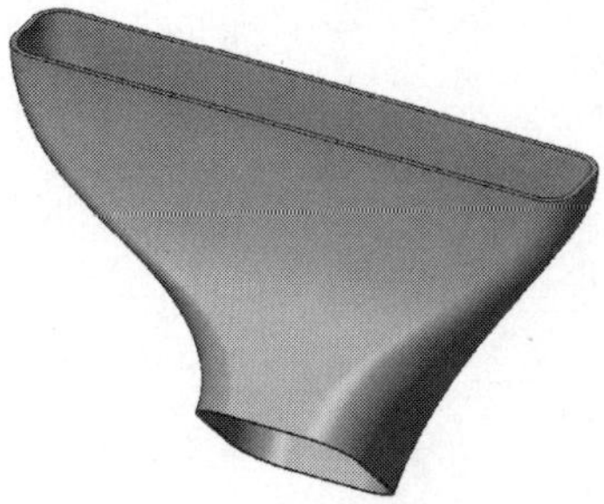　　　　　　　　　　　　 图 8-17　放样结果

步骤 11　保存文件

8.5　边界特征

模型"Defroster Vent"的轮廓还可以用【边界】特征来创建。边界特征是为那些拥有两个方向的曲线的特征或需要约束中间轮廓的特征而设计的。然而，由于边界特征的计算方法不同，结果会略有不同，因此它们可以作为放样的一个替代。保存"Defroster Vent"零件为一个副本，使用【边界】特征进行重建，并比较结果。

知识卡片	边界	【边界】特征通过轮廓草图或有选择性地使用方向 2 曲线创建凸台或切除特征。当使用边界特征时，轮廓和方向 2 曲线对特征形状的影响程度相同。而对于放样来说，轮廓则是形状的主要影响因素。【边界】特征可以控制特征中的任何轮廓及任一方向。
	操作方法	边界凸台/基体 • CommandManager：【特征】/【边界凸台/基体】。 • 菜单：【插入】/【凸台/基体】/【边界】。 边界切除 • 菜单：【插入】/【切除】/【边界】。

步骤 12　**另存为副本并打开**　单击【文件】/【另存为】，在弹出的对话框中选择【另存为副本并打开】，命名为"DefrosterVent_ Boundary"，单击【保存】。在弹出的对话框中，选择【保持原始文档打开】。

步骤 13　**删除放样特征**

步骤 14　**设置边界特征**　单击【边界凸台/基体】，当选择【方向 1】的轮廓时，和之前创建放样特征时一样，按顺序在对应的顶点附近选择。单击【薄壁特征】，设置【厚度】值为 0.090in，添加在轮廓的外侧，如图 8-18 所示。

到目前为止，所有的操作和放样几乎完全相同，两者最大的不同在于如何给轮廓添加约束。边界特征在【方向 1】和【方向 2】的列表下方提供了下拉框，而不是像放样那样在【起始/结束约束】的选项组内操作，下拉框中所选的约束将会被应用到列表中选中高亮的轮廓上。另外，也可以通过图形区域中的下拉框进行选择设置，如图 8-19 所示。

步骤 15　**添加约束**　给起始和结束的轮廓添加【垂直于轮廓】约束，【相切长度】使用默认值 1.000，如图 8-20 所示。单击【确定】。

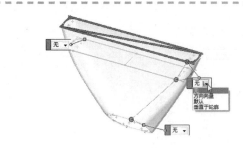

图 8-19 选择约束

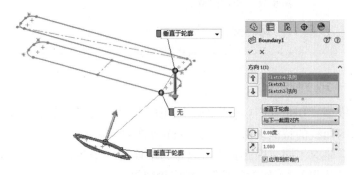

图 8-18 设置边界特征

图 8-20 添加约束

步骤 16 比较结果 如图 8-21 所示，平铺窗口以便更好地比较两种方法创建的零件。如图 8-22 所示，平铺的右边窗口中为零件 "DefrosterVent_Boundary"，左边为零件 "DefrosterVent"。

图 8-21 平铺窗口

放样

边界

图 8-22 比较结果

当边界和放样仅由轮廓组成时，尤其是当轮廓数量不多时，如本例中仅有 3 个轮廓，两者的结果几乎没有区别。最明显的区别是在放样特征中，开始和结束的相切条件影响更大。但这可以在边界特征中通过延长相切长度进行调整。当一个特征有两组曲线（轮廓及放样中的引导线）时，放样和边界之间的差别会更明显。通常来说，面的质量可以通过使用【曲率】和【斑马条纹】进行评估。用这两种方法来比较这两个模型如图 8-23 所示。

图 8-23 使用曲率或斑马条纹比较

哪个结果正确呢？其实都正确，具体由设计人员决定。当结果用于模拟特征而不用于分析时，可以使用如拉伸和旋转，或者横截面之间插值等方法来创建，也就会有无数种答案。

8.5.1　曲面边界

边界特征是曲面造型中的一个强有力的工具。由于两个边界曲线有相等的权重，连续条件可以应用到任一侧边或轮廓上。在曲面模型中修补开放区域时，边界曲面是一个非常有效的工具，如图 8-24 所示。

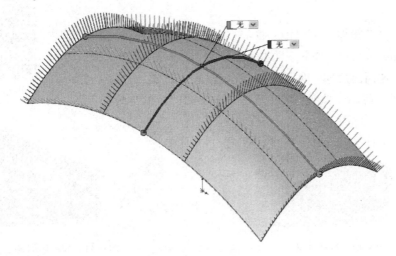

图 8-24　曲面边界特征

8.5.2　放样和边界特征中的 SelectionManager

跟扫描特征相同，SelectionManager 工具（见图 8-25）在放样和边界特征时也是可用的。使用 SelectionManager 时，多个轮廓和中心线可以存在于同一幅草图中。用户可以打开已有的零件"DefrosterVent-3DSketch"，这是一个使用单个三维草图中的所有轮廓来做放样特征的例子，如图 8-26 所示。

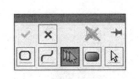

图 8-25　SelectionManager 工具

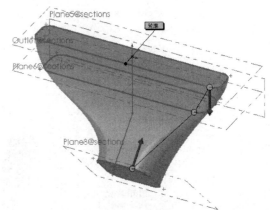

图 8-26　3D 放样

205

技巧🔒　由于实体模型要求闭合线段，因此选择放样的轮廓时，应在 SelectionManager 工具栏上单击打开【选择闭合】▢。

8.6 实例：放样合并

【放样】和【边界】特征非常适合于在模型特征之间创建平滑过渡。在下面的例子中，已有代表高尔夫球杆的杆身和头部的多实体零件，将使用一个放样特征作为两者之间的桥梁来合并这两个分开的部分，如图 8-27 所示。本实例将演示如何使用面作为轮廓，以及当使用相邻面创建特征时的可用附加选项。

图 8-27　高尔夫球杆

操作步骤

步骤1　打开零件　从"Lesson08\Case Study"文件夹内打开已存在的"Lofted Merge"零件，其包含两个实体，如图 8-28 所示。

步骤2　使用面放样　单击【放样凸台/基体】 ，选择模型的平面作为放样的轮廓，在相似的区域中单击它们，如图 8-29 所示。

8.6　实例：放样合并

图 8-28　打开零件

图 8-29　使用面放样

步骤3　添加起始/结束约束　激活【起始/结束约束】选项组并单击下拉菜单，此处显示的附加选项允许为模型的现有几何体创建切线和曲率条件。更改头部实体上的约束为【与面相切】，与特征相切的面将高亮显示。【下一个面】按钮允许在另一个方向创建与轮廓面的相切。取消勾选【应用到所有】复选框，此时切线长度可以在每个控制点单独调整。注意在图形区域有几个可以拖动的箭头，可根据需要调整相切，如图 8-30 所示。更改杆身处的约束为【垂直于轮廓】，确保【合并结果】复选框勾选。单击【确定】 ✔。

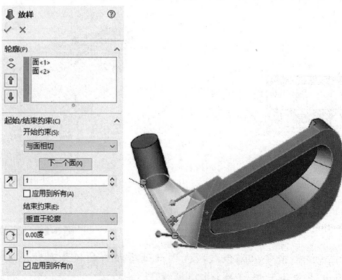

图 8-30　添加起始/结束约束

　　步骤 4　评估结果　添加了放样特征后，此零件仅包含一个实体，如图 8-31 所示。

　　可选操作：使用【与面的曲率】选项替换【与面相切】，以使曲面的曲率匹配，如图 8-32 所示。

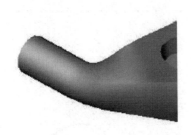

　　　图 8-31　评估结果　　　　　**图 8-32**　【与面的曲率】和【与面相切】选项对比

　　步骤 5　保存并关闭此文件

8.7　实例：重用草图

　　放样和边界特征可以包含许多草图，用于描述【轮廓】、【引导线】或【中心线】。许多所需的草图可能是相似或完全相同的，利用派生草图和复制草图可以帮助减少所需的草图数量。

8.7　实例：重用草图

　　● 派生草图　派生草图是原始草图的精确复制，并保持与原始草图之间的链接关系。派生草图只能重新改变位置，不能改变形状。

　　● 复制草图　复制草图是原始草图的复制，因为复制草图与原始草图之间没有链接关系，所以可以以任何方式进行更改。

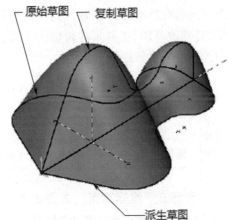

　　下面考虑创建如图 8-33 所示的模型。此特征的第一个和最后一个轮廓是相同的，设计意图是让它们始终保持相等。创建派生草图将确保当原始草图更新时，派生草图也会跟着更新。所以此处使用派生草图。中间的轮廓是相似的，但不完全相同。所以此处使用复制草图，以使它的尺寸可以修改。

　　在本例中，也将介绍【修改草图】命令，修改草图是用于处理复制和派生草图的常用工具。

图 8-33　派生草图和复制草图

207

操作步骤

　　步骤 1　打开零件　从 "Lesson08\Case Study" 文件夹内打开已存在的 "Derive&Copy" 零件，其包含一个名为 "Source" 的草图，如图 8-34 所示。

图 8-34　打开零件

8.8　复制草图

通过对现有草图的复制和粘贴，可以生成另一个与之形状相似的草图。对复制草图的修改并不影响原始草图。在本例中，草图"Source"将被复制到右视基准面上，并对复制草图进行编辑。

步骤2　选择草图　在 FeatureManager 设计树中选择"Source"草图，草图几何体将会在屏幕中高亮显示。

步骤3　复制草图　使用 < Ctrl + C > 快捷键，或从菜单中选择【编辑】/【复制】命令，将草图复制到剪切板上。

步骤4　选择平面并粘贴　在 FeatureManager 设计树中选择右视基准面，使用 < Ctrl + V > 快捷键，或从菜单中选择【编辑】/【粘贴】命令，将草图从剪切板粘贴到右视基准面上。右视基准面方向显示了复制的草图，如图 8-35 所示。

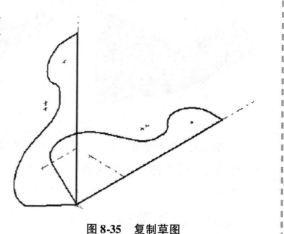

图 8-35　复制草图

8.9　修改草图

复制草图的方向是基于右视基准面和上视基准面的坐标系对比。在上视基准面绘制草图时，垂直方向是沿着零件的 Z 轴，而在右视基准面绘制草图时，垂直方向是沿着零件的 Y 轴。下面将使用【修改草图】工具来旋转整个草图，重新定义哪个方向是垂直的，而不是尝试重新定义草图中的关系来重新定位它。

知识卡片	修改草图	【修改草图】工具可以根据需要用于平移、缩放和镜像草图实体。用户可以使用对话框定义草图的比例和平移运动，也可以使用光标动态移动和旋转图形区域中的草图。当命令处于激活状态时，通过在屏幕上使用黑色操纵器 来实现镜像。
	操作方法	●菜单：【工具】/【草图工具】/【修改】◇_↕。

步骤5　编辑草图　选择新创建的草图，单击【编辑草图】，单击【修改草图】◇_↕，在【修改草图】对话框的【旋转】中输入 270° 并按 < Enter > 键，结果如图 8-36 所示。

步骤6　添加几何关系　注意使用此工具时光标的反馈，光标旁边的图标代表鼠标按键的功能。鼠标左键可以移动草图，而鼠标右键可以动态旋转图形区域中的草图。使用鼠标左键将该草图的原点拖动到零件的原点。此时出现警告对话框，提醒用户如果保留正在创建的自动【重合】关系，修改草图工具的功能将受到

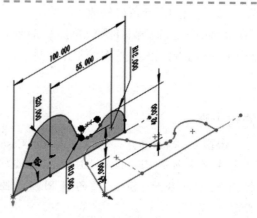

图 8-36　编辑草图

限制。单击【是】，接受重合关系，结果如图 8-37 所示。单击【关闭】来关闭【修改草图】对话框。

步骤7 **修改尺寸** 图 8-38 所示轮廓中斜体显示的尺寸是需要修改的尺寸。通过修改两个较低位置的尺寸属性，使其显示为【使成径向】尺寸。因为在第一个轮廓的中心线上具有对称尺寸才有意义，所以此轮廓不需要对称。

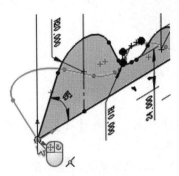

图 8-37 添加几何关系

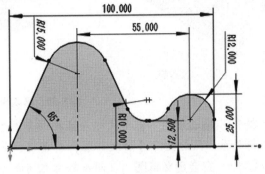

图 8-38 修改尺寸

技巧 显示选项可以在尺寸 PropertyManager 中的标注选项卡上修改，也可以通过快捷菜单来修改。

步骤8 **退出草图** 单击【退出草图】，并将其重命名为"Copied"。

8.10 派生草图

此零件的最后轮廓应该是派生草图。

知识卡片	派生草图	【派生草图】用于在不同位置创建链接到原始草图的副本，如果对原始草图进行修改，派生草图将自动更新。【派生草图】依赖于原始草图的大小和形状，但不是原始草图的位置和用途。用户不能编辑派生草图的几何图形或尺寸，只能根据模型找到它。原始草图中的更改会传播到派生的副本中。
	操作方法	• 菜单：【插入】/【派生草图】。

提示 要访问【派生草图】命令，必须预先选择原始草图和要复制到的平面。

步骤9 **选择草图和平面** 按住 < Ctrl > 键，选择"Source"草图和上视基准面。

步骤10 **插入派生草图** 单击【插入】/【派生草图】，草图被插入到所选的平面内，但没有完全定义。当创建派生草图后，系统会自动进入【编辑草图】状态。同时，在 FeatureManager 设计树中，派生草图的名字会用附加"派生"后缀的方式显示。

步骤11 **修改草图** 由于将派生草图复制到原始草图的平面中，因此它和"Source"草图叠加在一起。下面将镜像草图来将其正确定位。单击【修改草图】，将光标放置到黑色点符号上，并注意光标反馈的变化。单击右键，镜像草图，如图 8-39 所示。

提示 此符号上的黑色旋钮可用于在 X 轴、Y 轴或两者上镜像轮廓，操作方法是放置指针到黑色旋钮上并单击鼠标右键。

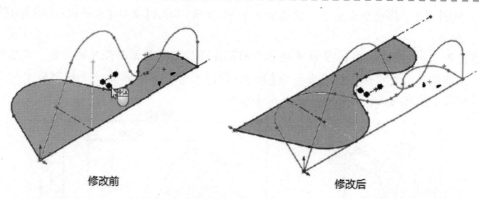

修改前　　　　　　　　　　　　　修改后

图 8-39　修改草图

步骤 12　拖动草图　使用鼠标左键拖动草图原点到零件原点，单击【是】接受【重合】几何关系，然后关闭【修改草图】对话框，如图 8-40 所示。

步骤 13　完全定义草图　在两个轮廓之间添加几何关系，以完全定义派生草图。

步骤 14　退出草图　结果如图 8-41 所示。

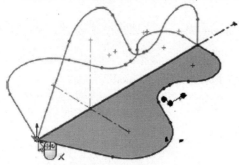

图 8-40　拖动草图

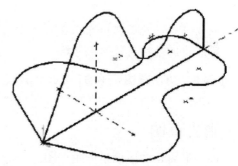

图 8-41　退出草图

步骤 15　添加放样或边界　用户可以使用放样或边界特征创建此零件的实体几何体。由于所有曲线都在一个方向，并且在中心轮廓上也不需要控制，所以两个特征中的任意一个都能够产生所需的形状。下面将使用【边界】特征来介绍一些可用的选项。单击【边界凸台/基体】 ，确保勾选【选项与预览】中的【合并切面】复选框，通过选择公共顶点附近的三个轮廓文件来创建特征，结果如图 8-42 所示。

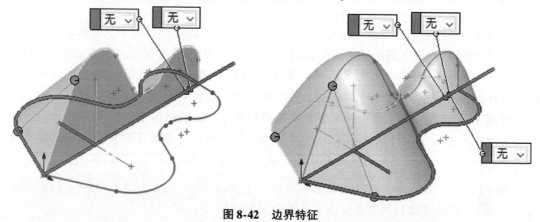

图 8-42　边界特征

8.11 边界预览选项

在创建或编辑边界特征时，可以显示【网格】、【斑马条纹】和 PropertyManager 中（或快捷菜单中）的【曲率检查梳形图】以增强显示预览效果。用户也可以使用快捷菜单中的【曲率探索器】工具评估预览，这会在预览中添加一个节点，将其拖放到面上以评估任何位置的曲率，如图 8-43 所示。

使用此命令时，在快捷菜单中还有其他选项用于操作接头。可见的接头可以用鼠标手工拖动，以修改轮廓映射在一起的方式。边界特征显示所选轮廓顶点附近的一组接头，可以使用选项来隐藏、重置或添加接头。

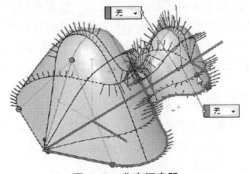

图 8-43 曲率探索器

步骤16 **添加接头** 在如图 8-44 所示的轮廓上单击右键，并选择【添加连接线】。

步骤17 **操作形状** 通过重新定位一个或所有接头，可以显著改变形状，但是不允许生成交叉几何体，如图 8-45 所示。

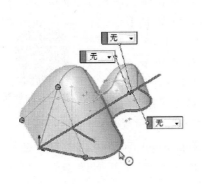

图 8-44 添加接头

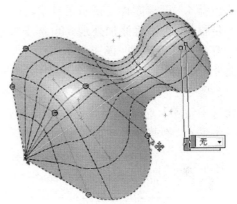

图 8-45 操作形状

步骤18 **重设接头** 在编辑边界时，从快捷菜单中使用【重设接头】可以返回默认的映射条件。单击【确定】 ✔，如图 8-46 所示。

步骤19 **更改原始草图** 为了演示模型如何对变化做出反应，将"Source"草图总的 R20 尺寸修改为 R25，并单击【重建】 ●，重建模型。派生草图随着"Source"草图一起更新，而复制草图仍保持原始尺寸，如图 8-47 所示。

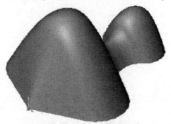

图 8-46 重设接头

步骤20 **保存并关闭此文件**

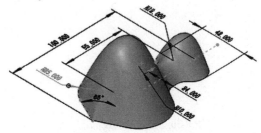

图 8-47 更改原始草图

8.12　草图块和库特征轮廓

库特征和草图块提供了重用草图的另一种方式。读者在前面已经学习了一些如何使用库特征零件来重复使用草图数据的例子（请查看第6章），这对于在多个文档中重用草图非常有用。另一种可用于此目的的文件类型是 SOLIDWORKS 草图块。草图块具有可扩展性的明显优势，但它们的尺寸不能像库特征那样容易覆盖。为轮廓而创建和使用草图块的示例，请参考"练习8-4 用草图块作为轮廓"。

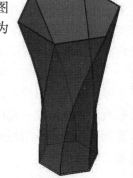

练习8-1　放样花瓶

按照提供的信息和尺寸创建如图 8-48 所示的花瓶。

本练习将应用以下技术：

- 放样。
- 准备轮廓。

单位：mm。

图 8-48　花瓶

操作步骤

步骤1　新建零件　使用模板"Part_MM"创建一个零件，命名为"Vase"。

步骤2　为零件添加外观（可选步骤）　在任务栏中单击【外观、布景和贴图】 ，展开"外观（color）""玻璃"，选择"厚高光泽"文件夹，双击"蓝色厚玻璃"外观，如图 8-49 所示。

步骤3　创建第一个轮廓　在上视基准面上创建一个草图。使用【多边形】⊙工具创建如图 8-50 所示的轮廓。退出草图。

图 8-49　蓝色厚玻璃

步骤4　新建参考平面　在距离上视基准面为 325mm 的位置创建一个平面。

> 技巧 🔑　快捷创建一个偏置平面：在图形区域选择已经存在的可见平面，按住 <Ctrl> 键并拖动平面的边界，就会创建一个"复制"的平面。使用平面的属性管理器可以进一步定义平面。

步骤5　创建第二个轮廓　在"Plane1"上创建一个草图，绘制一个更大的多边形，如图 8-51 所示。

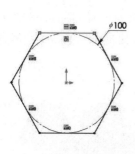

图 8-50　多边形轮廓

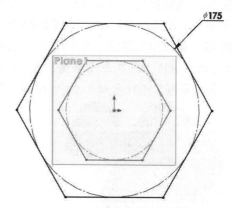

图 8-51　创建第二个多边形轮廓

步骤6　放样　使用轮廓进行放样，单击【放样凸台/基体】⬇，选择相应点附近的轮廓正确映射连接点，如图 8-52 所示。

步骤7　抽壳　添加一个【抽壳】⬚特征，设置【厚度】为 2mm，删除顶面，如图 8-53 所示。

步骤8　编辑特征　选择"放样 1"并【编辑特征】🗇，如图 8-54 所示。

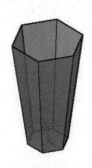

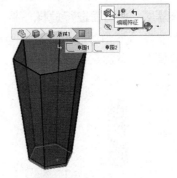

图 8-52　放样　　　　　　图 8-53　抽壳　　　　　　图 8-54　编辑特征

> **提示👆**　　特征可以从 FeatureManager 设计树上选择，也可以通过选择一个特征的面，并使用快速导航。使用快捷键<D>可以移动快速导航到用户的光标位置。

步骤9　添加扭转　拖动顶部轮廓上的连接点到如图 8-55 所示的位置。

步骤10　添加起始/结束约束　为了生成一条更满意的曲线，在底部轮廓添加一个【垂直于轮廓】的【起始/结束约束】，单击【确定】✔，如图 8-56 所示。

步骤11　保存并关闭该文件（见图 8-57）

图 8-55　添加扭转　　　　图 8-56　添加起始/结束约束　　　图 8-57　结果

练习 8-2　创建一个过渡

为玻璃瓶创建一个如图 8-58 所示的放样和边界过渡并比较结果。

本练习将应用以下技术：

- 放样。
- 分析实体几何。
- 边界。

单位：mm。

图 8-58　玻璃瓶

操作步骤

步骤1　打开零件 **"Glass Bottle"**　从 "Lesson08\Exercises" 文件夹内打开已存在的零件，其包含两个实体。

步骤2　使用面进行放样　单击【放样凸台/基体】，选择模型的平面作为轮廓进行放样，单击它们的相似区域，如图 8-59 所示。

步骤3　添加起始/结束约束　【起始】和【结束】约束都选择【与面相切】，单击【确定】，如图 8-60 所示。

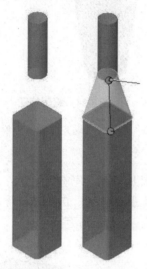

图 8-59　放样

图 8-60　添加起始/结束约束

步骤4　评估几何体　使用【曲率】和【斑马条纹】来评估零件平面之间的过渡。为了创建一个平滑的过渡，需要修改起始和结束约束，如图 8-61 所示。

步骤5　编辑特征　编辑放样特征，改变曲线到面的起始约束和结束约束。

步骤6　重新评估几何体　使用【曲率】和【斑马条纹】来重新评估零件平面之间的过渡，如图 8-62 所示。作为替代选择，边界特征将被用于过渡和结果比较。

步骤7　另存为和打开　单击【文件】/【另存为...】。在【保存】对话框中，单击"另存为副本并打开"按钮，命名文件为 "Defroster Glass Bottle_Boundary"，单击【保存】，在弹出的对话框中，选择【保持原始文档打开】。

复制的文件被打开并变为活动的文档。

步骤8　删除放样特征

步骤9　边界特征　单击【边界凸台/基体】，选择模型的平面作为轮廓，单击它们相似的区域。使用图形区域中的标记来定义每一个轮廓的【与面的曲率】约束。单击【确定】，如图 8-63 所示。

步骤10　比较零件　为了比较两个版本的零件，平铺打开文档的窗口。使用【曲率】和【斑马条纹】来评估零件，并决定哪个版本可以继续，如图 8-64 所示。可以尝试修改实体特征的约束和几何来找到用户想要的结果。

步骤11　多厚度抽壳　添加一个【抽壳】，初始厚度设置为 3mm，删除顶部的面。使用【多厚度设定】添加一个厚度为 5mm 的瓶底，如图 8-65 所示。

图 8-61　评估几何体

图 8-62　重新评估几何体

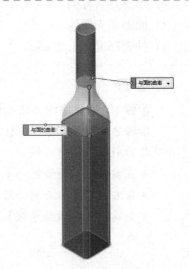

图 8-63　边界特征

步骤 12　保存并关闭文件　图 8-66 所示为显示于 PhotoView360 中渲染的模型。

图 8-64　比较零件

图 8-65　多厚度抽壳

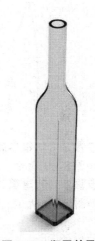

图 8-66　瓶子效果

215

练习 8-3　创建薄壁覆盖件

按照已知的尺寸创建如图 8-67 所示的零件，使用草图几何关系和尺寸保持设计意图。

本练习将应用以下技术：

- 投影曲线。
- SelectionManager。
- 放样。

单位：mm。

该零件的设计意图如下：

图 8-67　"Light Cover" 零件

1）零件是对称的。

2）曲面是光滑的。

3）抽壳厚度为1.25mm。

操作步骤

  步骤1　新建零件　使用模板"Part_MM"新建零件，命名为"Light Cover"。

  步骤2　创建曲线　如图8-68所示，该零件是用投影曲线创建的放样，但不能使用该曲线作为引导线或中心线。

- 在前视基准面绘制一个【椭圆】⊘。
- 在右视基准面绘制一段【圆弧】⌒。
- 创建一条【投影曲线】▥。

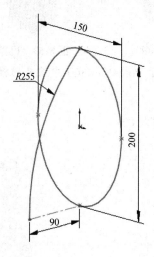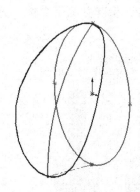

图8-68　创建投影曲线

  步骤3　创建多轮廓草图　在上视基准面上绘制两个圆心在投影曲线上的半圆，标注尺寸如图8-69所示。

  步骤4　创建第二个草图　在右视基准面上绘制两个中心在投影曲线上的椭圆，标注尺寸如图8-70所示。

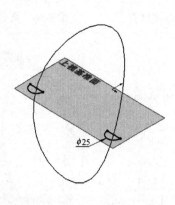

图8-69　创建多轮廓草图

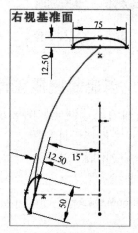

图8-70　创建第二个草图

步骤 5 创建放样 当选择其中的一个轮廓时，SelectionManager 将出现，如图 8-71 所示。使用【选择闭环】□工具并单击【确定】✔，将选择 4 个轮廓。

步骤 6 调整接头 调整接头，使放样更合适，如图 8-72 所示。如果接头不能移动，可右键单击接头，从弹出快捷菜单中选择【重设接头】。

步骤 7 闭合放样 在【选项】选项组中勾选【闭合放样】复选框，创建闭环的放样，如图 8-73 所示。

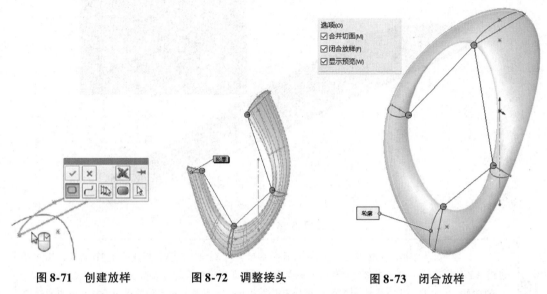

图 8-71 创建放样　　　图 8-72 调整接头　　　图 8-73 闭合放样

步骤 8 抽壳 抽壳该零件，设置【厚度】为 1.25mm，选择直线部分放样的面为【移除的面】，如图 8-74 所示。

步骤 9 保存并关闭文件 完成的零件如图 8-75 所示。

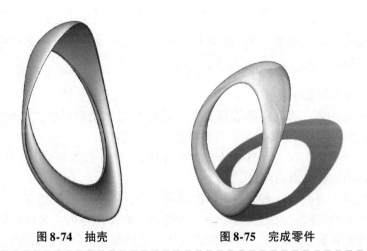

图 8-74 抽壳　　　图 8-75 完成零件

练习 8-4 用草图块作为轮廓

在本练习中，将介绍创建【通过 XYZ 点的曲线】和如何使用 SOLIDWORKS 草图块为放样轮廓来重用草图数据。

本练习将应用以下技术：

• 放样特征。

单位：in。

含有 X、Y 和 Z 坐标文件的机翼模型是一个很好的例子，如图 8-76 所示。由于机翼的横截面是 2D 的，故 Z 坐标为零。另外还需要缩放曲线并重新定位以产生适当的轮廓。将曲线转换为草图块将使读者能够按需求修改曲线。

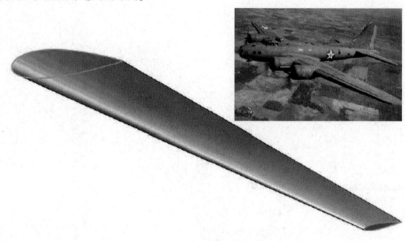

图 8-76　机翼

知识卡片	通过 XYZ 点的曲线	【通过 XYZ 点的曲线】能通过一系列点的 X、Y、Z 坐标创建一条 3D 曲线。用户可以在电子表格的对话框中直接输入这些点的坐标，也可以从 ASCII 文本文件中读入，这类文件的扩展名为 *.SLDCRV 或 *.txt。曲线将按照点的输入顺序或文件中所列的顺序依次通过这些点。
	操作方法	• CommandManager：【特征】/【曲线】ひ/【通过 XYZ 点的曲线】ひ。 • 菜单：【插入】/【曲线】/【通过 XYZ 点的曲线】。

⚠ **注意**　由于曲线不是在草图中创建的，因而此处的 X、Y 和 Z 是相对于模型坐标系统来解释的。

机翼数据的注意事项如下：

• 由于 Z 被假定为零，因此机翼数据文件中只有 X 和 Y 的坐标值，Z 坐标值被省略。为了在 SOLIDWORKS 中使用数据文件，用户需要添加 Z 坐标值。

• 数据中的是"单位"尺寸。这意味着 X 坐标从 1 到 0，再返回到 1。为了创建一个真实的机翼，数据必须被缩放到机翼的弦长。

• 为了创建相对于飞机坐标系统的正确的机翼方向，需要重新调整 X、Y、Z 值。例如，创建平行于右视基准面的机翼，原始数据中的 X 数值必须填入 Z 列中，同时必须是相反数。

• 如果想改变机翼的攻击角度，即将机翼旋转，必须改变文件中的数值。

为了解决这些问题，可以采取以下策略：

1）在模型空间中使用数据"按原样"创建曲线。

2）在前视基准面上新建草图。

3）使用【转换实体引用】将曲线复制为草图实体。

4）通过激活草图制作一个块。

5）在正确的基准面上新建草图。

6）插入块，缩放并放置到需要的地方。

操作步骤

　　步骤1　新建零件　使用 "Part_IN" 模板新建一个零件。此零件将用于创建和保存机翼轮廓所需的草图块。

　　步骤2　更改单位　将单位更改为 ft（英尺）。因为机翼数据来自于第二次世界大战时期的波音 B-17，它的尺寸单位是 ft。

　　步骤3　插入曲线　单击【通过 XYZ 点的曲线】。

　　步骤4　选择文件　单击【浏览】，然后从 "Lesson08\Exercises\CurveData" 文件夹下选择文件 "NACA_0018.sldcrv"。文件内容就被读到对话框中并被分成几列，如图 8-77 所示。如果曲线或文本文件不可用，也可以手动将信息输入到此对话框中。

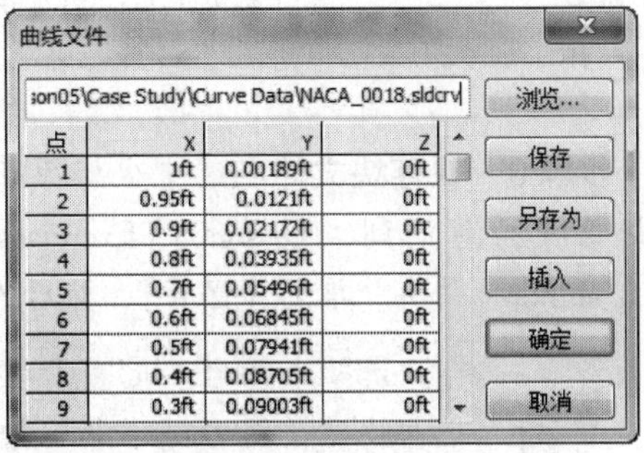

图 8-77　选择文件

> **提示**　　该文件浏览对话框可以用来查找 *.sldcrv 或 *.txt 类型的文件。
> NACA 代表美国国家航空咨询委员会（美国国家航空航天局的前身）。

　　步骤5　创建曲线　单击【确定】，添加曲线到零件中。如图 8-78 所示，在前视基准面上，创建了一条通过文件中的点的光滑样条曲线。在 FeatureManager 设计树中，出现了一个名为 "曲线1" 的特征。

图 8-78　创建曲线

　　步骤6　新建草图　在前视基准面上新建草图。

　　步骤7　转换实体引用　使用【转换实体引用】将曲线特征复制到激活草图中。

　　步骤8　闭合轮廓　机翼的后缘并未封闭。绘制一条直线连接样条曲线的两端，如图 8-79 所示。不要退出草图。

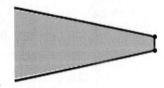

图 8-79　闭合轮廓

　　块是一种保存、编辑和重用图形信息的方式。人们一般把工程图中的标准注释、符号和标题块元素称为块。然而，块也可以被用于重用和操作草图几何体。

　　可以通过单个或多个草图实体生成块。使用块可以：

　　●用最少的尺寸和几何关系创建布局草图。使用块创建布局草图的更多信息，请参阅《SOLIDWORKS®高级装配教程（2022 版）》。

　　●冻结草图中的一个实体集，使其成为一个独立的实体进行操作。

　　●管理复杂的草图。

- 同时编辑一个块的所有实例。

要创建一个块，可以在图形区域中选择实体，也可以将草图直接保存为一个块文件。将草图保存到块文件时，请确保在保存时选择了预期的插入点。块是单独的 SOLIDWORKS 文件，文件扩展名为 *.sldblk。

知识卡片	草图块	• 【块】工具条：【保存草图为块】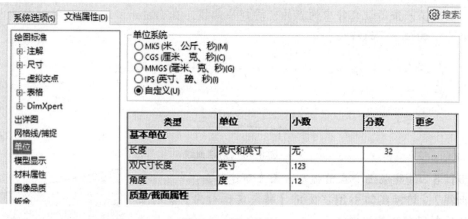。 • 菜单：【工具】/【块】/【保存】。

步骤 9　保存块文件　选中坐标原点，单击【工具】/【块】/【保存】。在【另存为】对话框中，浏览到"Lesson08 \ Exercises \ Curve Data"文件夹并保存为名为"NACA_0018.sldblk"的块。单击【保存】，然后关闭草图。

> 提示　选择坐标原点是为了定义块的插入点位置。换句话说，当插入块时，这个点就是在图形窗口中与光标对齐的点，在单击之后，块就被插入到光标单击的位置。

步骤 10　重复操作　对曲线文件"NACA_0010.sldcrv"重复步骤 3～步骤 9。同样，命名块文件为"NACA_0010.sldblk"。

步骤 11　新建零件　为机翼模型创建一个新零件。将单位改为带有【分数】的【英尺和英寸】，分母设为 32，如图 8-80 所示。保存文件并命名为"Wing"。

文档属性(D) - 单位

系统选项(S)　文档属性(D)					⚙ 搜索
绘图标准	**单位系统**				
⊞ 注解	○ MKS (米、公斤、秒)(M)				
⊞ 尺寸	○ CGS (厘米、克、秒)(C)				
─ 虚拟交点	○ MMGS (毫米、克、秒)(G)				
⊞ 表格	○ IPS (英寸、磅、秒)(I)				
⊞ DimXpert	⦿ 自定义(U)				
出详图					
网格线/捕捉	**类型**	**单位**	**小数**	**分数**	**更多**
单位	**基本单位**				
模型显示	长度	英尺和英寸	无	32	...
材料属性	双尺寸长度	英寸	.123		...
图像品质	角度	度	.12		
钣金	**质量/截面属性**				

图 8-80　更改单位

> 技巧　当使用"英尺和英寸"为单位时，输入到文档区域中的尺寸值被假定为英寸，除非添加了单撇号"′"或 ft。也可以使用 2′4.5″的英尺和英寸混合格式输入数值。当使用【分数】时，除非尺寸值与指定的分母分数相匹配，否则将默认显示为小数。使用【更多】按钮来设置是否要含入到最接近的分数。

步骤 12　创建参考基准面　创建一个与右视基准面相距 4ft 的参考基准面，并命名为"Root"。

步骤 13　**新建草图**　在"Root"参考基准面上新建一个草图。

步骤 14　**插入块**　单击【工具】/【块】/【插入】📇。浏览到"Lesson08\Exercises\Curve Data"文件夹并选择"NACA_0018.sldblk"。在【参数】下，将比例设置为 19.6，如图 8-81 所示。

> 提示 👆　　由于 1 个单位的机翼弦长为 1ft，在"Wing"的"Root"草图中的机翼弦长即为 19.6ft。

单击坐标原点，插入块。单击【确定】✔，退出草图。

步骤 15　**创建参考基准面**　创建一个距"Root"参考基准面 45ft 的参考基准面，命名为"Tip"。

步骤 16　**新建草图**　在"Tip"参考基准面上新建一个草图。

步骤 17　**定义插入点**　如图 8-82 所示，位于"Tip"参考基准面的横截面位于机翼尾部，并且需要调整位置以生成合适的机翼锥度和二面角。

图 8-81　插入块

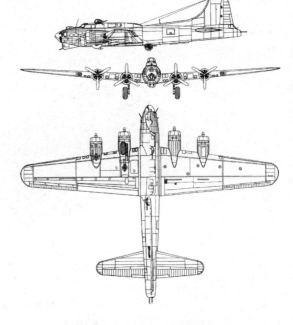

图 8-82　飞机图样

221

按图 8-83 所示尺寸，插入草图点。下面将使用此点作为草图块的插入点。

步骤 18　**插入块**　单击【工具】/【块】/【插入】📇。浏览到"Lesson08\Exercises\Curve Data"文件夹并选择"NACA_0010.sldblk"。在【参数】下，将比例设置为 7.25。"Wing"的"Tip"草图中的机翼弦长为 7.25ft。单击草图点，插入块。单击【确定】✔，如图 8-84 所示。退出草图。

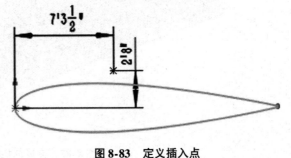

图 8-83　定义插入点

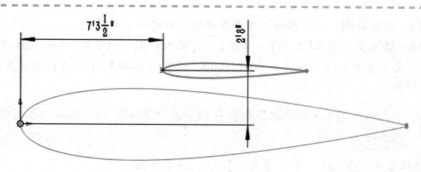

图 8-84　插入块

步骤 19　放样　单击【放样凸台/基体】🔩。如图 8-85 所示，在两个草图中小心地选择对应的大致相同的实体位置。单击【确定】✔️，如图 8-86 所示。

步骤 20　保存并关闭文件　完成的机翼如图 8-87 所示，保存并关闭文件。

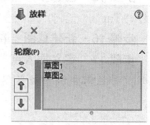

图 8-85　放样对话框

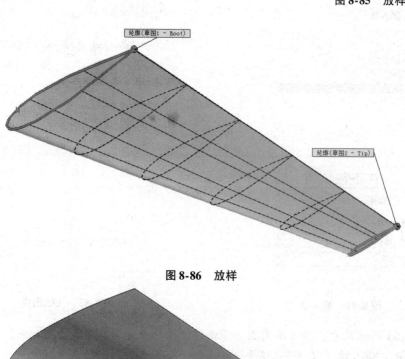

图 8-86　放样

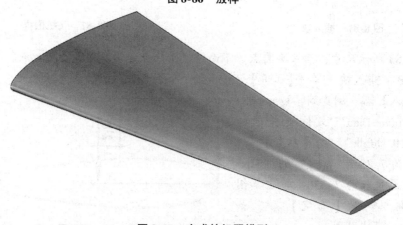

图 8-87　完成的机翼模型

第9章　高级放样和边界

学习目标
- 在放样和边界特征中使用辅助曲线
- 使用分割实体来分割草图曲线
- 使用删除面命令移除不需要的特征失真
- 使用误差分析工具来分析沿边线的面
- 添加面圆角

9.1 放样和边界中的附加曲线

放样和边界特征都允许添加二级曲线来控制特征的形状。这些曲线在放样中称为引导线，在边界特征中称为方向2曲线。在放样特征中，轮廓对特征的形状影响最大。而在边界特征中，方向1和方向2曲线具有相同的影响作用。放样特征还允许在该特征中包含附加类型的曲线：中心线。

9.2 使用中心线放样

放样中心线类似于引导线，引导线是控制放样轮廓的外边缘，而中心线是为轮廓的中心位置提供方向。中心线不需要在顶点处与轮廓相交，而引导线必须直接与轮廓相连接。

9.3 实例：隔热板

图9-1所示的零件是一个覆盖在热气歧管装置上的隔热板。它由多种形状组成：半圆、矩形和半椭圆，并且这些形状要光滑地连接在一起。中心线将用于控制轮廓之间的放样特征方向。通过此实例也将展示一些放样的预览选项，以及如何使用放样接头，如何使用【删除面】命令来处理特征的失真。

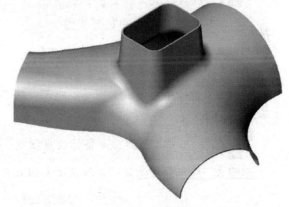

图9-1　隔热板

操作步骤

　　步骤1　打开零件　从"Lesson09\Case Study"文件夹内打开已存在的零件"Heat Shield"，如图9-2所示。该零件中已经定义了所需要的草图。

　技巧　如果要在图形区域中显示多个要素的尺寸，可右键单击 FeatureManager 设计树中的【注释】文件夹，然后选择【显示特征尺寸】。

9.3 实例：隔热板

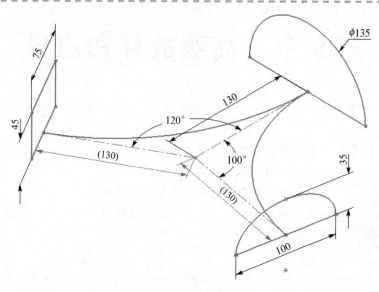

图 9-2 打开零件

步骤 2 创建放样 单击【放样凸台/基体】 ⬇️ 。

步骤 3 预览 选择两个轮廓，从半椭圆轮廓（Sketch6）放样到半圆轮廓（Sketch4）。注意观察预览，要在每个轮廓草图中选择相应的对应点，如图 9-3 所示。

> 技巧🔑 放样时，由于选择轮廓草图的位置很重要，所以这种情况下一般不在 FeatureManager 设计树中选择草图。

图 9-3 预览

步骤 4 设置起始/结束约束 使用【垂直于轮廓】作为开始和结束的约束。

步骤 5 选择中心线 如图 9-4 所示，展开【中心线参数】选项组。选择放样的中心线（草图"Sketch3"），单击【确定】 ✔️ 创建特征。

> 技巧🔑 中心线不必与轮廓顶点相交，这与引导线有所不同。

步骤 6 显示放样结果 放样结果如图 9-5 所示。

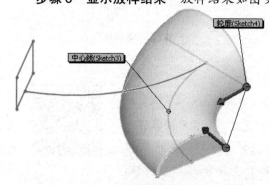

图 9-4 中心线参数

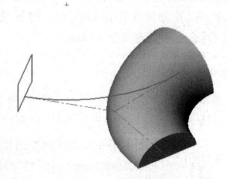

图 9-5 放样结果

同一个草图可以用于零件中的多个特征。草图可以通过 FeatureManager 设计树在图形区域中轻松显示或选择，使其成为新特征的一部分。当草图在特征之间共享时，在设计树中的草图图标将会更新为用手打开的样式🖐。

步骤7　创建另一个放样　显示草图 "Sketch4"（被吸收到放样特征中的草图），利用草图 "Sketch5" 和 "Sketch4" 作为轮廓，草图 "Sketch2" 作为中心线，在【开始约束】和【结束约束】下拉列表框中选择【垂直于轮廓】选项，创建放样，结果如图 9-6 所示。

步骤8　共享草图　通过草图的名称和符号🖐可以看出，草图 "Sketch4" 被两个放样特征共享了，如图 9-7 所示。编辑共享草图中的一个，另外一个也相应变化。隐藏草图 "Sketch4"。

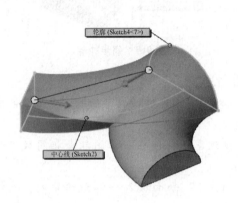

图 9-6　创建另一个放样

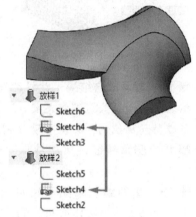

图 9-7　共享草图

本例中，虽然顺利地创建了放样特征，但是放样的形状却不理想。这是由于这两个草图轮廓中的线段数目不相同，从而影响了特征的形状。

9.4　放样预览选项

类似于边界特征，放样也有预览选项，可以帮助操纵和评估几何体。在创建或编辑放样特征时，可以使用快捷菜单访问预览选项，包括显示【网格】、【斑马条纹】和【不透明预览】等。

默认情况下，放样特征在靠近选定的轮廓顶点处显示一组接头。在快捷菜单中还有其他选项可以查看或隐藏该特征的所有接头，方法是从快捷菜单中选择【显示所有接头】。每个端点上接头出现后可以通过拖动进行手工操作。

有两种技术可以修改放样特征映射到一起的方式：

1）显示接头，并使用鼠标手动重新定位点。

2）修改放样轮廓，以便对该特征更好的控制。

步骤9　显示接头　选择 "放样2" 特征，单击【编辑特征】🖐。在图形区域中单击右键，从弹出的快捷菜单中选择【显示所有接头】，在轮廓草图的线段端点上出现了着色的圆，如图 9-8 所示。因为每个草图轮廓拥有不同数量的线段，所以系统将估算每个接头应映射的位置。

　　步骤 10　同步轮廓　拖动接头，使矩形草图更好地和半圆轮廓对应，如图 9-9 所示。单击【确定】 ✔，重建特征。

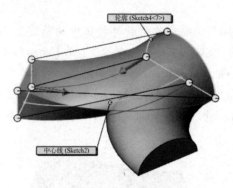

图 9-8　显示接头

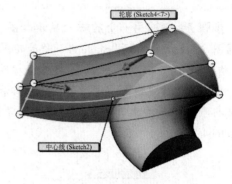

图 9-9　同步轮廓

　　步骤 11　显示放样结果　放样结果如图 9-10 所示。

　　虽然通过拖动接头能够满足要求，但是草图的对应关系不够精确。如果需要对草图的对应关系进行精确控制，必须手动分割草图。

　　步骤 12　删除特征　删除特征"放样 2"，修改草图，使任一草图包含相同数目的线段。

　　步骤 13　重新绘制草图　利用模型中的"Plane1"平面插入一幅新的草图，选择"Sketch4"，单击【转换实体引用】 ⬛，如图 9-11 所示。

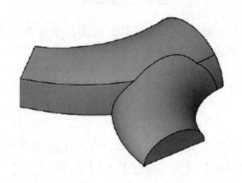

图 9-10　放样结果

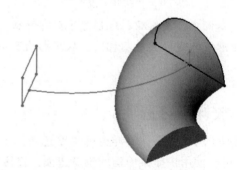

图 9-11　重新绘制草图

9.5　添加草图线段

　　为了精确识别放样和边界特征中的映射位置，轮廓应该包含相同数量的端点。为了在圆形轮廓中创建更多的端点，需要将圆弧分割成多个部分。SOLIDWORKS 软件提供了两种工具可以将现有草图实体分割成多份，它们是【线段】和【分割实体】。

9.5.1　线段

知识卡片	线段	【线段】命令是在现有的一个草图实体中创建等距的草图点或线段。
	操作方法	• 菜单：【工具】/【草图工具】/【线段】 ﹟。

9.5.2　分割实体

分割实体	【分割实体】命令可用于在选定位置将单个草图实体分割为多个部分。激活此命令后，单击草图内的元素将添加多个分割点。一旦完成，则取消此命令。
操作方法	• 菜单：【工具】/【草图工具】/【分割实体】 。 • 快捷菜单：右键单击草图线段，选择【草图工具】/【分割实体】。

在本实例中，使用【分割实体】命令。在"练习 9-2　漏斗"中，将使用【线段】命令。

步骤14　分割实体　使用【分割实体】命令，利用两个分割点将草图中的圆弧分成 3 段，将两个分割点分别置于圆弧中心的两侧，如图 9-12 所示。这 3 段圆弧的半径相等，但圆弧的角度没有定义。

步骤15　标注角度尺寸　使用 3 个点之间的角度尺寸，标注圆弧的角度尺寸为 35°，如图 9-13 所示。用户还可以在这两个角度尺寸之间创建数值链接，这样修改其中一个尺寸时，另一个尺寸也同时变化。

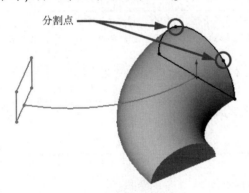

图 9-12　分割实体

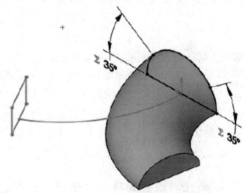

图 9-13　标注角度尺寸

步骤16　退出草图

步骤17　重新创建放样　利用中心线，以两个四边形草图为轮廓，创建第二个放样。在【开始约束】和【结束约束】下拉列表框中选择【垂直于轮廓】选项。单击右键，从弹出的快捷菜单中选择【显示所有接头】，显示对应的端点，如图 9-14 所示。

步骤18　显示放样结果　现在在每个轮廓中都有相同数量的端点，系统可以轻松地将它们映射到一起，以获得所需的结果，如图 9-15 所示。

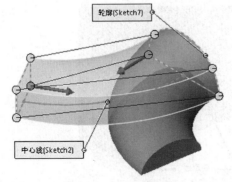

图 9-14　重新创建放样

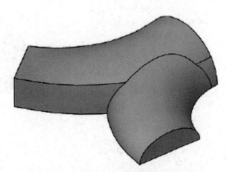

图 9-15　放样结果

227

9.6 整理模型

有时候，在扫描和放样建模的终止处会产生失真——一个特征的面突出在另一个特征的面的外面，如图9-16所示。通常情况下，需要删除这些失真。

一种很容易发现失真的方法是比较特征的颜色。

> **技巧** 将显示改为【带边线上色】🗎，有助于清晰地显示失真。

> **提示** 在"L9_reference"文件夹内提供了一个用于查看匹配失真的模型。

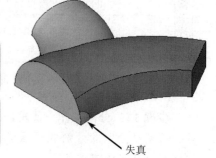

图9-16 失真

9.7 删除面

为了将零件中不需要的面删除，可以使用【删除面】命令。此工具包含几个选项来控制模型删除面后的效果。在本例中，将使用删除并修补。在本书10.4节中，将使用删除并填补选项。

知识卡片	删除面	【删除面】工具可以从模型中删除一个或多个面。在【删除面】命令中有以下几个选项： ●删除：移除模型中的面，留下开放性的边线，会产生曲面实体。可查看曲面建模教程，以了解更多信息。 ●删除并修补：移除面，并通过延伸相邻面上的边线来修补开放区域。 ●删除并填补：移除面，并使用一个新面填补缝隙。新面可以与相邻面相切。
	操作方法	●CommandManager：【曲面】/【删除面】🗎。 ●菜单：【插入】/【面】/【删除】。 ●快捷菜单：右键单击一个表面，并选择【删除】。

步骤19 改变颜色 改变两个放样特征的显示颜色，形成对比，如图9-17所示。

> **技巧** 为了更方便地观察失真，还可以采用提高图像质量的方法。

步骤20 删除面 单击【删除面】🗎。在【选项】选项组中选择【删除并修补】选项。放大两个放样特征相交的平面的边线，选择失真的面，其中一些是细小的长条状的面，如图9-18所示。单击【确定】✔。

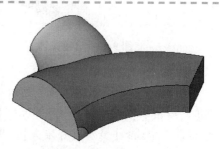

图9-17 改变颜色

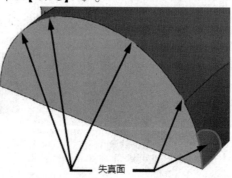

失真面

图9-18 删除面

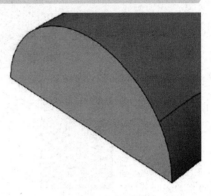

技巧 🔑 使用 <g> 键可以切换放大镜工具，用于协助放大较小的区域。

提示 ☝ 失真面的数量可能会根据放样特征的定义形式而有所不同。如果使用"L9 _ reference"文件夹内的"Heat Shield_Phase"模型，将会有 5 个失真面被移除。

图 9-19　显示结果

步骤 21　**显示结果**　"放样 3"中失真的面被移除，周围的边线被延伸用于闭合缝隙，如图 9-19 所示。

步骤 22　**移除颜色**　移除在步骤 19 中添加的颜色。

9.8　评估边线

下一步是向零件中应用圆角。有时在复杂表面之间添加圆角会有难度。为了帮助识别潜在的问题，首先需要分析将要应用圆角的边线。为了评估模型中的边线，SOLIDWORKS 软件提供了【误差分析】的工具。下面将使用此工具仔细观察最后一个放样特征所产生的边线。

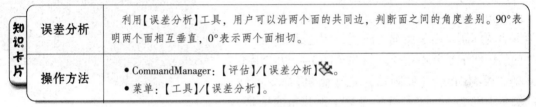

知识卡片	误差分析	利用【误差分析】工具，用户可以沿两个面的共同边，判断面之间的角度差别。90°表明两个面相互垂直，0°表示两个面相切。
	操作方法	• CommandManager：【评估】/【误差分析】✕ • 菜单：【工具】/【误差分析】。

步骤 23　**设置误差分析参数**　单击【误差分析】✕，选择图 9-20 中模型的边线，将样本点数滑块置于大约中间的位置。单击【计算】。

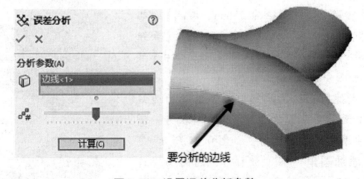

要分析的边线

图 9-20　设置误差分析参数

步骤 24　**显示误差分析图形**　如图 9-21 所示，误差分析的结果以成对的 3D 箭头显示在所选择的边线上，箭头以不同的颜色直观地显示出两个面沿共同边线的角度变化。用户可以设置箭头显示的颜色。还有一些标签用于显示所选边线上面夹角的最大、最小和平均值。

229

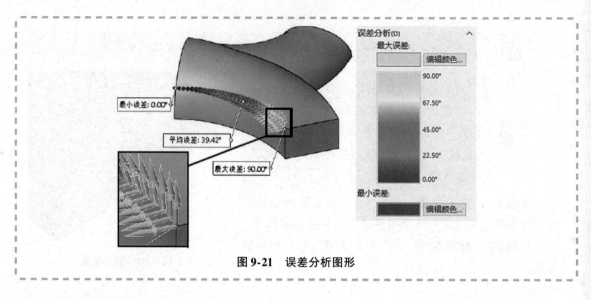

图 9-21 误差分析图形

9.9 面圆角

正如前面误差分析结果所示，出现在棱边上的夹角由 90°变化为 0°。有时我们称其为消逝边，如图 9-22 所示。对它进行倒圆角往往会因为放样形态的轻微不规则而使得圆角创建出现问题。对此，最好的处理办法就是创建面圆角。

面圆角需要选择面进行定义，并可以有效解决诸如消逝边的问题。由于面圆角应用于所选的表面，表面之间的边线似乎并不重要。面圆角甚至可以应用于不共享边线的面上。【面圆角】是【圆角】命令可创建的圆角类型之一，要了解更多关于面圆角的信息，请查看本书 10.8 节。

图 9-22 消逝边

步骤25 创建面圆角 单击【圆角】🗔。圆角类型选取【面圆角】🗔，设置半径为 25mm。激活【面组1】选取框，选取"放样3"特征侧表面。激活【面组2】选取框，选取"放样3"特征顶部表面。单击【确定】✔，结果如图 9-23 所示。

步骤26 创建第二个面圆角 在不连续的边线上需要多次添加面圆角，因此"放样3"特征另一侧的消逝边上需要添加两个面圆角，如图 9-24 所示。

步骤27 添加圆角 在"放样3"的两个锐边之间添加半径为 25mm 的圆角，该圆角是常规的【恒定大小圆角】🗊，此处不必是面圆角，如图 9-25 所示。在两个放样之间的边上添加半径为 55mm 的面圆角，如图 9-26 所示。用户可以使用多半径圆角，或创建两个独立的圆角。

图 9-23 创建面圆角

230

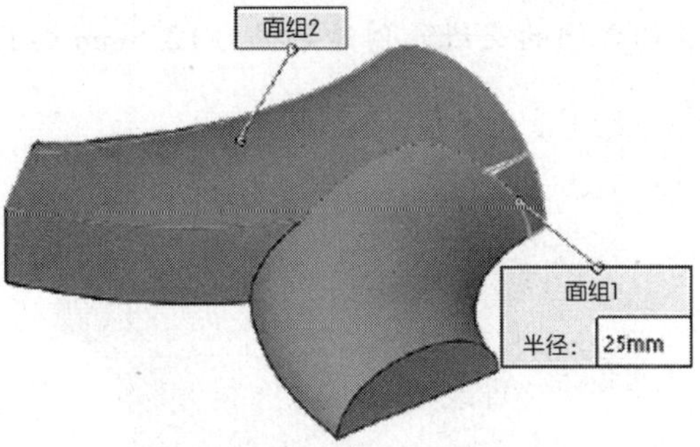

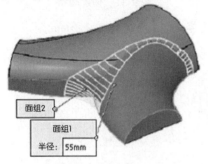

图 9-24　创建第二个面圆角

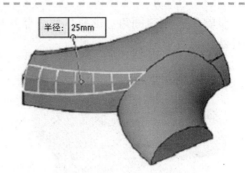

图 9-25　恒定大小圆角

步骤 28　显示结果　如图 9-27 所示。

图 9-26　面圆角

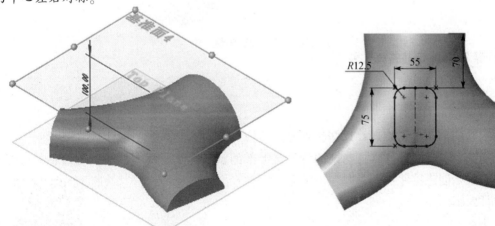

图 9-27　显示结果

可选操作：通过添加附加特征完成 "Heat Shield" 零件。

步骤 29　创建等距平面　如图 9-28 所示，创建一个相对于上视基准面【等距距离】为 100.00mm 的基准面，用于绘制矩形进口管的轮廓草图。

步骤 30　绘制草图　绘制如图 9-29 所示的草图，在尖角处绘制圆角，此草图以原点为中心左右对称。

图 9-28　创建等距平面

图 9-29　绘制草图

步骤 31　拉伸凸台　使用【成形到下一面】终止条件拉伸凸台，并加入 5°的【向外拔模】角度，如图 9-30 所示。

步骤32　创建圆角　选择拉伸凸台和两个放样之间的交线，创建半径为 12.5mm 的圆角过渡，如图 9-31 所示。

图 9-30　拉伸凸台

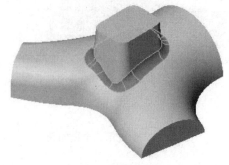

图 9-31　创建圆角

步骤33　抽壳零件　如图 9-32 所示，向内抽壳零件，【厚度】为 1.5mm。

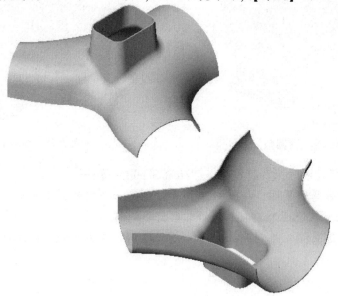

图 9-32　抽壳零件

步骤34　保存并关闭文件

9.10　实例：吊钩

许多实际的工业产品都具有复杂的外形，吊钩（见图 9-33）就是其中的一个实例。吊钩没有平坦的表面，唯一可以且容易确认的特征是上部的旋转环。了解零件的以下信息，将有助于解决从哪里开始创建零件：

- 设计要求。
- 大小。
- 材料。
- 加工过程。
- 应用场合。

9.10　实例：吊钩

本例提供一张类似零件的图片，如图 9-34 所示。已知上部旋转环的内径为 1.25in，环的截面直径为 0.75in。零件图片是本实例的设计基础。

图 9-33　吊钩

图 9-34　吊钩图片

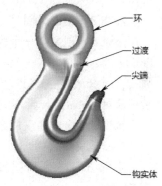

图 9-35　建模规划

在处理这种零件之前，规划建模的步骤是比较好的方法。第一步是先考虑原点的位置，因为这对后续的任务很重要，例如装配体中的配合。在本例中，原点可以是上部环的圆心或者在钩开口的中心。

第二步是设法确定吊钩的功能外形（见图 9-35），例如：

- 环。
- 钩实体。
- 钩实体和环的过渡。
- 钩末端的尖端。

每个功能外形都有自身的建模方法。一旦用户确定了功能外形，指定每个外形的特征就很容易。利用旋转特征，可以很容易地创建环。从一个外形到另一个外形的过渡最好使用放样或边界特征。放样、边界或扫描都可以创建钩实体，但创建多个轮廓的放样更易于生成所需的外形。另外，有多种方法可以创建尖端，本例将使用此特征来演示如何使用点作为放样或边界特征的轮廓。

在下面的实例中，将同时使用放样和边界特征来完成"钩实体"。吊钩的其他部分将在"练习 9-1　吊钩后续建模"中完成。

操作步骤

为了简化某些过程，该零件已经创建了一部分。

步骤 1　打开零件"Hook"　该零件（见图 9-36）包含以下部分：

- "Hook Picture"草图。此草图中包含素描图片和一个草绘的圆。该圆用作正确缩放和定位图片的参考。

- "Hook Contours"草图。"Hook Contours"草图用于控制放样的引导线。草图当前有一条勾画钩子内部轮廓的样条曲线。此样条曲线和其上的点已被用作轮廓平面的参考。

图 9-36　零件"Hook"

233

● 放样轮廓基准面。已经创建了一些放样轮廓基准面，用于定位轮廓草图。

● "Second Profile" 草图。此草图代表了新钩子设计的一个截面。该轮廓是对称的等比例样条曲线，将重复使用此草图来创建钩实体特征的大部分轮廓。

步骤2 创建第二条引导线 编辑 "Hook Contours" 草图。沿着吊钩实体主体部分的外部曲线绘制第二条样条曲线。绘制样条曲线时将做一些修整，使样条曲线更近似于草图图片。这将是钩实体特征的第二条引导线。确保样条曲线在每个端点处均延伸超出第一个轮廓平面。为了得到想要的钩子转换到环的形状，最好的方式是过度建造此特征，然后再修剪它。另外，本例还需要接触或穿过草图平面的曲线，因此在轮廓草图中创建穿透关系，如图9-37所示。

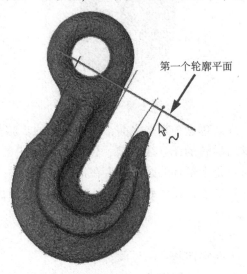
第一个轮廓平面

步骤3 退出草图

步骤4 创建第一个轮廓 在基准面 "First Profile Plane" 上插入一幅新的草图。绘制一个椭圆，长轴的终点穿透布局草图的样条曲线，短轴长度为1in，如图9-38所示。

步骤5 退出并重命名草图 将该草图命名为 "First Profile"。

图 9-37 创建第二条引导线

步骤6 隐藏草图图片 在 FeatureManager 设计树中【隐藏】◔ "Hook Picture" 草图。

步骤7 重新组织设计树（可选步骤） 在 FeatureManager 设计树中拖动 "Second Profile" 草图到 "First Profile" 草图之后，使之重新排序。

步骤8 编辑 "Second Profile" 草图 编辑草图，使用【穿透】♨ 几何关系将比例样条曲线的两个中心线端点限制在 "Hook Contour" 的样条曲线上，如图9-39所示。

图 9-38 绘制椭圆

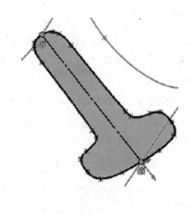

图 9-39 编辑草图

> **提示** 👆　　通过镜像成比例的样条曲线并使用【套合样条曲线】命令将原点和镜像的几何体合并。

步骤 9　退出草图

步骤 10　复制并粘贴轮廓　这里将使用同样的轮廓作为放样的截面。因为是成比例的样条曲线，并且引导线之间的距离是变化的，因此，将放大轮廓草图，使其在两条样条曲线间大小适合。

在 FeatureManager 设计树中选择草图 "Second Profile"，并按快捷键 < Ctrl + C > 复制该草图。

选择基准面 "Third Profile Plane"，并按快捷键 < Ctrl + V > 粘贴草图。

在 "Fourth" "Fifth" 和 "Sixth Profile Plane" 基准面上【粘贴】复件。第七个轮廓将使用另一个椭圆结束该特征，结果如图 9-40 所示。

步骤 11　编辑复制的草图　编辑每个复制的草图，采用与步骤 8 同样的方法约束两个端点，并在布局草图的样条曲线之间添加【穿透】 🖊 几何关系，如图 9-41 所示。

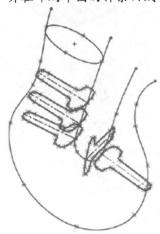

图 9-40　复制并粘贴轮廓

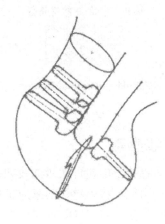

图 9-41　穿透

步骤 12　创建最后一个轮廓草图　在基准面 "Seventh Profile Plane" 上创建最后一个轮廓草图，绘制一个宽度为 0.6in 的椭圆。现在，钩实体的主体部分放样的草图已经完成，如图 9-42 所示。

步骤 13　重命名草图（可选步骤）　重命名草图以组织模型，使其容易在放样 PropertyManager 中识别。

步骤 14　创建放样特征　单击【放样凸台/基体】 🍭，按照顺序，在相应点附近选择放样轮廓。修改放样接头，使其与引导线对齐，如图 9-43 所示。

步骤 15　选择引导线　激活【引导线】选项框，选择描摹钩子内部轮廓的样条曲线。当用户尝试选择样条曲线时，SelectionManager 将出现在屏幕上，如图 9-44 所示。这是因为在 "HookContours" 草图中有多条样条曲线。在 Selection-Manager 中单击【选择开环】 ⌐，再单击 SelectionManager 中的【确定】 ✔️。

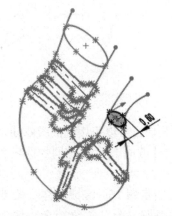

图 9-42　创建最后一个轮廓草图

235

以相同的方式选择描摹钩子外部轮廓的样条曲线，结果如图 9-45 所示。

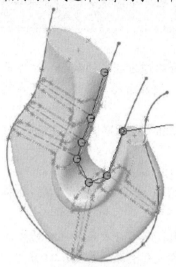

图 9-43　创建放样特征

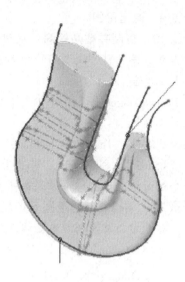

图 9-44　SelectionManager

图 9-45　选择引导线

9.11　曲线感应

放样和边界特征中包含次级曲线如何感应特征形状的选项：
- 到下一引线：将引导线的感应扩展到下一条引线。
- 到下一尖角：将引导线的感应扩展到轮廓的下一个尖角。
- 到下一边线：将引导线的感应仅扩展到下一条边线。
- 整体：将引导线的感应扩展到整个特征。

效果如图 9-46 所示。

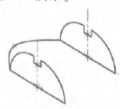

到下一尖角　　　　　整体

图 9-46　曲线的感应效果

相切也可以应用到次级曲线。放样在引导线上应用相切时会有一些限制选项，而边界特征具有与【方向 1】曲线相同的选项。

　　步骤 16　完成放样　使用【到下一引线】作为引导线感应类型。单击【确定】 ✔，完成特征，如图 9-47 所示。重命名放样特征为 "Hook Body"。

图 9-47　完成放样

步骤17　保存文件

　　使用放样创建的钩实体也可以使用边界特征来创建。由于此特征在两个方向上具有曲线，因此采用边界建模后的结果将大于仅由轮廓构成的特征。在边界特征中，方向 1 和方向 2 曲线对形状具有相同的影响量；但在放样中，轮廓比引导线具有更大的影响。下面将使用新名称创建一个吊钩的副本，并使用边界重新创建该特征。完成后，将对比结果。

　　步骤18　另存为副本并打开　单击【文件】/【另存为】，在【另存为】对话框中选择【另存为副本并打开】，将文件命名为"Hook_ Using_ Boundary"，单击【保存】，并在弹出的对话框中，选择【保持原始文档打开】。

　　步骤19　重建特征为边界　【删除】放样特征，单击【边界凸台/基体】。在【方向1】中，在相应点附近，依次选择横截面轮廓。修改接头以与引导线对齐。在【方向2】中，使用 SelectionManager 选取轮廓曲线。注意，预览显示特征延伸到方向 2 曲线的末端，如图 9-48 所示。勾选【按方向 1 剪裁】来限制第一个和最后一个轮廓之间的形状。单击【确定】，完成此特征，如图 9-49 所示。

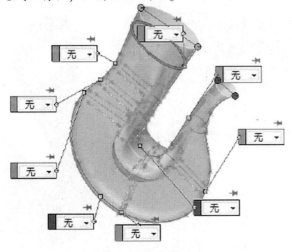

图 9-48　未剪裁前的特征

图 9-49　边界完成

步骤20 **对比结果** 平铺两个"Hook"文档窗口。把带边界特征的"Hook"放置在右边，带放样特征的"Hook"放置在左边，如图 9-50 所示。

放样　　　　　边界

图 9-50　平铺文档

首先两个结果看起来非常相似，打开【曲率】▇显示，进一步分析两个模型。两者主要的区别是在内部轮廓，如图 9-51 所示。两种解决方案都是正确的，也都符合设计要求。只是根据系统性能决定选择哪个特征而已。如果用户考虑系统性能，可以尝试比较【性能评估】🐾。

放样　　　　　边界

图 9-51　对比结果

提示👆　　用户创建的样条曲线独特，以及接头如何被各要素映射在一起，均会导致生成的结果与插图中的显示不一致。

练习 9-1　吊钩后续建模

在本练习中，将完成之前"实例：吊钩"中的模型，如图 9-52 所示。

本练习将应用以下技术：

- 多实体零件。
- 放样合并。
- 边界特征。

单位：in。

图 9-52　吊钩后续建模

操作步骤

步骤 1　打开零件　从"Lesson09\Exercises"文件夹内打开已存在的"Hook_Continued"零件。

步骤 2　创建顶部的环　在右视基准面绘制如图 9-53 所示的草图。使用最小圆弧条件：在直径为 0.75in 环的内侧和中心线之间标注出直径为 1.25in 的尺寸。以中心线为旋转轴【旋转】草图。清除【合并结果】复选框，将环创建为一个单独的实体。重命名特征为"Loop"。

步骤 3　剪裁"Hook Body"特征　为了创建过渡特征的开始面，将使用一个切除特征来修剪"Hook Body"。过度构建复杂的特征并修剪是比较好的做法，而不是试图强迫特征去适应一个确切的形状。

在上视基准面上绘制一个圆心与环的圆心重合，直径为 3.7in 的圆，如图 9-54 所示。

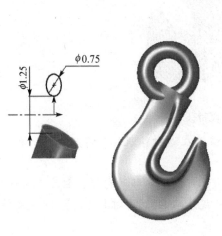

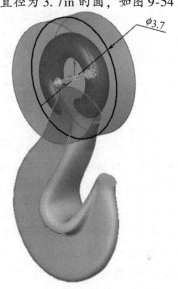

图 9-53　创建顶部的环　　　　　　　　图 9-54　剪裁"Hook Body"特征

使用【完全贯穿】终止条件，在两个方向上拉伸切除。在【特征范围】选项组中，选择【所选实体】选项，仅将"Hook Body"作为【受影响的实体】。

步骤 4　剪裁"Loop"　为了将"Hook Body"过渡到"Loop"，需要在"Loop"上创建区域用于过渡的特征。

在前视基准面上绘制一个圆，尺寸标注如图 9-55 所示。

使用【完全贯穿】终止条件，在两个方向上拉伸切除。在【特征范围】选项组中，选择【所选实体】选项，仅将旋转实体作为【受影响的实体】。

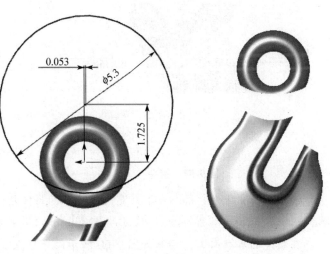

图 9-55　剪裁"Loop"

239

确认使用【反侧切除】选项。

步骤5 创建过渡特征 "Hook Body"和"Loop"的切面将用作过渡特征的轮廓。接下来选择这两个面创建边界特征。注意要在近似相同的位置选择。

> 提示👆 也可以选择这两个面的边线代替选择这两个面，但一般而言，创建实体时，最好选择面。

将两个轮廓均设为【与面相切】，将【相切长度】的值设为 1.000，如图 9-56 所示。

图 9-56 创建过渡特征

如果特征向外凸出，可能是相切的面选择错误。在这种情况下，单击【下一个面】选择正确的相切的面。

同时也要注意接头，它取决于用户的选择。由于可能需要移动它们，因此，最好将它们置于如图 9-57 所示的位置，即零件的对称面(前视基准面)。单击【确定】✔完成特征。将特征重命名为 "Transition"。

步骤6 查看结果 放样特征也可以很容易地创建过渡，结果如图 9-58 所示。

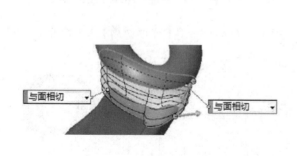

图 9-57 接头

图 9-58 过渡效果

步骤7 绘制一个点 为了创建尖端特征，将使用一个草图点作为轮廓进行边界。首先创建一个相对于钩实体终止面【等距距离】为 0.5in 的基准面，如图 9-59 所示。

在新建的基准面上，绘制如图 9-60 所示的一个点。在该点和原点之间添加【水平】┃几何关系，或者与前视基准面之间添加【重合】人几何关系。退出草图。

图 9-59　创建基准面

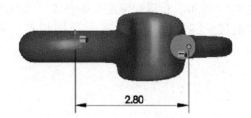

图 9-60　绘制点

步骤8　创建尖端　创建从吊钩端部平面到草图点的边界特征。

技巧🔑　　使用草图点作为轮廓是封盖零件末端的有效技术。只要确定是否计划使用如【垂直于轮廓】的约束，就可以使点位于适当的平面上。

在面轮廓处将【相切类型】设为【与面相切】，结束位置【相切长度】设为 1.500，使尖端处看上去宽一些。单击【确定】✅，如图 9-61 所示。将特征重命名为"Tip"。

步骤9　保存并关闭文件　完成的吊钩如图 9-62 所示。

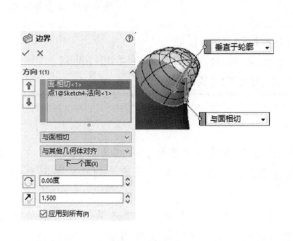

图 9-61　创建尖端

图 9-62　完成的吊钩

练习 9-2　漏斗

本练习的主要任务是创建如图 9-63 所示的零件。

本练习将使用以下技术：
- 放样特征。
- 线段。
- 沿模型边线的扫描。
- 交叉曲线特征。
- 扫描。

单位：mm。

漏斗顶部的内部轮廓在拐角处使用了圆锥曲线。圆

图 9-63　漏斗

241

锥曲线是由圆锥截面定义的草图曲线，或者是一个切圆锥的平面，如图9-64所示。根据圆锥定义的方式，可以用来生成椭圆、抛物线或者双曲线。圆锥曲线永远不会包括拐点，并且比样条曲线更容易控制。

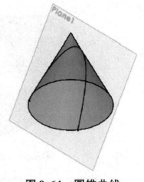

图 9-64　圆锥曲线

	圆锥	通过定义两个端点、顶部顶点和第4个点 ρ 值来创建【圆锥】。ρ 值定义了曲线的比率，可以用一个尺寸来约束。0代表平坦，1代表一点，如图9-65所示。当使用圆锥连接实体时，可以选择选项以自动合并切线关系。 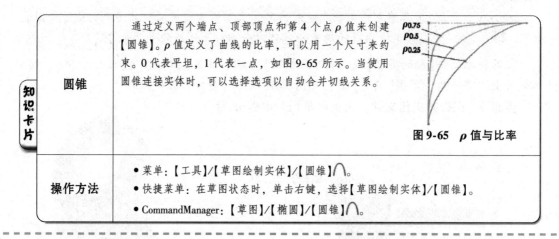 图 9-65　ρ 值与比率
知识卡片	操作方法	• 菜单：【工具】/【草图绘制实体】/【圆锥】⌒。 • 快捷菜单：在草图状态时，单击右键，选择【草图绘制实体】/【圆锥】。 • CommandManager：【草图】/【椭圆】/【圆锥】⌒。

操作步骤

步骤1　新建零件　使用模板"Part_mm"新建一个零件，命名为"Funnel"。

步骤2　绘制第一个轮廓　在上视基准面上插入一幅新的草图，创建对称性轮廓，如图9-66所示。

步骤3　添加圆锥曲线　单击【圆锥】⌒，单击以将曲线的顶点放置在直线的虚拟交点，将圆锥的端点与轮廓文件的开角处端点相连接。在圆锥曲线两端添加相切关系，移动鼠标，查看不同的 ρ 值如何影响曲线。将最终点定位在 ρ 值约等于0.5。给圆锥添加尺寸，将 ρ 值修改为0.45，结果如图9-67所示。

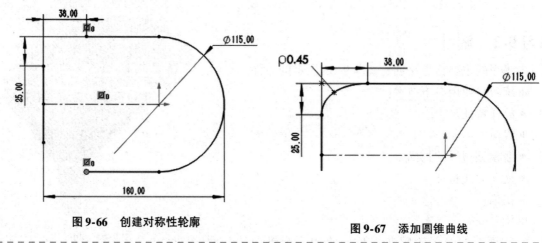

图 9-66　创建对称性轮廓　　　　　　图 9-67　添加圆锥曲线

步骤4　添加另一个圆锥曲线　在轮廓的另一个开角处再添加一个【圆锥】 ∩。在两个圆锥和轮廓中心线之间添加【对称】 ⊘ 几何关系，如图9-68所示。

步骤5　退出草图

步骤6　绘制第二个轮廓　新建一个基准面，与上视基准面向下【等距距离】为82.5mm。在该基准面上绘制一个直径为25mm的圆，圆心位于原点的正下方，如图9-69所示。为了确保这两个轮廓适当地映射在一起，需要将该圆分成与第一个轮廓相同数量的实体。

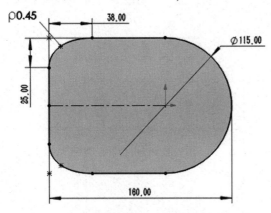

图 9-68　添加另一个圆锥曲线　　　　　　　図 9-69　绘制第二个轮廓

步骤7　分割轮廓　单击【线段】 ⊞，选择圆弧，并单击【草图线段】。更改草图线段的数量为6，单击【确定】 ✔，如图9-70所示。

【线段】命令在圆周上等距离地添加了新的点，将圆周分成6个圆弧段。下面将使用构造几何体来定位圆弧端点，以便于其适当地映射到第一个轮廓中的端点。

步骤8　添加构造几何体　从圆的中心沿着径向到第一个轮廓文件的端点之间，添加【中心线】 ✐，如图9-71所示。

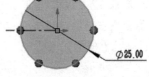

图 9-70　分割轮廓

> **技巧 ⚷**　用户可以使用"单击-拖拽"技术来绘制一条相接的直线，用"单击-单击"技术绘制一系列直线。

步骤9　添加几何关系　在圆弧的一个端点和中心线之间添加【重合】 ⎣几何关系，如图9-72所示。添加几何关系后，草图将完全定义。

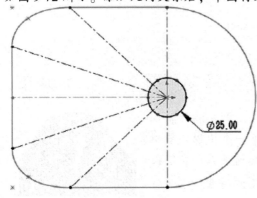
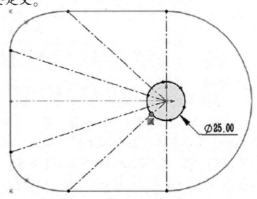

图 9-71　添加中心线　　　　　　　　　　　　图 9-72　添加几何关系

步骤 10　评估几何关系　右键单击一个圆弧，选择【选择链】，单击【显示/删除几何关系】⊥。这些圆弧共享着【全等】和【长度相等】几何关系。使用＜Ctrl＞或＜Shift＞键，选择全部【长度相等】几何关系，单击右键并选择【删除】，如图 9-73 所示。此时一些圆弧的端点处于未定义状态。

步骤 11　再次添加几何关系　在圆弧的端点和构造线之间继续添加【重合】几何关系，将草图完全定义，如图 9-74 所示。

图 9-73　评估几何关系

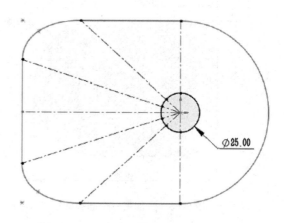

图 9-74　完全定义草图

步骤 12　放样特征　退出草图，在两个轮廓之间创建【放样/凸台基体】特征。选择轮廓相应点的附近位置，以便于将其正确地映射到一起，确保特征不发生扭转，如图 9-75 所示。单击【确定】✔。

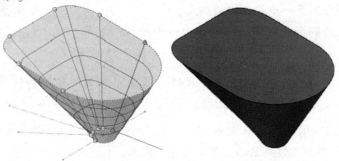

图 9-75　放样特征

> ⚠️ **注意**　确保勾选【合并切面】复选框。

> 👉 **提示**　本例中的模型使用了适合于零件的红色外观。

步骤 13　创建漏斗颈部轮廓　漏斗的颈部也是利用放样特征创建的。将在底部的圆形面上创建草图，用于第一个轮廓。绘制一个【圆】⊙，并与圆面的边线添加【全等】几何关系。在圆弧上添加一个【点】■，并与原点保持【竖直】几何关系。下面将使用此点来帮助生成不扭转的特征，如图 9-76 所示。

图 9-76　创建轮廓

244

步骤14 绘制颈部结束轮廓 新建一个与模型圆形面【等距距离】为50mm的基准面，在该基准面上绘制一个直径为11.50mm的圆，圆心和原点在同一条直线上，如图9-77所示。在圆上添加一个草图点，并与原点之间添加【竖直】┃几何关系，以帮助对齐放样。

步骤15 颈部放样 在两个圆形轮廓间，创建放样特征，移动接头以对齐草图上的点，如图9-78所示。

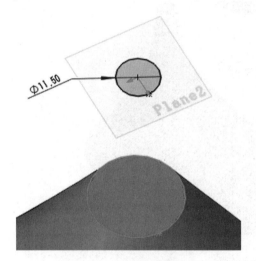

图 9-77 颈部结束轮廓

图 9-78 颈部放样

技巧 在选择轮廓时，一定要选择圆弧而不是草图点。如果选择了草图点，则系统将尝试仅使用该点作为轮廓。

步骤16 抽壳零件 由于以上步骤中所标注的尺寸均为漏斗的内尺寸，因此，创建抽壳特征时，需要向外抽壳，给定零件的【厚度】为1.5mm，抽壳结果如图9-79所示。

步骤17 创建漏斗边缘 按照图9-80中所示的尺寸绘制漏斗边缘的外轮廓，并使用【转换实体引用】⬜绘制内轮廓。将【给定深度】设为1.5mm，拉伸草图，创建漏斗边缘。

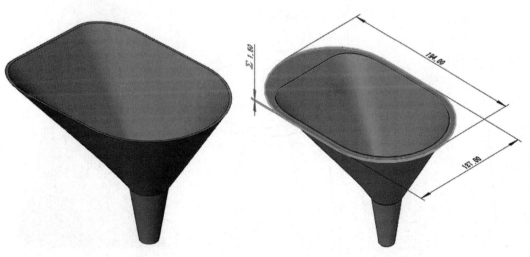

图 9-79 抽壳　　　　图 9-80 漏斗边缘

可选操作：为了使抽壳厚度和拉伸深度一致，可以使用一个全局变量来控制。

提示 "thickness"不能作为全局变量的名称。

步骤18   在漏斗边缘下部创建半圆形翻边   使用扫描创建翻边，横截面是直径为1.5mm的半圆。使用漏斗边缘的外边作为扫描路径，结果如图9-81所示。

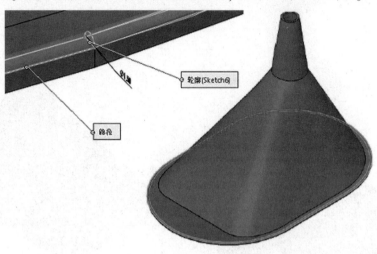

图9-81   创建翻边

步骤19   扫描路径和轮廓   通过在前视基准面上添加草图来创建肋的扫描路径。在漏斗颈部内侧面与草图平面相交的地方单击【交叉曲线】，然后删除在颈部后面的曲线。在颈部的底面绘制矩形作为轮廓，如图9-82所示。

步骤20   创建肋扫描特征   使用【与结束端面对齐】选项创建肋扫描特征。此选项将确保该肋与阵列实例正确地延伸到漏斗的表面。

步骤21   阵列肋   创建一个圆周阵列，使三个凸肋在圆周上均匀分布，如图9-83所示。

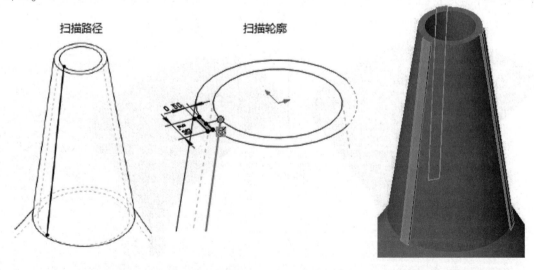

图9-82   扫描路径和轮廓   图9-83   阵列肋

步骤22 创建漏斗边缘的挂孔 按照图 9-84 所示的尺寸，在漏斗边缘上表面绘制草图，创建一个用于挂漏斗的孔。

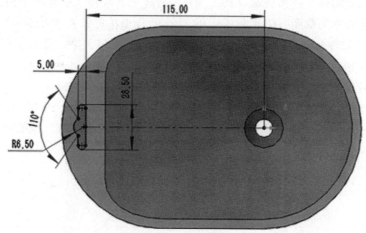

图 9-84 挂孔草图

孔的局部视图如图 9-85 所示。

步骤23 保存并关闭文件 完成的零件如图 9-86 所示。

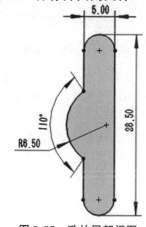

图 9-85 孔的局部视图

图 9-86 完成的零件

练习 9-3 摇臂

按照已知的尺寸创建如图 9-87 所示的零件，使用草图几何关系和尺寸保持设计意图。

本练习将应用以下技术：
- 标准样条曲线。
- 使用派生草图。
- 使用边界特征。

单位：mm。

该零件的设计意图如下：

1）零件是对称的。

2）摇臂的主体与三个轴套光滑连接。

图 9-87 摇臂

操作步骤

步骤 1　新建零件　使用模板"Part_MM"新建一个零件，命名为"Rocker Arm"。

步骤 2　绘制布局草图　使用如图 9-88 所示的尺寸在前视基准面绘制布局草图，该零件所有的功能特征都包含在该草图中。注意零件的对称几何关系。退出草图，并将该草图命名为"Layout Sketch"。

步骤 3　新建草图　在前视基准面上新建草图，命名为"Guides"。

步骤 4　绘制引导线　在同一草图中绘制两条引导线。如图 9-89 所示，下面的引导线由两条直线和一段圆弧组成，上面的引导线是一条三点的样条曲线。退出草图。

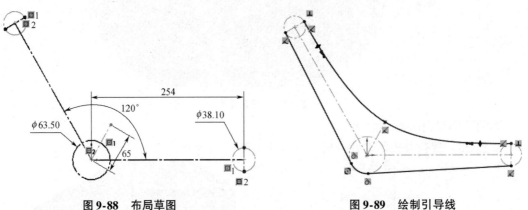

图 9-88　布局草图　　　　　　　　　图 9-89　绘制引导线

步骤 5　新建三个基准面　如图 9-90 所示，创建两个垂直于中心线，并通过两个较小的圆的圆心的基准面 1、2；创建一个与前视基准面夹角为 90°，并通过较短的中心线的基准面 3。

步骤 6　绘制轮廓草图　在基准面 1 上绘制一个椭圆，在椭圆和引导线之间添加【穿透】👆几何关系，如图 9-91 所示。退出草图。

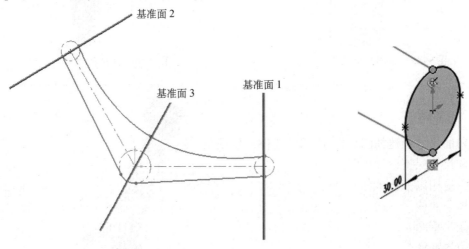

图 9-90　基准面　　　　　　　　　图 9-91　轮廓草图

步骤 7　创建派生草图　使用步骤 6 中绘制的草图，在基准面 2 中创建一个派生草图，完全定义该草图，如图 9-92 所示。

步骤 8　绘制第三个草图轮廓　在基准面 3 中绘制一个如图 9-93 所示的椭圆，在长轴和两条引导线之间分别添加【穿透】几何关系。

步骤 9　创建边界特征　单击【边界】，为【方向 1】选择三个椭圆使接头点大致对齐，如图 9-94 所示。

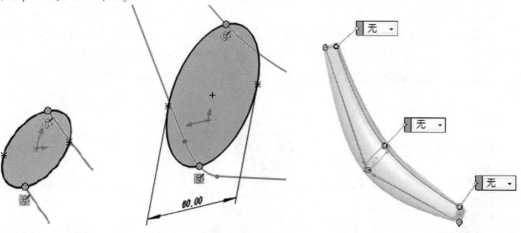

图 9-92　派生草图　　　　　图 9-93　绘制第三个草图轮廓　　　图 9-94　为边界特征选择方向 1 曲线

步骤 10　选择样条曲线　为【方向 2】选择样条曲线。选择两条直线和切线弧为【方向 2】曲线，如图 9-95 所示。保留所有默认的【曲线感应类型】和【相切类型】选项。单击【确定】。

技巧 🔑　由于两条曲线在同一个草图中，所以必须使用 SelectionManager 选择。

可选操作：创建零件的一个副本并使用放样特征新建特征。使用【曲率】来比较两种特征。

步骤 11　拉伸轴套　在前视基准面上新建一幅草图，并与布局草图中的三个圆等距，等距距离为 10mm，如图 9-96 所示。

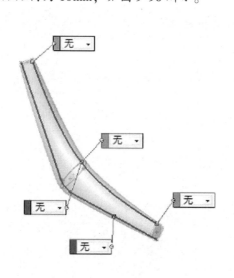

图 9-95　选择方向 2 曲线

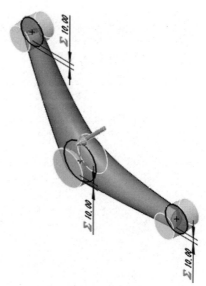

图 9-96　拉伸轴套

249

可选操作：使用一个全局变量设置三个等距值。

拉伸该草图，设置如下：

● 终止条件：两侧对称。

● 深度：65mm。

● 拔模角度：5°。

步骤 12　切除孔　在前视基准面上新建一个草图。从布局草图中转换实体引用圆，然后在两个方向上使用【完全贯穿】终止条件，创建拉伸切除，如图 9-97 所示。

步骤 13　添加圆角　在拉伸凸台和放样实体之间添加 10mm 的圆角过渡，如图 9-98 所示。

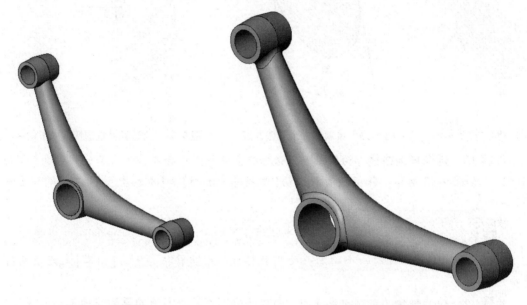

图 9-97　切除孔　　　　　　　　　　　　　　　图 9-98　添加圆角

技巧 选择放样实体而不是选择需添加圆角的边线。

步骤 14　保存并关闭文件

第 10 章　高级圆角和其他特征

学习目标
- 理解圆角可用的高级选项
- 使用高级圆角类型
- 使用包覆特征
- 使用变形特征
- 使用移动面命令

10.1　圆角设置

除了常用的默认设置为【恒定大小】和【对称】的圆角外，还有许多圆角功能。高级圆角功能是帮助用户实现设计目标的强大工具。表 10-1 列出了不同的圆角类型对应的不同设置。在本章中，将讨论和演示这些设置。

表 10-1　不同的圆角类型对应的不同设置

圆角设置		圆 角 类 型			
		恒定大小圆角	变量大小圆角	面圆角	完整圆角
圆角参数	圆角方法	是	是	是	
	对称	是	是	是	是
	非对称	是	是	是	
	弦宽度			是	
	包络控制线			是	
	轮廓	是	是	是	
	圆形	是	是	是	是
	圆锥 Rho	是	是	是	
	圆锥半径	是	是	是	
	曲率连续	是	是	是	
	多半径	是			
	逆转参数	是	是		
	部分边缘参数	是			
圆角选项	通过面选择	是	是	是	
	保持特征	是			
	圆形角	是			
	扩展方式	是	是		
	过渡,平滑/直线		是		

10.2　圆角参数

在圆角 PropertyManager 中，每种圆角类型拥有不同的设置。对于大多数圆角，可以在【圆角参数】选项组中选择圆角定义的方式、大小和形状，如图 10-1 所示。下面首先介绍【圆角参数】中的设置，然后介绍每种圆角类型中特殊选项的应用。

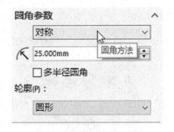

图 10-1　圆角参数

10.2.1　圆角方法

【圆角方法】是指圆角的定义方式，默认情况下使用对称，但也可以使用非对称、圆角宽度或已存在的边线作为包络控制线的方式来定义圆角。图 10-2 显示了在简单零件上应用不同圆角方式的效果。在本章中，将演示一些实用的例子。

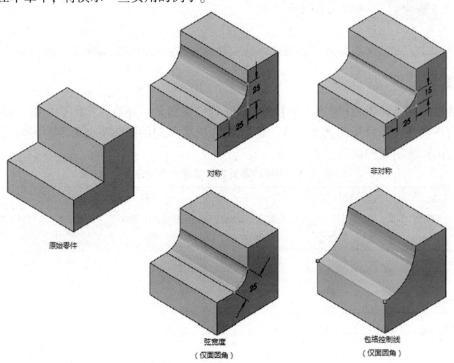

图 10-2　不同圆角方式的效果

10.2.2　圆角轮廓

除了完整圆角外，所有的圆角类型均包括【圆角轮廓】选项。圆角轮廓是圆角的横截面。当使用【对称】圆角时，默认的轮廓是圆形的。如果需要，用户可以使用轮廓选项创建圆角轮廓，包括由 Rho 值定义的圆锥轮廓、由半径定义的圆锥轮廓或由样条曲线穿透截面的曲率连续的轮廓。

提示　　　　想了解更多关于圆锥轮廓的信息，请查看"练习 9-2　漏斗"。

如果选择【非对称】圆角，圆角轮廓将默认为椭圆，且圆锥半径轮廓将不可用。不同的圆角轮廓如图 10-3 所示。

若在倒圆角时使用了高级轮廓特征，圆角的半径尺寸实际上就决定了圆角边线从折断边线后退的距离。

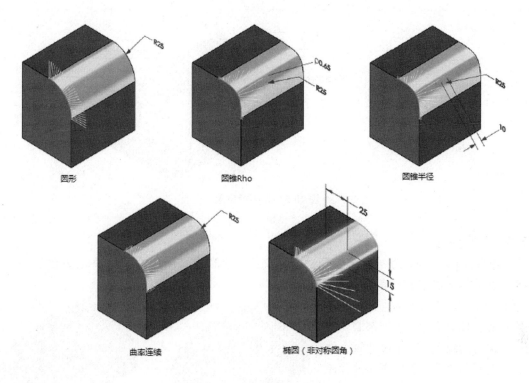

图 10-3　不同的圆角轮廓

10.3　恒定大小圆角

现在读者已经熟悉了一些定义圆角参数的方法，下面将研究每个圆角类型的设置。【恒定大小圆角】是应用最广泛的，它包括一些独特的选项，可以创建非常复杂的几何体。第一个例子将演示如何使用【多半径】选项和【逆转参数】。

10.3　恒定大小圆角

10.3.1　多半径选项

当创建【恒定大小圆角】🖼时，用户可以使用【多半径圆角】选项在所选的边上定义不同的半径值。此选项有助于以适当的混合来获得不同大小的圆角。【多半径圆角】选项只对【对称】圆角可用。

操作步骤

　　步骤 1　打开零件　从"Lesson10\Case Study"文件夹内打开已存在的"CS_Setback Fillet"零件。

　　步骤 2　设置圆角参数　单击【圆角】🖼。创建一半径为 50mm 的【对称】、【圆形】圆角，选择如图 10-4 所示的 5 根边线。

　　步骤 3　多半径设置　勾选【多半径圆角】复选框。使用附着在前面的标签，更改顶面边线的半径为 12.5mm，如图 10-5 所示。

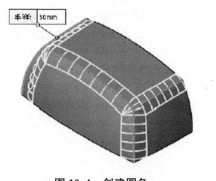

图 10-4　创建圆角

253

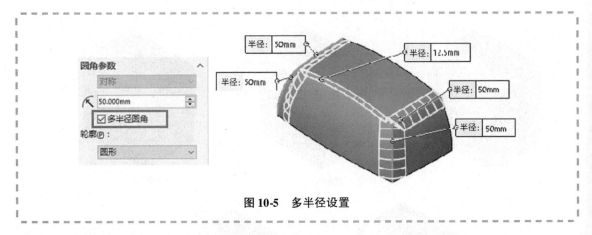

图 10-5   多半径设置

10.3.2   逆转参数

【逆转参数】应用于三条或更多圆角边线相交的一个顶点。用户可以为每条边线定义一个后退距离来指定从公共点到圆角开始混合的距离。

逆转圆角应用于一些场合，如装饰塑料零件和拉伸钣金件。它们都需要给角落一个混合的外观。对于拉伸钣金件而言，逆转圆角比默认圆角更能准确地反应钣金件的延伸，如图 10-6 所示。

用户可以在【恒定大小圆角】和【变量大小圆角】内应用【逆转参数】。

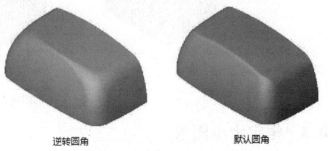

逆转圆角　　　　　　　　　默认圆角

图 10-6   逆转圆角和默认圆角

步骤4　选择逆转顶点　展开【逆转参数】选项组，并单击【逆转顶点】选择框。选择圆角边线相交的右前顶点，如图 10-7 所示。

步骤5　设置逆转参数　标注中的每个输入域代表了选定顶点的一条边线。标注上的引导线表明各输入域对应的边线。使用标注，为顶部前面的边线输入 115mm 的逆转，为另两条边线输入 50mm 的逆转值，如图 10-8 所示。

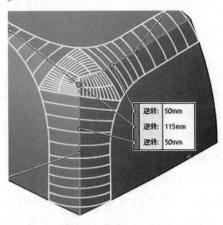

图 10-7   选择逆转顶点　　　　　　　　　图 10-8   设置逆转参数

技巧　　使用 < Tab > 键，可以在标注的各输入域之间实现循环切换。

技巧　　如果有很多共同值，使用【设定所有】按钮可以节省很多设置时间。

步骤6　重复操作　再次单击【逆转顶点】选择框，添加零件前面的第二个顶点。设置如图 10-9 所示的相同的【逆转参数】。

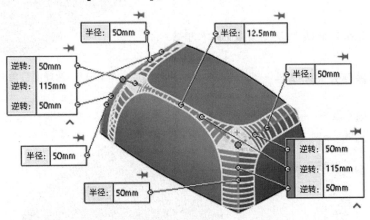

图 10-9　设置第二个顶点处的逆转参数

步骤7　显示结果　单击【确定】✔，最终带边线的显示结果表明了 SOLIDWORKS 软件是如何生成这个复杂圆角的，如图 10-10 所示。

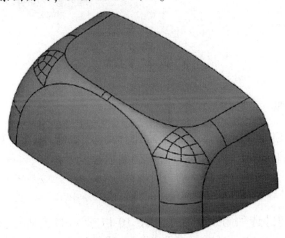

图 10-10　显示结果

10.4　删除面：删除并填补

作为混合的结果，逆转圆角在形成的角落处产生了许多小面。使用【删除面】命令可以移除这些小面，并使用一个连续的面替代它们。可以通过【删除并填补】选项来完成。

255

提示　　想了解更多关于【删除面】命令的信息，请参考本书"9.7　删除面"。

步骤8　删除面　右键单击右前角的一个面，选择【删除面】📷。按图 10-11 所示选择混合角处的面。

在【选项】中选择【删除并填补】，并勾选【相切填补】复选框。【相切填补】将会对周围的面创建相切条件。单击【确定】✓，如图 10-12 所示。

步骤9　在第二个圆角处重复操作（可选步骤）

步骤10　保存并关闭文件

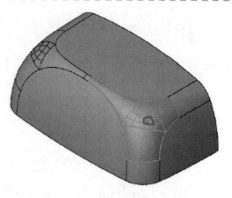

图 10-11　选择混合角处的面

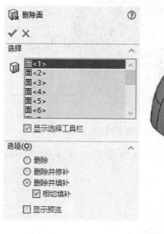

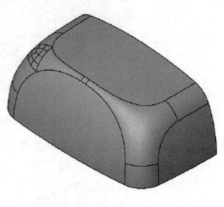

图 10-12　删除面

10.5　部分边线参数

当倒圆角时，【部分边线参数】是指定圆角在选定边线上的端点开始的位置和结束的位置，通过距离等距、等距百分比或参考等距来定义，如图 10-13 所示。

10.6　圆角选项

下面将学习【圆角选项】选项组中的设置，图 10-14 所示的选项是【恒定大小圆角】🗔的设置。此处有一项除了完整圆角之外所有圆角类型都有的设置，它就是【通过面选择】。

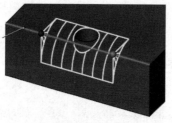

图 10-13　部分边线参数

图 10-14　圆角选项

10.6.1 通过面选择

当倒圆角时，用户经常需要选择隐藏在模型面背后的边线。【通过面选择】选项允许用户选择隐藏的边线，如图 10-15 所示。默认情况下启用此选项，并与【选项】／【系统选项】／【显示/选择】中的项目类似，独立进行工作。

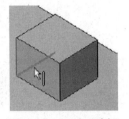

图 10-15 通过面选择

10.6.2 保持特征

【恒定大小圆角】包括一个特殊的选项，它允许圆角所包围的几何体在模型中被保留或移除。【保持特征】选项是默认开启的，其允许圆角完全包围着的特征被修剪或延伸到圆角的表面。当清除此选项后，包围的特征将被移除。

操作步骤

步骤 1 打开零件 从"Lesson10\Case Study"文件夹内打开已存在的"CS_Keep Features"零件。

步骤 2 添加圆角 单击【圆角】，对图 10-16 中所示的边线添加半径为 5mm 的【恒定大小圆角】。展开【圆角选项】选项组，查看【保持特征】选项，该复选框被默认勾选。

10.6 圆角选项

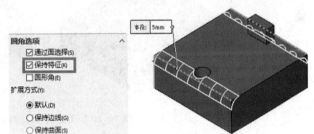

步骤 3 保持特征 单击【确定】，结果如图 10-17 所示。

 注意 孔和凸台特征都受圆角的影响，它们分别需要作剪裁或拉伸修整以生成圆角。

图 10-16 圆角选项

步骤 4 更改圆角方法 编辑圆角，更改【圆角方法】为【非对称】。更改【距离 2】的半径值为 9.000mm，如图 10-18 所示。单击【确定】，结果如图 10-19 所示。

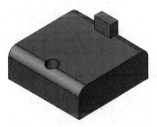　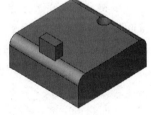

图 10-17 保持特征

 提示 此时【圆角轮廓】自动更新为【椭圆】。

 技巧 圆角的长边应该穿过零件的顶面，使用【反向】按钮来翻转每个轴方向的定义。此按钮仅在按下时影响选择框中突出显示的边线。

257

图 10-18 更改圆角方法

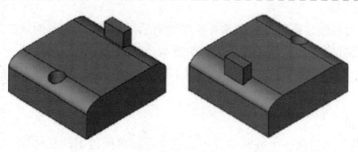

图 10-19　结果

注意　这时圆角完全围绕凸台，但没有完全围绕孔，这两个特征仍然保持原有的状态。

步骤5　改变【保持特征】选项的设置　编辑圆角特征，取消勾选【保持特征】复选框。单击【确定】 ✔，结果如图 10-20 所示。

图 10-20　清除【保持特征】选项

注意　此时凸台已经不存在了，而孔仍然显示。

步骤6　改变圆角半径值　将穿过顶面的圆角半径值改为 12mm，重建模型。由于孔特征此时被圆角完全包围，孔也不存在了，如图 10-21 所示。

步骤7　保存并关闭文件

图 10-21　修改圆角半径值

10.6.3　圆形角

【圆形角】是【恒定大小圆角】的另一个特殊设置，其控制圆角在非相切角处的状态。如果选择了【圆形角】，尖锐角将会被圆整；如果清除该选项，将会生成类似于相框的斜角，如图 10-22 所示。

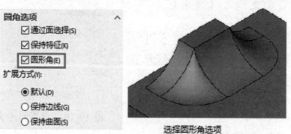
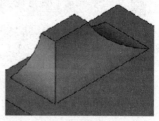

选择圆形角选项　　　　　清除圆形角选项

图 10-22　圆形角

10.6.4　扩展方式

【恒定大小圆角】⑤和【变量大小圆角】⑤均包含【扩展方式】选项。这些选项可以使用户指定当圆角大于可用空间时,将如何处理圆角。

- 【保持边线】:保持模型中已经存在的原始边线,如有必要,打断圆角面。
- 【保持曲面】:允许周围的边线改变,以保持圆角表面不被打断。
- 【默认】:允许 SOLIDWORKS 软件根据几何条件自动选择扩展方式。

10.6.4　扩展方式

操作步骤

步骤1　打开零件　从"Lesson10\Case Study"文件夹内打开已存在的"CS_Overflow"零件,如图 10-23 所示。

注意　零件中间层的边线与底层的边线不平行,这将有助于举例说明【保持边线】和【保持曲面】选项的不同之处。

步骤2　添加圆角　单击【圆角】⑤,选择如图 10-24 所示的边线,创建一【对称】圆角,设置【半径】为5mm,并确保勾选【切线延伸】复选框。

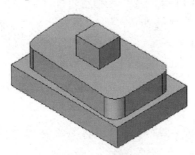

图 10-23　打开零件

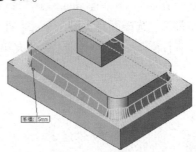

图 10-24　圆角

步骤3　选择【保持曲面】选项　展开【圆角选项】选项组,选择【保持曲面】选项,单击【确定】✔。如图 10-25 所示,生成的圆角曲面还是"保持完整"。注意:外部的边线改变了——变得有些弯曲,而生成的圆角曲面仍然完整。

步骤4　选择【保持边线】选项　编辑圆角特征,选择【保持边线】选项。如图 10-26 所示,外部面的边线仍然是直线——和添加圆角之前一样,而生成的圆角曲面断裂了。

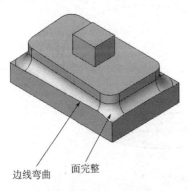

边线弯曲　　面完整

图 10-25　保持曲面

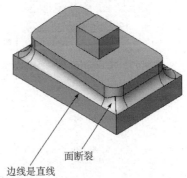

面断裂

边线是直线

图 10-26　保持边线

259

步骤5　保存并关闭文件

10.7　变量大小圆角

【变量大小圆角】与【恒定大小圆角】共享很多设置，但其定义较为不同。顾名思义，【变量大小圆角】可以创建沿着所选边线进行大小变化的圆角。控制点可以沿着选定的边定义。边线端点的控制点默认处于激活状态，其他点可以通过单击激活，也可使用 < Ctrl + 拖动 > 的方式创建其他控制点。

图 10-27　变量大小圆角

10.7　变量大小圆角

下面将使用图 10-27 所示的零件来学习如何定义【变量大小圆角】，并使用【圆锥半径】修改圆角轮廓。

操作步骤

步骤 1　打开零件　从 "Lesson10\Case Study" 文件夹内打开已存在的 "VS_Variable Size" 零件，如图 10-28 所示。

步骤 2　选择圆角类型　单击【圆角】，选择零件的曲线边，在【圆角类型】中选择【变量大小圆角】选项。

图 10-28　打开零件

> 提示　　当圆角特征创建后，不能编辑圆角类型，即用户不能将等半径圆角改变成变半径圆角，反之亦然。

步骤 3　输入圆角半径值　边线两端已激活的控制点显示在屏幕的标注上，并列在【附加的半径】选择框中。半径值可以在任何地方修改，如图 10-29 所示。使用标注通常很方便，因为它们图形化地显示在应用该半径值的区域。给内部的标注指定半径值为 30mm，外部的标注指定半径值为 10mm。

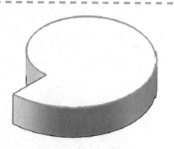

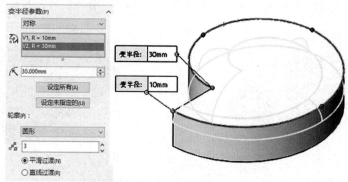

图 10-29　输入圆角半径值

10.7.1　变量大小控制点

变量大小控制点的操作如下：

- 系统默认使用三个控制点：分别位于沿边线的 25%、50% 和 75% 的等距离增量。用户可以添加或减少控制点的数量。

- 用户可以在标注中修改控制点的百分比来改变控制点的位置。在图形区域中拖动控制点的位置，相应的百分比也随之变化。
- 如果所有默认的控制点都被指定，但仍然需要指定更多的控制点，可以选择一个控制点，按 <Ctrl> 键，并拖动该控制点到所需的位置，添加一个新的控制点。
- 尽管在图形区域中显示了控制点的位置，但是只有选择和指定半径值时，控制点才被激活。
- 激活的控制点有一个附着其上的标注，显示出分配的半径和百分比数值，未激活的控制点没有标注。

步骤4　添加控制点　默认情况下，仅在所选择边线的端点处显示标注。为了指定中间点的半径值，选择其中一个可见的控制点，并输入所需的半径值。

选择距半径为 30mm 的控制点最近的那个控制点，指定半径值为 30mm，如图 10-30 所示。

步骤5　生成圆角　单击【确定】 ✔，如图 10-31 所示。

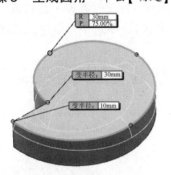

图 10-30　添加控制点　　　　　　　　　　图 10-31　生成圆角

10.7.2　更改变量大小圆角轮廓

在【变量大小圆角】 中使用高级圆角轮廓选项时，轮廓的定义值可以是恒定的，也可以是沿着边缘变化的。下面将使用圆锥半径轮廓修改可变圆角的大小，以演示可用的选项。

步骤6　编辑变量大小圆角　在【轮廓】选项框中选择【圆锥半径】，使用在零件上的标注更改每个控制点的圆锥半径为 10mm，如图 10-32 所示。

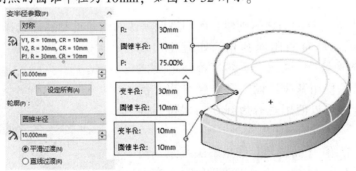

图 10-32　更改轮廓

步骤7　单击【确定】✔　完成的零件如图 10-33 所示。

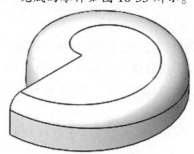

图 10-33　完成的零件

步骤8　保存并关闭文件

10.7.3　直线过渡和平滑过渡

【变量大小圆角】在不同半径的控制点处有两种过渡类型：直线过渡和平滑过渡。如图 10-34 所示，当创建此圆角类型时在 PropertyManager 的【变半径参数】选项组中，就可以选择该选项。

10.7.4　零半径圆角

【变量大小圆角】是 SOLIDWORKS 软件中极少数可以将参数值设为 0 的特征之一。然而，零半径圆角可能会在制造过程中引起问题，因此应谨慎使用，如图 10-35 所示。

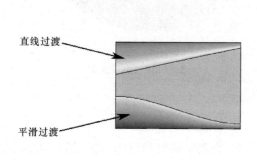

图 10-34　直线过渡与平滑过渡

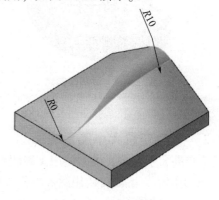

图 10-35　零半径圆角

10.8　面圆角

【面圆角】是在选择的面之间创建，而不是像默认的圆角类型那样选择边线。通常在两个面之间的边线出现问题时使用面圆角，如退化边线（详见"9.8　评估边线"）或两个不共享边线的面之间。面圆角也是唯一使用弦宽度而不是半径来定义的圆角类型，也是唯一可以使用现有边线作为保持线的圆角类型。

在前面章节中介绍的【面圆角】是解决复杂几何体圆角问题的较好方法（详见"9.9　面圆角"）。在本例中，将使用导入的零件（见图 10-36）进一步学习这种圆角类型的独特选项。

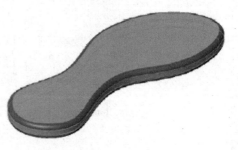

图 10-36　导入的零件

操作步骤

步骤1 打开零件 从"Lesson10\Case Study"文件夹内打开已存在的"FF_Face Fillet"零件,注意到该零件的一边已经倒角,另一边是不完整的边线。这使得边线圆角不能应用于该零件,如图10-37所示。

10.8 面圆角

步骤2 创建圆角

单击【圆角】 ,在【圆角类型】选项组中选择【面圆角】 选项。

激活【面组1】选择框,选择模型的顶面。

激活【面组2】选择框,选择模型的侧面。

设置【圆角参数】为【对称】,【半径】为4mm【圆形】轮廓,单击【确定】 ,创建圆角,如图10-38所示。

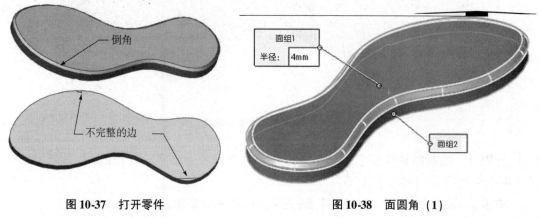

图10-37 打开零件   图10-38 面圆角(1)

技巧 　当鼠标反馈显示为 时,用户可以通过单击右键,移动到PropertyManager中的下一个选择框中。

提示 　像本例这样的情况,在没有共同边的面之间创建面圆角时,圆角的半径必须足够大以同时达到两个面。

步骤3 在另一侧创建圆角 翻转该零件,直至能够看到有两个小切除的那一面。按步骤2设置在另一侧创建圆角,如图10-39所示。

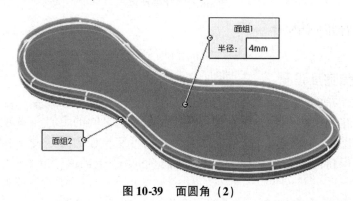

图10-39 面圆角(2)

10.8.1 曲率连续圆角

【面圆角】 与【恒定大小圆角】 、【变量大小圆角】 一样，可以使用曲率连续的圆角轮廓。该类型圆角的截面是样条曲线，而不是圆周或圆弧。曲率连续轮廓与周围面的曲率匹配，并且圆角的曲率连续可变。所有其他圆角轮廓类型都是与相邻的面相切而创建的。

曲率连续圆角经常用于消费产品设计。这是因为默认圆角和相邻的面之间的连续切边会生成一个明显的"跳跃"，或者是平滑的下凹，而曲率连续圆角在圆角和相邻的面之间生成的是一个平滑的过渡，如图 10-40 所示。

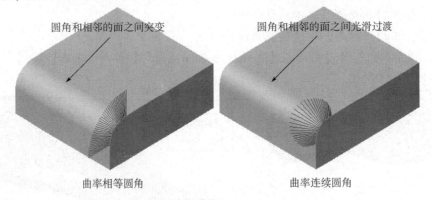

图 10-40　曲率相等与曲率连续圆角

步骤 4　**编辑圆角特征**　编辑零件圆角特征中的一个圆角，在【轮廓】选项中选择【曲率连续】，单击【确定】 。

步骤 5　**显示曲率**　打开【曲率】 显示，对比两个圆角，如图 10-41 所示。

图 10-41　显示曲率

步骤 6　**保存并关闭文件**

10.8.2 半径和弦宽度设置

【面圆角】 也包括通过弦宽度定义圆角的选项。当使用【弦宽度】圆角方法时，如图 10-42 所示，设定的值是指圆角边线之间的距离，而不是圆角半径值。【弦宽度】选项是在一个自动可变半径的圆角上起作用，通过保持圆角的宽度恒定来自动确定圆角的半径值，如图 10-43 所示。

用户可以同时使用【曲率连续】和【弦宽度】选项，但其他选项是受限制的。

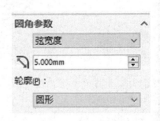

图 10-42　弦宽度设置

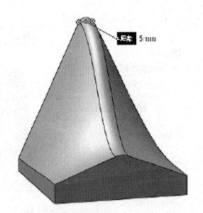

半径=5mm　　　　　　　　　弦宽度=5mm

图 10-43　等半径和等弦宽度对比

10.8.3　包络控制线

【面圆角】🔲另一个独特的圆角方法是指定【包络控制线】。包络控制线使用现有的边线来定义圆角的切线边或轨迹。定义了圆角的轨迹也就定义了圆角的半径，因为圆角将调整为保持相切或曲率连续到其他相邻的表面。由于包络控制线会决定面圆角的半径，因此无须输入半径值。当选择包络控制线时，【半径】输入框将会消失。

在下面的例子中，将使用现有的边线作为面圆角的包络控制线，设计如图 10-44 所示的一半实体，然后再将其镜像。

图 10-44　包络控制线圆角

操作步骤

　　步骤 1　打开零件　从 "Lesson10\Case Study" 文件夹内打开已存在的 "FF_Hold Line" 零件，如图 10-45 所示。

　　步骤 2　创建圆角　单击【圆角】🔲，选择【面圆角】🔲模型。

　　步骤 3　选择面　按图 10-46 所示，选择【面组 1】和【面组 2】，使默认条件【切线延伸】复选框勾选，选择一个面将使圆角延续到相邻面。

10.8.3
包络控制线

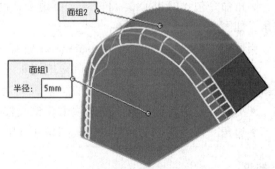

图 10-45　打开零件　　　　　　　　图 10-46　选择面

265

　　步骤 4　添加圆角选项　在【圆角方法】列表中选择【包络控制线】，选择如图 10-47 所示的 3 条边线。单击【确定】✔️，创建圆角。

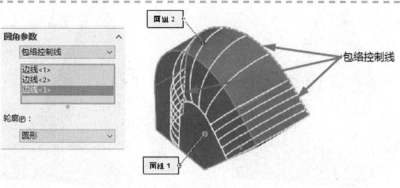

图 10-47　添加圆角选项

步骤5　显示结果　使用变量半径定义的圆角恰好使得圆角在控制线上结束并与顶面相切，如图 10-48 所示。

步骤6　镜像和抽壳（可选步骤）　镜像实体，然后抽壳该零件。选择两个平面作为【移除的面】，设置【厚度】为 2.5mm，如图 10-49 所示。

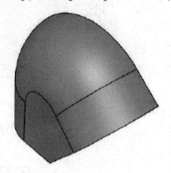

图 10-48　圆角结果

图 10-49　镜像和抽壳

步骤7　保存并关闭文件

10.9　FilletXpert

圆角命令包含【FilletXpert】模式，可用于辅助添加和更改恒定大小圆角，如图 10-50 所示。

当使用 FilletXpert 时，PropertyManager 中有三个选项卡：

● 添加　使用此选项卡将多个圆角应用于零件。FilletXpert 将自动重新排列特征的顺序，以获得有效的结果。

● 更改　使用此选项卡上的选项来调整或移除选定的圆角面。

● 边角　使用此选项卡可以修改圆角在选定角落处的混合方式。

| 知识卡片 | FilletXpert | ● 圆角 PropertyManager：【FilletXpert】。 |

下面将使用 FilletXpert 中的添加和更改选项来创建图 10-51 中深色显示区域的圆角。

图 10-50　FilletXpert 的
PropertyManager

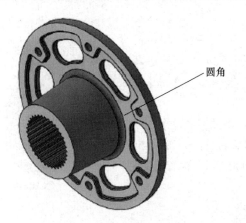

圆角

图 10-51　要添加圆角的零件　　　　　　　　10.9　FilletXpert（1）

操作步骤

　　步骤1　打开零件　从 "Lesson10\Case Study" 文件夹内打开已存在的 "FilletXpert" 零件，如图 10-52 所示。

　　步骤2　使用 FilletXpert　单击【圆角】🔲，选择【FilletX-pert】选项卡，设置半径为 4.000mm。选择如图 10-53 所示的一条边线，并选择【连接到开始环】📐选项，单击【应用】。

提示

　　　　使用【应用】时允许命令仍保持激活，以便可以添加更多的圆角。【应用】可以从 Property-Manager 或快捷菜单中访问。

图 10-52　打开零件

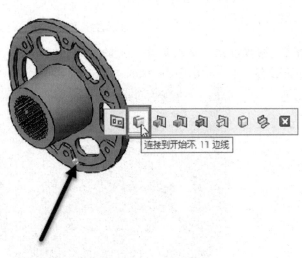

图 10-53　使用 FilletXpert

267

步骤3 选择边线 设置半径为 1mm。选择如图 10-54 所示的一条边线，并选择【在右特征和零件之间】🔲选项，单击【应用】。

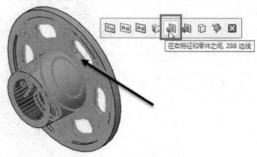

图 10-54 选择其他边线

步骤4 更改半径 单击【更改】选项卡，并单击圆环拉伸根部的圆角，如图 10-55 所示。设置半径值为 5.000mm，单击【调整大小】。

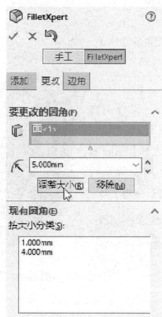

图 10-55 更改半径

步骤5 移除圆角 通过选择指定的面的【左循环】（或【右循环】）来选择一组圆角，并单击【移除】，如图 10-56 所示。

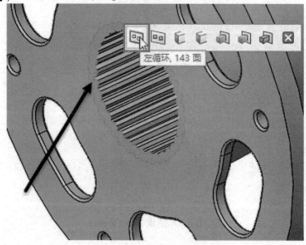

图 10-56 移除圆角

步骤6　查看结果　单击【确定】✔，三个圆角特征以适当的顺序添加到零件中，如图 10-57 所示。

步骤7　保存并关闭此文件

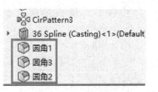

图 10-57　查看结果

由圆角产生的边角面可以通过使用 FilletXpert 中的【边角】选项卡修改为可选择的混合样式。下面将修改如图 10-58 所示零件的边角样式。

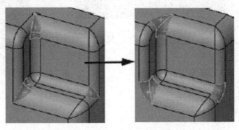

图 10-58　修改边角样式

> 技巧🔑　用户必须选择有三个恒定半径圆角汇聚在一个顶点的混合凸面作为边角。

操作步骤

步骤1　打开零件　从 "Lesson10\Case Study" 文件夹内打开已存在的 "FilletXpert_Corners" 零件。

步骤2　FilletXpert　单击【圆角】◉，选择【FilletXpert】中的【边角】选项卡，选择如图 10-59 所示的高亮面。

10.9　FilletXpert（2）

步骤3　选取选择项　单击【显示选择】，选取如图 10-60 所示的选择项。【选取选择项】对话框可以通过拖动对话框边框来调整大小。

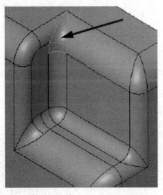

图 10-59　选择面

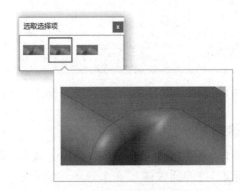

图 10-60　选取选择项

步骤4　复制到　【复制到】选项允许用户将相同的边角选择项应用到相似的边角处。单击已更改的圆角边角，勾选【激活高亮显示】复选框，单击【复制目标】，相似的边角会高亮显示，再单击【复制到】，结果如图 10-61 所示。

269

步骤5　查看结果　如图 10-62 所示。

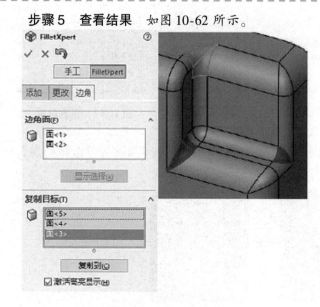

图 10-61　复制选择项

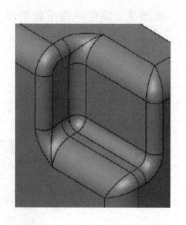

图 10-62　查看结果

步骤6　保存并关闭文件

10.10　其他高级特征

本章的后面部分将介绍一些用于生成复杂几何体和修改零件的高级特征。这些特征包括：
- 包覆特征。
- 移除面特征。

10.11　包覆特征

知识卡片	包覆	【包覆】特征是将平面草图包覆在非平面表面上。【包覆】特征可以使用平面草图进行浮雕(添加材料)、蚀雕(删除材料)或刻划(分割面)。草图必须由封闭的轮廓组成，不允许使用开放的轮廓。当使用浮雕或蚀雕选项时，可以指定拉伸的方向。这与定义拉伸特征的方向相似。
	操作方法	• CommandManager：【特征】/【包覆】⬜。 • 菜单：【插入】/【特征】/【包覆】。

在下面的例子中，将使用【包覆】特征设计一个圆柱形凸轮。

操作步骤

步骤1　新建零件　使用模板 "Part_MM" 新建一个零件。

步骤2　拉伸圆柱体　在上视基准面绘制一个圆心在原点，直径为 250mm 的圆。向内侧拉伸一个【高度】为 180mm 的薄壁特征，设置【厚度】为 25mm，如图 10-63 所示。

10.11　包覆特征

步骤3　创建基准面　创建一个与圆柱面相切并垂直于右视基准面的基准面，如图 10-64 所示。

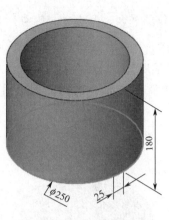

图 10-63　圆筒

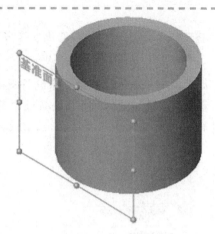

图 10-64　基准面 1

步骤 4　绘制一幅用于包覆的草图　在新建的基准面上绘制如图 10-65 所示的草图，或者从"LID_reference"文件夹内提供的零件"Wrap_Sketch"中复制此草图。

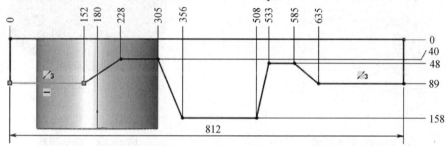

图 10-65　绘制包覆草图

> 技巧🔑　考虑使用【完全定义草图】工具来自动添加标注尺寸。原点处的尺寸需要手动添加。

步骤 5　添加方程式　添加方程式，使草图的总长度等于 π 乘以圆筒的外径，如图 10-66 所示。

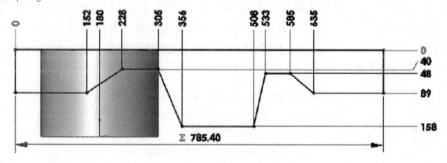

图 10-66　添加方程式

步骤 6　退出草图

步骤 7　包覆草图　单击【包覆】🛢，选择圆柱面作为【包覆草图的面】。在【包覆类型】中选择【蚀雕】🛢，在【包覆方法】中选择【分析】🛢，设定【深度】为 12.500mm，如图 10-67 所示。

> 提示 【分析】 包覆方法用于圆柱形或圆锥形表面，而【样条曲面】 方法则用于自由形式表面。

如果没有预先选择草图，系统将提醒用户选择【源草图】。

步骤8 添加圆角 对凸轮轨迹中的所有角添加半径为25mm的【恒定大小圆角】，更改【轮廓】为【曲率连续】，如图10-68所示。

图 10-67 包覆设置

图 10-68 添加圆角

步骤9 保存并关闭文件 将该零件命名为"Cylindrical_Cam"。

10.12 直接编辑

【变形】 、【移动面】 和【删除面】 都是很有用的直接编辑技术特征。直接编辑是指直接对存在的面进行修改，而不是通过更改模型参数来修改模型。当使用导入的几何体（不包括专用于更改特征信息）时，直接编辑在 SOLIDWORKS 软件中很常见。在下面的例子中，将使用【移动面】和【删除面】来修改输入的实体零件。

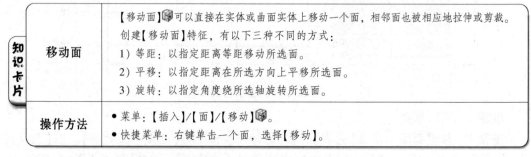

知识卡片	移动面	【移动面】 可以直接在实体或曲面实体上移动一个面，相邻面也被相应地拉伸或剪裁。 创建【移动面】特征，有以下三种不同的方式： 1）等距：以指定距离等距移动所选面。 2）平移：以指定距离在所选方向上平移所选面。 3）旋转：以指定角度绕所选轴旋转所选面。
	操作方法	• 菜单：【插入】/【面】/【移动】 。 • 快捷菜单：右键单击一个面，选择【移动】。

【删除面】已经在"第9章 高级放样和边界"中详细描述。

操作步骤

步骤 1　输入一个 Parasolid 文件　打开名为"Move_Face. x_t"的 Parasolid 文件。使用模板"Part_MM"，如图 10-69 所示。

步骤 2　增加较大圆柱体的长度　选择较大圆柱体的圆角面和终止面作为【要移动的面】，如图 10-70 所示。

10.12　直接编辑

图 10-69　Parasolid 文件

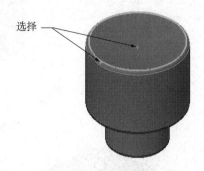

选择

图 10-70　要移动的面

单击【移动面】 📦。选择【平移】选项，并设定【给定深度】为 5.000mm。选择上视基准面作为方向参考。单击【反向】 ↗，使圆柱体伸长。单击【确定】 ✔，如图 10-71 所示。

步骤 3　删除圆角　单击【删除面】 📦，选择如图 10-72 所示的 3 个圆角面。

步骤 4　删除并修补　【删除面】的默认设置是【删除并修补】。该选项将相邻面延伸并生成一个完整的曲面。单击【确定】 ✔，如图 10-73 所示。

步骤 5　增大较大圆柱体的直径　使用【移动面】 📦，选择【等距】选项，将较大圆柱面的直径增大 10mm，结果如图 10-74 所示。

步骤 6　添加倒角　添加 3mm×45°倒角，代替步骤 4 中删除的 3 个圆角，如图 10-75 所示。

图 10-71　移动面

图 10-72　删除圆角

273

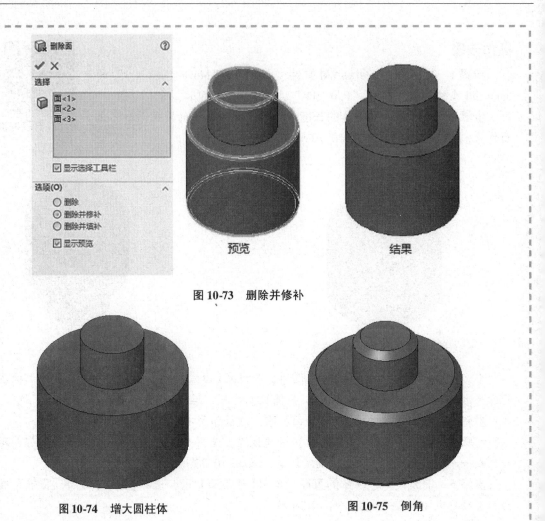

图 10-73　删除并修补

图 10-74　增大圆柱体

图 10-75　倒角

步骤 7　保存并关闭文件

练习 10-1　变半径圆角

本练习的主要任务是创建如图 10-76 所示的变半径圆角。

本练习将应用以下技术：

● 变量大小圆角。

单位：mm。

图 10-76　变半径圆角

操作步骤

　　步骤 1　打开零件　从"Lesson10\Exercises"文件夹内打开已存在的"Faucet_Cover"零件，如图 10-77 所示。

　　步骤 2　添加完整圆角　在零件变狭窄端添加【完整圆角】🗐，如图 10-78 所示。

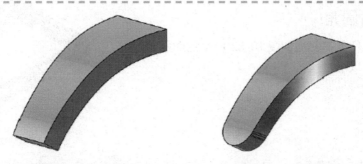

图 10-77　打开零件　　　　　　　图 10-78　完整圆角

技巧　　　当鼠标反馈显示为 🖐 时，用户可以通过单击右键来移动到 PropertyManager 中的下一个选项框中。

步骤3　添加变半径圆角　添加【变量大小圆角】 🖱，使用【曲率连续】轮廓设置，结果如图 10-79 所示。

步骤4　应用链接数值　使用链接数值使圆角半径值相等，如图 10-80 所示。

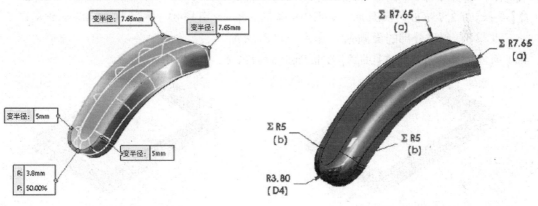

图 10-79　变半径圆角　　　　　　　图 10-80　链接数值

步骤5　变换圆角（可选步骤）　创建一个新的带有变换圆角的配置。使用【圆锥半径】轮廓创建一个相似的变量大小圆角，在每个激活的控制点上将圆锥半径设置为 3mm。用户可以创建全局变量来链接圆锥半径尺寸，如图 10-81 所示。

步骤6　对比结果　使用【曲率】 ◧ 和【斑马条纹】 ▨ 对比两个配置。

步骤7　保存并关闭文件

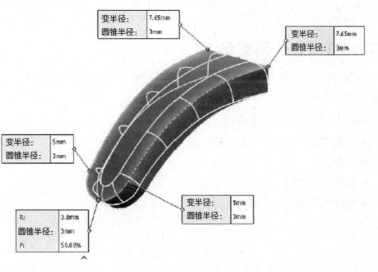

图 10-81　变换圆角

练习 10-2　面圆角

本练习的主要任务是创建如图 10-82 所示的面圆角。

本练习将应用以下技术：

- 面圆角。

单位：mm。

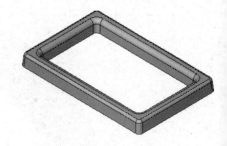

图 10-82　面圆角

操作步骤

　　步骤 1　输入零件　从"Lesson10\Exercises"文件夹内输入名称为"Gasket_Frame. x_t"的文件，如图 10-83 所示。使用模板"Part_MM"。

　　步骤 2　创建第一个面圆角　由于在零件内部创建了一些其他特征，导致不能创建边线圆角。创建【半径】为 2.75mm 的面圆角，如图 10-84 所示。

　　步骤 3　创建外部的面圆角　零件外部已经创建了倒角。在倒角上创建【半径】为 1.5mm 的面圆角，如图 10-85 所示。

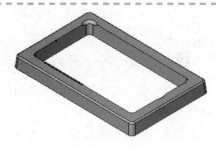

图 10-83　零件"Gasket_Frame. x_t"

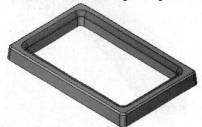

图 10-84　面圆角（1）

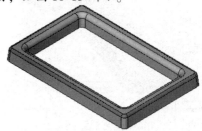

图 10-85　面圆角（2）

　　步骤 4　保存并关闭文件

练习 10-3　瓶子倒圆角

在本练习中，将向前面课程中创建的瓶子上添加圆角，如图 10-86 所示。

本练习将应用以下技术：

- 面圆角。
- 分割面。
- 曲率连续圆角。
- 包络控制线。

单位：in。

图 10-86　添加圆角

操作步骤

　　步骤1　打开零件　从"Lesson10\Exercises"文件夹内打开已存在的"Bottle_Fillets"零件,此零件中包含了蜗杆零件使用的螺纹线轮廓草图。

　　步骤2　退回零件　由于圆角应包含在抽壳之内,将退回控制棒定位到"Shell1"之前,这是在特征历史中添加第一个圆角的适当位置。

　　步骤3　添加面圆角　在瓶子的侧面和底面之间创建一个半径为0.375in的【面圆角】🗔,如图10-87所示。

　　步骤4　评估结果　使用【曲率】◼分析后得到的圆角,在圆角边线上显示的颜色变化表明了两面之间扭曲的关系,如图10-88所示。

　　步骤5　编辑圆角　更改圆角轮廓为【曲率连续】,在两面之间产生更平滑的混合,但特征仍然需要改进,如图10-89所示。

图10-87　添加面圆角

　　步骤6　分析圆角轨迹　关闭【曲率】◼显示,使模型以【带边线上色】🔲的显示样式显示,并更改为【前视】🔲。由于瓶子表面比较复杂,圆角边线不能竖直地穿过,这在审美上可能更容易接受,如图10-90所示。为了使圆角达到期望的轨迹,将使用【分割线】🔊创建用于【包络控制线】的边线。

图10-89　编辑后的圆角

图10-88　评估结果

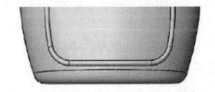

图10-90　分析圆角轨迹

　　步骤7　删除圆角　删除刚创建的面圆角。

　　步骤8　创建第一条分割线　在前视基准面上绘制如图10-91所示的直线,使用向瓶子表面投影草图的方式创建一条【分割线】🔊。

　　步骤9　创建第二条分割线　使用如图10-92所示的草图,在瓶子的底面创建第二条【分割线】🔊。

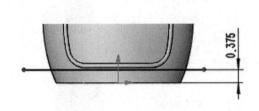

图 10-91　创建第一条分割线

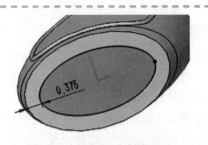

图 10-92　创建第二条分割线

步骤10　创建面圆角　使用【包络控制线】和【曲率连续】选项重新创建面圆角。

步骤11　评估结果　使用【曲率】■分析后得到的圆角，如图 10-93 所示。关闭【曲率】■显示。

图 10-93　评估结果

步骤12　整理连接处　在扫描标签特征的边线处，添加一个【圆锥半径】为 0.03in、半径为 0.09in 的恒定大小圆角。将控制棒退回到 FeatureManager 设计树的末尾，将相同尺寸的圆角添加到颈部与瓶身相接的内、外侧边线上，如图 10-94 所示。

提示　最后的圆角必须添加到抽壳之后，这是由于多厚度抽壳需要一条在指定不同厚度面之间的尖锐边线。

步骤13　保存并关闭文件

图 10-94　整理连接处

练习 10-4　水壶

按照提供的步骤完成水壶模型，如图 10-95 所示。此模型将应用本课程介绍的多种技术，包括高级圆角。

本练习将应用以下技术：
- 圆顶特征。
- 分割面。
- 圆角方法。
- 曲率连续圆角。
- 变量大小圆角。
- 扫描。
- 删除面特征。

单位：in。

图 10-95　水壶

操作步骤

　　步骤 1　打开零件　从"Lesson10\Exercises"文件夹内打开已存在的"Watering_Can"零件，如图 10-96 所示。

　　步骤 2　创建圆顶　单击【圆顶】🔘，选择"Watering_Can"零件的顶面，并输入距离为 0.500in，如图 10-97 所示，单击【确定】✔。

图 10-96　打开零件

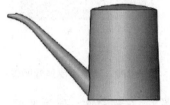

图 10-97　创建圆顶

　　步骤 3　创建分割线　在抽壳"Watering_Can"之前，先添加圆角和创建从模型顶部移除的面。将使用一条分割线创建"Watering_Can"顶部的面。在上视基准面上插入一幅草图，绘制如图 10-98 所示的轮廓，使用此轮廓创建分割线曲线特征。

　　步骤 4　添加非对称圆角　在"Can"特征底部的圆角是恒定大小圆角，但是非对称的。单击【圆角】🔲，在圆角类型中单击【恒定大小圆角】并选择"Can"底部的边线。选择【非对称】作为圆角方法，距离 1 为 0.5in，距离 2 为 0.25in，如图 10-99 所示，单击【确定】✔。

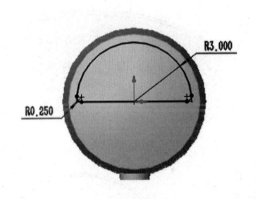

图 10-98　分割线轮廓

图 10-99　添加非对称圆角

　　步骤 5　添加曲率连续圆角　为了在侧面和圆顶之间提供最平滑的过渡，"Can"顶部的圆角将采用曲率连续。单击【圆角】🔘，在圆角类型中单击【恒定大小圆角】并选择如图 10-100 所示的边线。选择【对称】作为圆角方法，半径为 0.5in。选择【曲率连续】作为【轮廓】，单击【确定】✔。

　　步骤 6　添加变量大小圆角　在"Spout"和"Can"之间的圆角是变量大小圆角。单击【圆角】🔘，在圆角类型中单击【变量大小圆角】并选择如图 10-101 所示的边线。选择【对称】作为圆角方法，选择【圆形】作为轮廓。底部控制点使用的半径为 0.375in，顶部控制点使用的半径为 0.625in，单击【确定】✔。

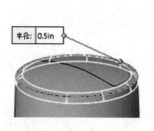

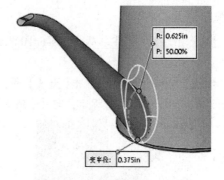

图 10-100　添加曲率连续圆角　　　　　　　图 10-101　添加变量大小圆角

步骤 7　抽壳零件　使用厚度为 0.075in 的薄壁创建抽壳特征。移除"Spout Tip"的面和通过分割线创建的面。

步骤 8　退回到前　移动控制棒到 FeatureManager 设计树的尾部，包括零件的"Handle Sketch"草图。

步骤 9　创建轮廓平面　手柄特征应该是一个扫描特征。为扫描轮廓创建基准面，此基准面与样条曲线垂直，并与其端点重合，如图 10-102 所示。

步骤 10　草图轮廓　在新平面上绘制如图 10-103 所示的椭圆草图，使用其作为扫描轮廓，退出草图。

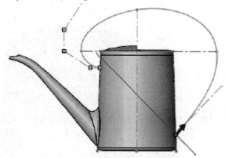

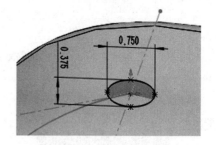

图 10-102　创建轮廓平面　　　　　　　　　　图 10-103　草图轮廓

步骤 11　扫描手柄　使用椭圆作为轮廓，样条曲线作为路径，创建【扫描】特征，将特征重命名为"Handle"，如图 10-104 所示。

步骤 12　剖切零件　单击【剖面视图】，使用【右视基准面】剖切零件，单击【确定】。

步骤 13　评估特征　"Handle"特征的末端需要做一些处理，此特征的两个末端并没有与"Can"特征完全相接。在其中的一端，"Handle"伸入到了"Can"内部，如图 10-105 所示。

图 10-104　扫描手柄

解决这些问题的方法很多，包括修改特征的定义，使用额外的凸台和切除特征，使用【相交】工具，和/或使用【删除面】命令。在本例中，将使用【删除面】命令移除不需要的面，并修补零件的其他区域。

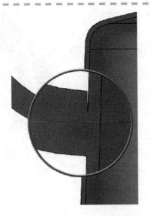

图 10-105　评估特征

步骤 14　删除面　单击【删除面】 ⬚，选择 "Can" 内部的两个面，如图 10-106 所示，并选择【删除并修补】选项，单击【确定】 ✔。所选面被移除，并且周围的边线被延伸以修补开口。

步骤 15　删除并修补 "Handle" 末端　使用带有【删除并修补】的【删除面】 ⬚，移除 "Handle" 末端的面并延伸 "Can" 的边线，如图 10-107 所示。

图 10-106　删除面

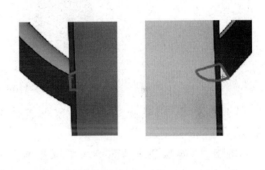

图 10-107　删除并修补 "Handle" 末端

 提示　　所有的面都在同一个操作中被删除。

步骤 16　退出剖面视图　关闭【剖面视图】 ⬛。

步骤 17　手柄倒圆角　在 "Handle" 的每个末端创建【恒定大小圆角】 ⬚，选择【对称】作为【圆角方法】，半径为 0.375in。选择【曲率连续】作为【轮廓】，单击【确定】 ✔，如图 10-108 所示。

步骤 18　保存并关闭文件

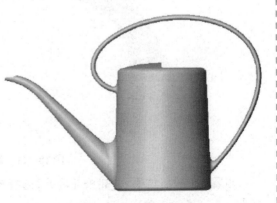

图 10-108　手柄倒圆角

281

练习 10-5　删除面

本练习的主要任务是使用不同选项，创建【删除面】，如图 10-109 所示。

本练习将应用以下技术：

- 删除面特征。
- 删除面：删除并填补。

单位：in。

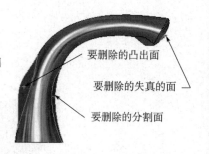

要删除的凸出面

要删除的失真的面

要删除的分割面

图 10-109　删除面

操作步骤

步骤1　打开零件　从"Lesson10\Exercises"文件夹中打开已有的零件"Delete_Face-imported"。

步骤2　删除并修补　从下拉菜单中选择【插入】/【面】/【删除】🔲。

选择分割面和两个失真的面作为【要删除的面】，选择【删除并修补】选项，创建该特征，如图 10-110 所示。

图 10-110　删除并修补

【删除并修补】选项从曲面实体或实体完全删除一个面，并自动对实体进行修补或剪裁。

步骤3　删除凸出的面　从下拉菜单中选择【插入】/【面】/【删除】🔲。选择【删除并填补】选项并勾选【相切填补】复选框，创建该特征，如图 10-111 所示。

图 10-111　删除凸出的面

步骤4　分析结果　【删除并填补】选项删除面并自动生成一个曲面，将任何缝隙填补起来。

> 提示　　【填充曲面】特征已在《SOLIDWORKS®高级曲面教程（2020 版）》中详细描述。

单击【评估】/【曲率】▨，可以很清楚地看到在修补的边缘曲率不连续。

编辑"删除面 2"特征，并选择【删除并修补】选项，如图 10-112 所示，注意修补面的改善。

删除并填补　　　　　　　　　　　　　　　　删除并修补

图 10-112　查看曲率

> 技巧　　在查看曲率显示之前关闭 RealView 图形。

步骤 5　保存并关闭文件

练习 10-6　直接编辑

本练习的主要任务是使用【移动面】工具编辑如图 10-113 所示的输入实体。

本练习将应用以下技术：

- 移动面。

单位：mm。

图 10-113　移动面

操作步骤

步骤 1　打开零件　从"Lesson10 \ Exercises"文件夹内打开已有的零件"Forged_Bracket"。此零件包含一个单独的输入特征，如图 10-114 所示。第一个更改是修改平面尺寸大小。

步骤 2　选择移动的面　单击【移动面】▧，选择零件前面以及与其相邻的圆角面，如图 10-115 所示。

图 10-114　打开零件

技巧 🔑   可以使用选择工具栏协助选择项目。

步骤3　平移面　使用前视基准面作为【方向参考】，向前平移所选的面 10.000mm，如图 10-116 所示。

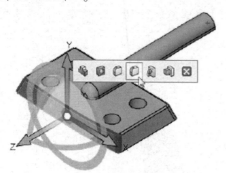

图 10-115　选择移动的面

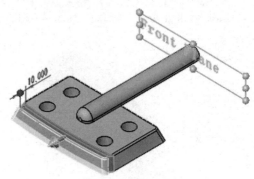

图 10-116　平移面

步骤4　移动孔　下一步需要更改的是重新定位孔并修改其大小，单击【移动面】🔲，选择四个孔的面，使用前视基准面作为【方向参考】，向前平移 5.000mm，如图 10-117 所示。

技巧 🔑　选择第一个孔之后，在选择工具栏上单击【所有共有方向完整圆柱/圆锥面】🔲来选择其他三个孔。

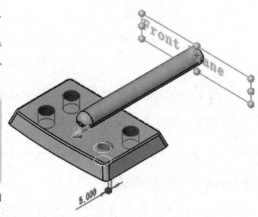

图 10-117　移动孔

步骤5　更改孔大小　使用【移动面】🔲命令，【等距】孔表面设为 2.500mm，将孔变小，如图 10-118 所示。

步骤6　延伸手柄的底面　使用【移动面】🔲命令，平移手柄的底面。【终止条件】使用【成型到一面】，选择平板的底面作为【至实体】参考，如图 10-119 所示。

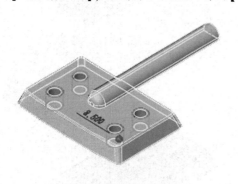

图 10-118　更改孔大小

图 10-119　延伸手柄的底面

步骤7　减小手柄尺寸　使用【移动面】🔲命令减小手柄的尺寸，【等距】手柄面设为 2.500mm，如图 10-120 所示。

步骤 8　保存并关闭文件　结果如图 10-121 所示。

图 10-120　减小手柄尺寸

图 10-121　完成修改